W0260682

Leitfäden der angewandten Informatik

Bauknecht / Zehnder: **Grundzüge der Datenverarbeitung**
Methoden und Konzepte für die Anwendungen
2. Aufl. 344 Seiten. Kart. DM 28,80

Beth / Heß / Wirl: **Kryptographie**
205 Seiten. Kart. DM 24,80

Hultzsch: **Prozeßdatenverarbeitung**
216 Seiten. Kart. DM 22,80

Kästner: **Architektur und Organisation digitaler Rechenanlagen**
224 Seiten. Kart. DM 23,80

Lausen / Schlageter / Stucky: **Datenbanksysteme: Eine Einführung**
In Vorbereitung

Mresse: **Information Retrieval — Eine Einführung**
280 Seiten. Kart. DM 36,—

Müller: **Entscheidungsunterstützende Endbenutzersysteme**
253 Seiten. Kart. DM 26,80

Mußtopf / Winter: **Mikroprozessor-Systeme**
Trends in Hardware und Software
302 Seiten. Kart. DM 29,80

Schicker: **Datenübertragung und Rechnernetze**
222 Seiten. Kart. DM 25,80

Schmidt et al.: **Digitalschaltungen mit Mikroprozessoren**
2. Aufl. 208 Seiten. Kart. DM 23,80

Schneider: **Problemorientierte Programmiersprachen**
226 Seiten. Kart. DM 23,80

Singer: **Programmieren in der Praxis**
2. Aufl. 176 Seiten. Kart. DM 24,—

Specht: **APL-Praxis**
192 Seiten. Kart. DM 22,80

Vetter: **Aufbau betrieblicher Informationssysteme**
300 Seiten. Kart. DM 29,80

Weck: **Datensicherheit**
326 Seiten. Geb. DM 42,—

Wingert: **Medizinische Informatik**
272 Seiten. Kart. DM 23,80

Wißkirchen et al.: **Informationstechnik und Bürosysteme**
255 Seiten. Kart. DM 26,80

Preisänderungen vorbehalten

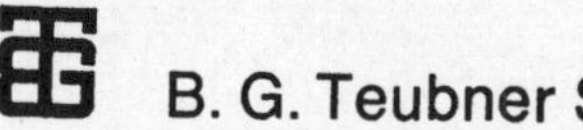 B. G. Teubner Stuttgart

Leitfäden der angewandten Informatik

M. Mresse
Information Retrieval
– Eine Einführung

Leitfäden der angewandten Informatik

Herausgegeben von

Prof. Dr. L. Richter, Dortmund
Prof. Dr. W. Stucky, Karlsruhe

Die Bände dieser Reihe sind allen Methoden und Ergebnissen der Informatik gewidmet, die für die praktische Anwendung von Bedeutung sind. Besonderer Wert wird dabei auf die Darstellung dieser Methoden und Ergebnisse in einer allgemein verständlichen, dennoch exakten und präzisen Form gelegt. Die Reihe soll einerseits dem Fachmann eines anderen Gebietes, der sich mit Problemen der Datenverarbeitung beschäftigen muß, selbst aber keine Fachinformatik-Ausbildung besitzt, das für seine Praxis relevante Informatikwissen vermitteln; andererseits soll dem Informatiker, der auf einem dieser Anwendungsgebiete tätig werden will, ein Überblick über die Anwendungen der Informatikmethoden in diesem Gebiet gegeben werden. Für Praktiker, wie Programmierer, Systemanalytiker, Organisatoren und andere, stellen die Bände Hilfsmittel zur Lösung von Problemen der täglichen Praxis bereit; darüber hinaus sind die Veröffentlichungen zur Weiterbildung gedacht.

Information Retrieval
– Eine Einführung

Von der Theorie zur Praxis
anhand einer Implementierung in UNIX

Von Dr. oec. Moscheh Mresse
Universität Zürich

B. G. Teubner Stuttgart 1984

Dr. oec. Moscheh Mresse

1948 geboren in Baden (Ag.). Von 1969 bis 1973 Studium der Wirtschaftswissenschaften an der Universität Zürich. 1973 Lizentiat in Wirtschaftswissenschaften, betriebswirtschaftliche Richtung. Von 1971 bis 1976 (bis 1973 Teilzeit-) Assistent am Institut für Informatik der Universität Zürich. 1976 Abschluß der Dissertation in Simulationstechnik. Von 1976 bis 1977 Systemspezialist am Institut für Informatik. Von 1977 bis 1978 Postdoctoral Fellowship am IBM-Research-Laboratory in San José, California, Mitarbeit an der Erstellung eines relationalen Datenbanksystems (System R). Von 1978 bis 1984 wiss. Mitarbeiter am Institut für Informatik. Von 1978 bis 1979 Dozent an der Hochschule St. Gallen. Seit 1978 Lehrbeauftragter an der Universität Zürich.

CIP-Kurztitelaufnahme der Deutschen Bibliothek

Mresse, Moscheh:
Information retrieval – eine Einführung : von
d. Theorie zur Praxis anhand e. Implementierung
in UNIX / von Moscheh Mresse. – Stuttgart : Teubner, 1984.
(Leitfäden der angewandten Informatik)
ISBN 978-3-519-02469-9   ISBN 978-3-322-93174-0 (eBook)
DOI 10.1007/978-3-322-93174-0

Umschlaggestaltung: W. Koch, Sindelfingen

Vorwort

Die Anfänge der Entwicklung eines neuen Gebietes in einem Wissenschaftszweig sind in der Regel durch das Überwiegen von *ad-hoc*-Lösungen gekennzeichnet. *Information Retrieval (IR)* macht hier keine Ausnahme. Kaum ein Computeranwender, der nicht ein mehr oder weniger leistungsfähiges System zur Bewältigung *seiner IR*-Aufgaben erarbeitet hat. Für eine Gesamtbeurteilung solcher Systeme fehlen meist Anhaltspunkte.

Mit der vorliegenden Arbeit haben wir versucht, die im Zusammenhang mit *Information Retrieval* auftretenden Probleme datenverarbeitungstechnischer Art systematisch durchzugehen und Lösungen zu diskutieren. Aufgrund dieser Argumentationen sollte der Leser imstande sein, bei der *Beurteilung* von *IR*-Software oder bei der *Konstruktion* spezieller *Information-Retrieval-Systeme (IRS)* die richtigen Schwerpunkte zu setzen. Als Diskussionsbasis dient das *IRS PIZZA*, welches im Rahmen dieser Arbeit entstand. Wir hoffen, dass es durch dieses *IRS* gelingt, in der Kontroverse einen praxisnahen Standpunkt einzunehmen.

Die Arbeit entstand in den Jahren 1980-1983 während meiner Tätigkeit als wissenschaftlicher Mitarbeiter am Institut für Informatik der Universität Zürich unter der Leitung von Herrn Prof. Dr. K. Bauknecht, dem ich zu besonderem Dank für seine Unterstützung verpflichtet bin.

Ein spezieller Dank gebührt meinem Kollegen M. Domenig, der bei der Implementation und der Dokumentation der UNIX-Versionen von *PIZZA*, sowie bei der Korrektur dieser Arbeit enormen Einsatz geleistet hat.

Danken möchte ich auch Herrn Prof. C.A. Zehnder und Herrn Prof. R. Marty für die Durchsicht der Arbeit. Sie haben mir mit ihren Anregungen und Hinweisen viel geholfen.

Herr PD Dr. F. Walz und Herr Dr. W. Fehlmann, Mitarbeiter des Gerichtlich-Medizinischen Instituts der Universität Zürich, haben mit ihrer Nachsicht bei anfänglichen Unzulänglichkeiten von *PIZZA* und mit ihrer konstruktiven Kritik wesentlich zur Abrundung des Projektes aus praktischer Sicht beigetragen.

Zürich, Februar 1984

M. Mresse

Inhaltsverzeichnis:

1. Einführung

1.1 Zielsetzung

Unter *Information Retrieval (IR)* im weitesten Sinne des Wortes wird jede Art der *Wiedergewinnung* (maschinell) gespeicherter Daten verstanden [HEAP-78] [PAIC-77].

Das Gebiet des maschinellen *Information* oder *Data Retrieval* ist noch relativ jung. Die zunehmende Flut an Information in Form von Büchern und Fachzeitschriften war der eigentliche Anstoss zur Entwicklung dieses Wissenschaftszweiges. Im Zusammenhang mit der Büro-Automation[1] und unterstützt durch die Entwicklung auf dem Hardwaremarkt[2], hat das Gebiet des *IR* weiter an Bedeutung gewonnen.

Der Begriff des *IR* sagt noch nichts über die *Art der Wiedergewinnung* aus [HEAP-78, S. 4]. Nicht alle der heute angebotenen *Information-Retrieval-Systeme (IRS)* erlauben beispielsweise einen interaktiven Betrieb. Der Dialog mit dem Computer ist vor allem dann von Vorteil, wenn keine genauen Kenntnisse über die gesuchten Daten vorliegen; er führt typischerweise auch dann zum Ziel, wenn der Benutzer seine Wünsche nur vage formulieren kann.

Der Begriff des *IR* sagt auch nichts über die *Art der Speicherung* der Daten aus. Sie können in einer Datenbank oder in konventionellen Dateien abgespeichert sein. Im ersten Fall ist das *IRS* nur für den Verkehr zwischen Datenbank und Benutzer verantwortlich, die Speicherung und Verwaltung der Daten wird durch das Datenbanksystem erledigt[3]. Im zweiten Fall wird die Verwaltung der Dateien dem *IRS* übertragen[4]. In dieser Arbeit werden wir uns hauptsächlich mit Systemen der zweiten Kategorie beschäftigen.

Die Ziele dieses Buches können zusammengefasst werden als:

- Die Definition eines Anforderungskataloges für ein *IRS*, dessen Schwerpunkt auf der benutzerfreundlichen Anwendung als elektronischer Notizblock liegt.

- Die Darlegung der wesentlichen Probleme im Zusammenhang mit *Information Retrieval* und *Information Retrieval Systemen*, bezogen auf den erwähnten Anforderungskatalog.

---

1. Vgl. Anhang V-1
2. Vgl. Anhang V-2
3. Vgl. Anhang V-3
4. Vgl. Anhang V-4

- Die kritische Prüfung der aufgestellten Thesen anhand der Implementation verschiedener Versionen eines Retrieval Systems *(PIZZA)*.

- Das Aufzeigen von Entwicklungs- und Verbesserungsmöglichkeiten der praktizierten Lösung.

Der im vorliegenden Buch behandelte Stoff ist strukturell komplex. Er umfasst sowohl Aspekte des (allgemeinen) *Information Retrievals*, wie beispielsweise die Berücksichtigung der Forderung nach Benutzerfreundlichkeit, als auch zahlreiche Details im Zusammenhang mit *IR-Systemen.* Die Ausführungen betreffen die *logische Ebene* (logische Datenstrukturen, Konzepte der Datenmanipulation und Datenabfrage) und die *physische Ebene* (Implementation von *PIZZA*). Überlegungen, die sich mit Bits und Bytes abgeben, sind auf der physischen Ebene unvermeidlich. Daneben wird zu *algorithmischen Problemen* (Zugriffsalgorithmen, Übersetzung, Optimierung und Interpretation der Abfragesprache) Stellung genommen. Jeder der besprochenen Algorithmen muss wiederum sowohl auf der logischen, konzeptionellen Ebene wie auch auf der physischen, implementatorischen Ebene abgehandelt werden.

Dass für einen derart vielschichtig gelagerten Stoff nicht nur eine einzige Art der Strukturierung und Beschreibung in Frage kommt, liegt auf der Hand. Die Aufteilung des Stoffes, der in seiner Grobstruktur in Fig. 1-1 dargestellt ist, wurde nach folgenden Gesichtspunkten vorgenommen:

- Grundsätzliche theoretische Überlegungen wurden an den Anfang gestellt (Kapitel 2). Da die in diesem Kapitel behandelten Algorithmen unabhängig vom Rest der Arbeit verwendet werden können, wurde als Programmiersprache für deren Darstellung die Sprache *Pascal* gewählt. Der nur an der Praxis interessierte Leser kann dieses Kapitel überspringen, ohne den Zusammenhang zu verlieren. Probleme, die im Hinblick auf den in den Zielen erwähnten Anforderungskatalog von untergeordneter Bedeutung sind, wurden ausgeklammert.

- Theoretische Überlegungen spezieller Art, die mit dem Stoff eines spezifischen Kapitels oder Abschnitts in Zusammenhang stehen, wurden an den Anfang des entsprechenden Kapitels oder Abschnitts gestellt.

- Die Liste der Anforderungen an unser Experimentiersystem, *PIZZA*, wie auch Einzelheiten über dessen Grösse und Verwendungsart wurden in Kapitel 3 zusammengefasst. Dieses Kapitel kann übersprungen werden, wenn jemand nur an der Besprechung der Einzelteile des *IRS* interessiert ist. Die Liste der Anforderungen (Abschnitt 3.2) sollte jedoch auf jeden Fall eingesehen werden, da sie an verschiedenen Stellen des Buches referenziert wird.

- Der Hauptteil des Buches gliedert sich im wesentlichen in drei Teile: Ausführungen über die Datenorganisation, Besprechung der Datenaufnahme und Manipulation sowie Darlegung des Komplexes der Datenabfrage. In den einzelnen Kapiteln innerhalb des Hauptteils werden jeweils zuerst konzeptionelle Fragen erläutert, um dann auf die implementatorischen Schwierigkeiten einzugehen.

- Den Ausführungen des Hauptteils nachgestellt sind Hinweise zur Verteilung eines *IRS*. Dieses Kapitel bezieht sich stark auf das verwendete Experimentiersystem, enthält jedoch allgemeine Konzepte.

- In den Schlussbemerkungen werden die Ziele und Resultate der Arbeit zusammengefasst.

Das vorliegende Buch kann entweder sequentiell oder gemäss den ausgezogenen Linien in Fig. 1-1 durchgearbeitet werden. Die gestrichelten Linien in Fig. 1-1 zeigen weitere Varianten auf, die allerdings weniger zu empfehlen sind.

Die in diesem Buch angegebenen Referenzen sollen dem Leser beim Weiterverfolgen der behandelten Fragestellungen Anknüpfungspunkte geben. Aus der Arbeit als Ganzem ergibt sich ein Leitfaden für das Erstellen von *IRS*, der je nach Gewichtung der einzelnen Teilaspekte zu einem von *PIZZA* abweichenden System führen kann.

Die zur Illustration verwendeten Beispiele wurden - wo nichts anderes angegeben ist - aus dem Bereich von zwei *IR*-Anwendungen gewählt:

1. *Artikel-Datenbank:* Es handelt sich hierbei um eine hypothetische Datenbank mit Informationen über einige hundert Zeitschriftenartikel. Bei jedem Artikel in dieser Datenbank werden unter anderem die Autoren und das Datum der Aufnahme zusätzlich zum Inhalt als Deskriptoren eingegeben. Bei einem Teil der Artikel wurde der Verwendungszweck (*Datenbankseminar, Dissertation* o.ä.) in einem Deskriptor festgehalten. Viele der Artikel wurden mit Deskriptoren wie *lesenswert, gut, schlecht* u.ä. durch den Leser qulifiziert.

2. *Unfall-Datenbank:* In Anlehnung an die Datenbank des *Gerichtlich-medizinischen Instituts (GMI)* (vgl. 3.1) handelt es sich hier um eine hypothetische Datenbank, in welcher Informationen über Unfälle und Unfallopfer gespeichert sind. Es wird angenommen, dass ausser dem Namen des Opfers, verschiedener Daten (Datum des Unfalls, der Untersuchung, der Aufnahme usw.), eine genaue Bezeichnung der Verletzung und der verletzten Körperteile in die Datenbank aufgenommen werden.

Um die praktische Seite der vorliegenden Arbeit abzurunden und uns die Beschreibung der in *PIZZA* verwendeten Abfragesprache zu sparen, haben wir das Handbuch der *UNIX-PIZZA*-Version als Anhang I und eine kurze Systemdokumentation als Anhang II beigefügt.

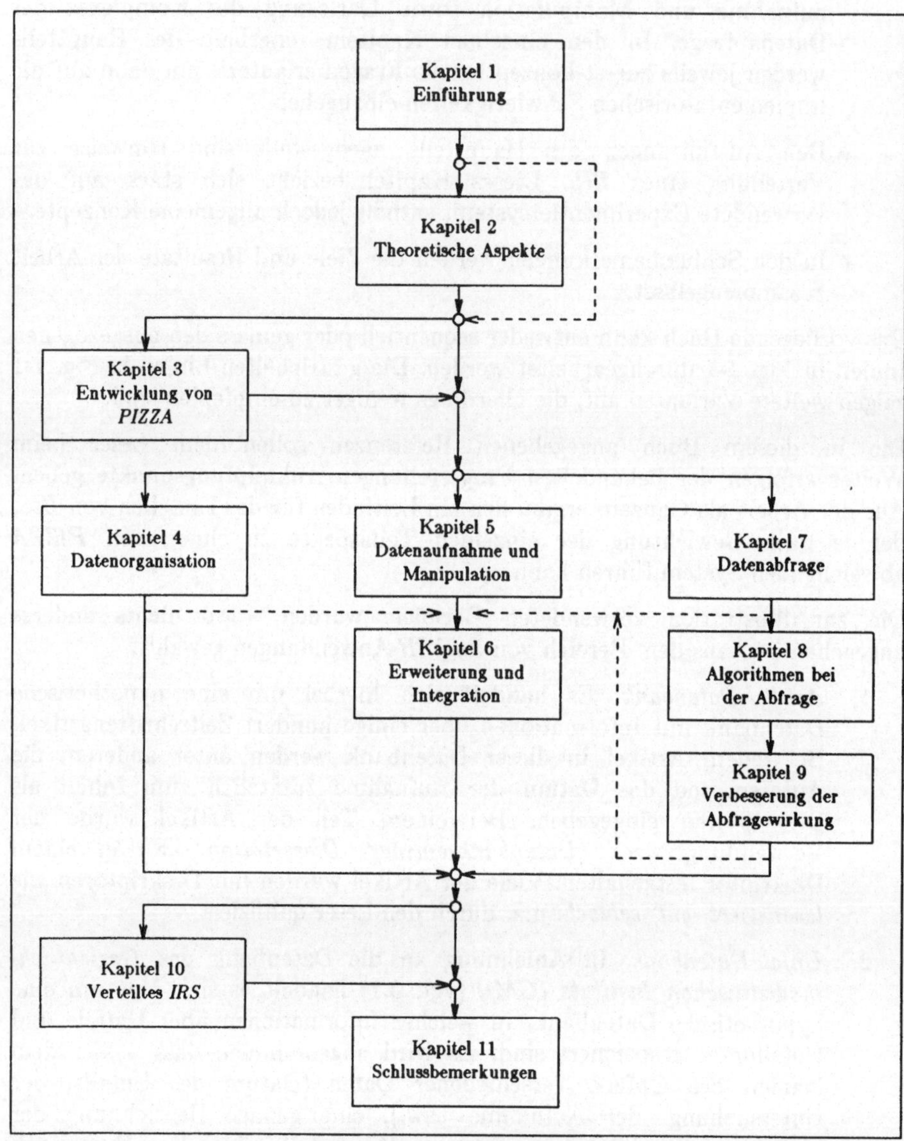

Fig. 1-1. Stoffgliederung

1.2 Grundidee

Die Grundidee von Information Retrieval beruht auf der Vorstellung eines *Karteisystems*, in welchem die Information, die als Resultat jeder Suche erwartet wird, auf einer *Karteikarte* steht. Die *Suche* bezieht sich somit immer auf den *Inhalt* solcher Karten. Information Retrieval hat zum Ziel, die Karteiinhalte *maschinell* zu bearbeiten (d.h. zu speichern und wieder aufzufinden).

Manuelle Methoden zur Arbeit mit Karteikarten sind mittlerweile sehr ausgereift[5]. Die entwickelten Systeme sind fähig, bei einer begrenzten Anzahl von Karten eine begrenzte Auswahl von Merkmalen zu berücksichtigen.

Die hauptsächlichen Mängel herkömmlicher Karteisysteme sind:

- Die auf einer Karteikarte speicherbare Informationsmenge ist begrenzt.

- Die Anzahl der mit vertretbarem Aufwand zu verwendenden Karten ist begrenzt.

- Die Merkmale, nach welchen eine Karteikarte gesucht werden kann, müssen im voraus bestimmt werden und sind in ihrer Anzahl beschränkt (Randlochkarte).

- Suchmerkmale können nicht, oder nur mit grossem Aufwand, zu logischen *Suchausdrücken* verbunden werden.

Von einem maschinellen *IRS* wird erwartet, dass es möglichst viele der oben genannten Mängel beseitigt.

Karteikarten haben aber auch zwei gute Eigenschaften, die es nach Möglichkeit zu kopieren gilt:

- Die Karteikarte erfordert keine bestimmte Form der Eintragungen.

- Das Erstellen oder Ausfüllen einer Karteikarte kann durch Laien geschehen.

---

5. Beispiel: Randlochkarte: [GAUS-83, S. 136] und [MRE4-82], sowie Double Dictionary [HEAP-78, S. 78].

1.3 Begriffe

Um uns von der Vorstellung einer Karteikarte als Datenträger zu lösen, wollen wir den Begriff der *Informationseinheit* einführen. Eine Informationseinheit umfasst einen *Text* und dazugehörende *Deskriptoren.*

Ein Text ist, wo nichts anderes angegeben ist, eine unstrukturierte und unformatierte Folge von Zeichen, Wörtern oder Sätzen. Ein *Deskriptor* (Merkmal oder Attribut) ist eine Zeichenfolge (ein oder mehrere Wörter), die jeweils auf ein besonderes Merkmal des Textes hinweist. Alle Deskriptoren eines Textes zusammen beschreiben den Text. Die Regeln zur *Darstellung* von Texten und Deskriptoren auf Ein- und Ausgabegeräten werden separat beschrieben oder als *Masken* festgehalten.

Fig. 1-2 zeigt ein Beispiel einer Informationseinheit, bestehend aus einem Text, den dazugehörenden Deskriptoren und den Darstellungsregeln in der Form einer Maske.

Daten, die mit einem *IRS* gespeichert und wiederaufgefunden werden sollen, fallen in verschiedener Form an:

1. Als Daten *über* Objekte, zum Beispiel

   über Personal,
   über Bücher,
   über Patienten oder Krankheiten.

2. Als Objekte, die *als Ganzes gespeichert* werden sollen, zum Beispiel

   als Korrespondez in einem Sekretariat,
   als Programme und Dokumentation,
   als persönliche Notizen,
   als Zeichnungen und Graphiken.

Bevor die Daten mit einem *IRS* bearbeitet werden können, müssen sie in eine für die Wiedergewinnung geeignete Form umgewandelt werden. Dies geschieht in zwei Schritten:

1. Daten aufnehmen,

2. Ladevorgang ausführen.

Unter dem Begriff der *Datenaufnahme* sind in dieser Arbeit sämtliche Tätigkeiten zu verstehen, die mit dem *Erstellen von Informationseinheiten* verbunden sind. Dazu gehören insbesondere:

- *IRS*: Das Bereitstellen einer benutzerfreundlichen Methode zur *Dateneingabe.*

- *IRS*: Das Bereitstellen einer Möglichkeit zur Definition der *Struktur* einer Informationseinheit.

Text:

```
OUTPUT
1982
1/82
35
39
Dezentralisierung mit Lokalnetzwerken
Koch A.
Zusammenfassung der gängigen Methoden bei lokalen Netzwerken.
Erklärung der Vorteile von Bus und Ring.
```

Deskriptoren:

```
bus
ring
network
summary
```

Darstellungsregeln (Maske):

```
Zeitschrift    [                                          ]
Jahrgang       [      ] Ausgabe  [          ] Seiten [     ]
Titel          [                                          ]
Autor          [                                          ]
Text           [                                          ]
               [                                          ]
Deskriptoren   [                      ] [                 ]
               [                      ] [                 ]
```

Fig. 1-2. Eine Informationseinheit

- *Benutzer:* Die Aufnahme der Texte. Dabei ergibt sich ein unterschiedliches Vorgehen, wenn ein Text Informationen *über* ein Objekt, eine *Referenz zu* einem Objekt oder *das Objekt selbst* enthält.

- *Benutzer:* Die Aufnahme der Deskriptoren. Die Problematik der Generierung von Deskriptoren oder deren Extraktion aus den Texten ist unter dem Begriff *indexing* bekannt.

Als Resultat der Datenaufnahme entstehen *Rohdaten.* Die Rohdaten bestehen aus einer Menge von *Informationseinheiten.*

Beim *Ladevorgang* wird durch Umorganisieren der Rohdaten, sowie durch die Speicherung von Zusatzinformationen über die Struktur der Daten, eine Verbesserung der Zugriffsmöglichkeiten bei der Abfrage erreicht. Die Struktur der Daten, welche beim Ladevorgang entsteht, sowie die Beziehungen zwischen den Daten werden unter dem Begriff *Datenorganisation* beschrieben.

Die *Datenaufnahme* und der *Ladevorgang* können auf zwei Arten behandelt werden:

- *Getrennt:* Aufgenommene Daten werden als *Rohdaten* zwischengespeichert und zu einem späteren Zeitpunkt geladen.

- *Zusammen:* Jede Informationseinheit wird nach Beenden der Aufnahme sofort geladen.

Unter dem Begriff der *Datenabfrage* werden alle Tätigkeiten zusammengefasst, die der *Wiedergewinnung* der Daten dienen. Es sind zwei Problemkreise zu unterscheiden:

- Für den Benutzer sichtbar: Die Form der Abfrage *(Abfragesprache)* und die Art der Ausgabe.

- Für den Benutzer unsichtbar: Die interne Bearbeitung der Abfrage (Übersetzer und Interpreter der Abfragesprache, Zugriffsprobleme bei komplexen Abfragen).

1.4 Klassifizierung von Information-Retrieval-Systemen

Anhand der aufgeführten Begriffserklärungen, lassen sich verschiedene Klassen von *IRS* unterscheiden:

1. Nach der Art der zur Verfügung stehenden Information:

   - Die gesamten Texte stehen in maschinenlesbarer Form zur Verfügung (sogenannte Volltext-*IRS*).
   - Kürzungen oder Zusammenfassungen der Texte stehen in maschinenlesbarar Form zur Verfügung.
   - Die Information steht nicht in maschinenlesbarer Form zur Verfügung. Der Benutzer gibt eine (subjektive) Beschreibung ein.

2. Nach dem Format der Texte:

   - Nur strukturierte Texte sind zugelassen.
   - Nur unstrukturierte Texte sind zugelassen.
   - Strukturierte und unstrukturierte Texte sind zugelassen; jedoch nur eine Art pro Datenbank.
   - Wie oben; die verschiedenen Textarten dürfen jedoch auch in derselben Datenbank vorkommen.
   - Innerhalb eines Textes können/müssen strukturierte und unstrukturierte Teile vorhanden sein.

3. Nach der Datenaufnahme:

- Die Datenaufnahme wird durch das *IRS* abgedeckt - Hilfmittel stehen
  zur Verfügung und *müssen* verwendet werden.
- Die Datenaufnahme wird nicht abgedeckt. Allfällige Programme sind
  vom *IRS* Benutzer zu schreiben. Das *IRS* umfasst lediglich einen Lade-
  und einen Retrieval-Teil.
- Die Datenaufnahme wird auf Wunsch abgedeckt, kann aber umgangen
  werden (Definition einer Schnittstelle).

4. Nach der Art des Ladevorgangs:

- Das Laden findet sofort nach jeder Änderung statt (*online* Änderung).
- Das Laden umfasst immer *alle* Texte. Die bestehende (alte) Datenbank
  wird vor dem Laden gelöscht.
- Kombination: Das Laden findet nicht sofort nach jeder Änderung oder
  Neuaufnahme statt. Die bestehende Datenbank wird nicht gelöscht. Es
  werden nur die geänderten beziehungsweise neu aufgenommenen
  Texte geladen.

5. Nach der Bestimmung der Deskriptoren bei der Datenaufnahme:

- Deskriptoren (d.h. die Merkmale zur späteren Suche eines Textes)
  müssen von Hand eingegeben werden.
- Deskriptoren werden automatisch aus den Texten generiert. (Beispiel:
  jedes Wort eines Textes ergibt einen Deskriptor).
- Deskriptoren können automatisch extrahiert werden, die dazu
  notwendigen Programme müssen jedoch durch den Benutzer geschrieben werden.
- Deskriptoren können nur aus Teilen des Textes automatisch extrahiert
  werden.
- Deskriptoren werden gemäss einer im voraus bestimmten Deskriptorenliste (Thesaurus) extrahiert.
- Mischformen: Deskriptoren werden automatisch aus den Texten
  generiert und dem Benutzer zur Korrektur, Auswahl und Ergänzung
  vorgelegt.

6. Nach den Änderungsmöglichkeiten

- Änderungen der Texte und Deskriptoren (Art, Anzahl und Form) sind
  möglich.
- Änderungen sind nur *beschränkt* möglich (nur Änderung der Rohdaten
  oder nur Änderung bestimmter Deskriptoren).

7. Nach der Art der Speicherung der Deskriptoren (Deskriptortopologie):

● Flache Systeme: es besteht keine logische Verbindung zwischen den gespeicherten Deskriptoren; alle sind gleichrangig und gleichberechtigt.

● Hierarchische Systeme: die gespeicherten Deskriptoren sind hierarchisch miteinander verknüpft.

● Netzwerkartige Systeme: zwischen den Deskriptoren können beliebige (netzwerkartige) Strukturen und Abhängigkeiten definiert werden.

8. Nach der Verwaltung der gespeicherten Daten:

● Die Verwaltung wird durch ein Datenbank-Management-System *(DBMS)* besorgt.

● Die Verwaltung wird durch das *IRS* selbst besorgt.

● Die Verwaltung obliegt dem Benutzer - die Daten sind in Dateien[6] gespeichert, welche für den Benutzer transparent sind.

● Mischformen: Die Verwaltung wird im Normalfall durch das *IRS* besorgt, kann aber jederzeit vom Benutzer oder von einem *DBMS* übernommen werden.

Die obige Aufstellung deckt nicht alle theoretisch vorstellbaren Varianten ab, ermöglicht jedoch eine Klassifizierung der in der Praxis üblichen *IRS.* Sie wird uns vor allem im Hinblick auf die Festlegung der Anforderungen an *PIZZA* (vgl. Kapitel 3) nützlich sein.

---

6. Im Zusammenhang mit den von *IRS* verwalteten Daten ist dann ebenfalls die Rede von einer *Datenbank.*

2. Theoretische Aspekte

In diesem Kapitel werden ausgewählte Gebiete aus der Theorie des Information Retrieval behandelt. Dazu gehören unter anderem folgende Themenkreise:

- die Beurteilung der Güte eines *IRS*
- das Problem der Auswahl von Deskriptoren[1] und Dokumenten[2]
- die Verwendung von Thesauri bei Datenaufnahme und Abfrage
- exakter und ungefährer Vergleich von Zeichenketten
- die Kontrolle *konkurrierender Zugriffe* auf gemeinsame Ressourcen.

Die Auswahl dieser Punkte erfolgte entsprechend ihrer Relevanz für das in den Kapiteln 3-9 beschriebene *IRS*. Ihre Bedeutung hat auch auf die Entwicklung von *PIZZA* durchgeschlagen.

2.1 Beurteilung der Güte eines *IRS*

Bei der Beurteilung der Güte eines *IRS* und der gespeicherten Daten ist zwischen Kriterien zu unterscheiden, die primär *quantitativen* oder *technischen* Charakters sind, und solchen, die *qualitative Aussagen* über die Güte der Antwort erlauben. Zu der ersten Gruppe gehören beispielsweise Angaben über die Länge der Antwortzeiten, Angaben über die Anzahl der gespeicherten Informationseinheiten und Angaben über die Art der Benutzerschnittstelle. Dieser Abschnitt beschäftigt sich mit der zweiten Gruppe, den qualitativen Aussagen.

2.1.1 Einige Masszahlen

Wir gehen davon aus, dass der Benutzer eines *IRS* seine Interessen durch eine *Abfrage (Recherche, query)* beschreibt, die dann als Grundlage für die Suche in der Datenbasis verwendet wird. Die *Antwort* an den Benutzer umfasst eine Anzahl Informationseinheiten oder Dokumente. Die *Qualität* der Antwort hängt davon ab, wieviele der gespeicherten und relevanten Informationseinheiten gefunden werden, und wieviele der ausgewählten Informationseinheiten relevant sind. Im Hinblick auf eine Abfrage kann die Gesamtmenge

---

1. Die Begriffe *Term*, *Stichwort* und *Merkmal* werden in diesem Kapitel synonym zum Begriff *Deskriptor* verwendet.
2. Die Begriffe *Dokument* und *Informationseinheit* werden in diesem Kapitel synonym verwendet.

der gespeicherten Dokumente demnach in relevante und irrelevante (Mengen Y und Z) sowie selektierte und nicht selektierte (Index 1 und 0) Dokumente unterteilt werden. Es ergeben sich vier Gruppen:

Y_1 Menge der Informationseinheiten, die bei der Recherche (zurecht) selektiert wurden und auch für die Abfrage relevant sind.

Y_0 Menge der Informationseinheiten, die bei der Recherche (fälschlich) nicht selektiert wurden, aber für die Abfrage relevant sind.

Z_1 Menge der Informationseinheiten, die bei der Recherche (fälschlich) selektiert wurden, aber für die Abfrage irrelevant sind.

Z_0 Menge der Informationseinheiten, die bei der Recherche (zurecht) nicht selektiert wurden und auch für die Abfrage irrelevant sind.

Aufgrund dieser Einteilung werden zwei Verhältniszahlen definiert. Unter der Präzision[3] P versteht man:

$$P = \frac{ausgewählte\ relevante\ Dokumente}{alle\ ausgewählten\ Dokumente}$$

$$= \frac{|\,Y_1\,|}{|\,Y_1\,| + |\,Z_1\,|}$$

Die Verhältniszahl für die Ausbeute A ist wie folgt definiert:

$$A = \frac{ausgewählte\ relevante\ Dokumente}{alle\ gespeicherten\ relevanten\ Dokumente}$$

$$= \frac{|\,Y_1\,|}{|\,Y_1\,| + |\,Y_0\,|} = \frac{|\,Y_1\,|}{|\,Y\,|}$$

Für eine perfekte Beantwortung einer beliebigen Abfrage sollten die Mengen $|\,Y_0\,|$ und $|\,Z_1\,|$ leer sein. A und P erhalten dann beide den Wert 1. Dieser Idealfall trifft in den seltensten Fällen zu.

Bei der Bewertung der Gesamtleistung eines *IRS* werden *ähnliche* Abfragen miteinander verglichen. Unter *ähnlichen Abfragen* versteht man Abfragen, die den *gleichen Zweck* verfolgen, aber unterschiedlich formuliert sind. Für jede Antwort der ähnlichen Abfragen kann ein *A/P*-Wertepaar berechnet und in ein Diagramm eingetragen werden (Fig. 2-1). Je höher die Leistung des verwendeten *IRS* und je besser die Datenbasis ist, desto näher beim Punkt 1/1

---

3. Vgl. [PAIC-77], [HEAP-78], [ZEHN-83], [GAUS-83]. Synonym zu *Präzision* wird *precision* und *Relevanzrate* verwendet. Als Synonym zu *Ausbeute* findet man *recall* und *Vollständigkeitsrate*.

liegen die errechneten Punkte.

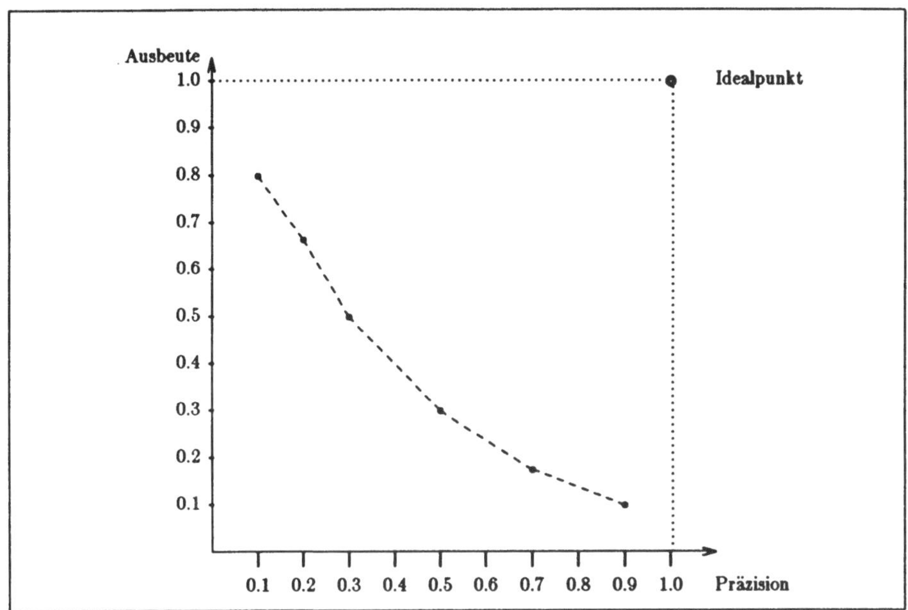

Fig. 2-1. *Ausbeute/Präzision*-Diagramm

In der Literatur - beispielsweise in [PAIC-77] und [BOL1-83] - finden wir weitere Masszahlen zur Beurteilung der Qualität oder Leistung eines *IRS*. Eine mit den Verhältniszahlen *Präzision* und *Ausbeute* verwandte Masszahl ist die *Ausfallrate F (fallout ratio)*. Sie repräsentiert den Anteil der (fälschlich) ausgewählten irrelevanten Dokumente an allen irrelevanten Dokumenten in der Datenbank und ist definiert als:

$$F = \frac{\textit{ausgewählte irrelevante Dokumente}}{\textit{alle gespeicherten irrelevanten Dokumente}}$$

$$= \frac{|Z_1|}{|Z_1| + |Z_0|} = \frac{|Z_1|}{|Z|}$$

Im Idealfall hat die Ausfallrate den Wert $F=0$. Da sich die Zahl F auf *alle* gespeicherten irrelevanten Informationseinheiten bezieht, scheint sie auf den ersten Blick für den Benutzer belanglos. In Kombination mit der *Ausbeute* führt sie jedoch zu einer interessanten Überlegung: Ein sinnvoller Auswahlprozess muss tendenziell möglichst viele Dokumente aus der Menge Y und möglichst wenige aus Z auswählen. Ein Dokument aus der Menge Y hat bei einer solchen Auswahl eine grössere Wahrscheinlichkeit selektiert zu werden als ein Dokument aus der Menge Z. Dieser Sachverhalt lässt sich anhand eines Diagramms (Fig. 2-2) aufzeigen.

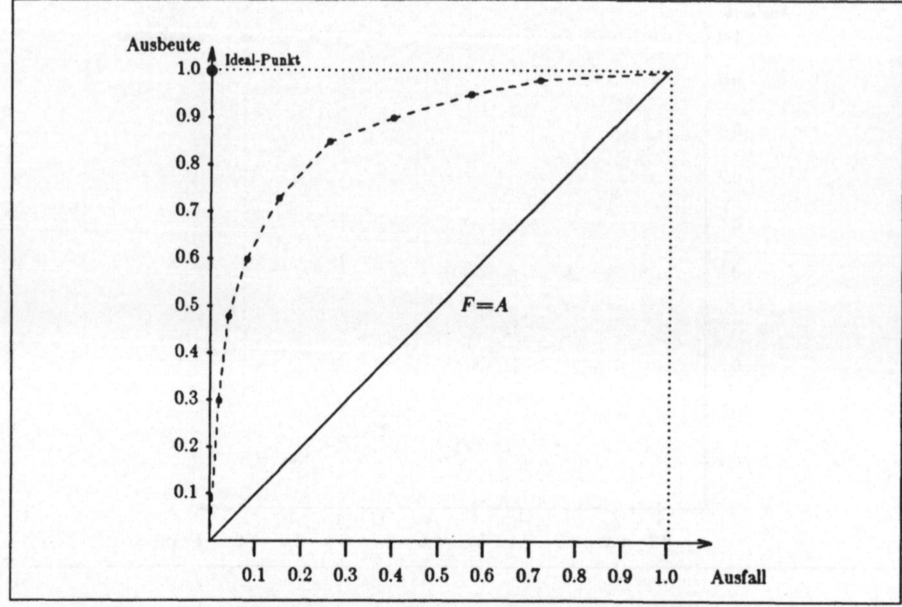

Fig. 2-2. *Ausbeute/Ausfall*-Diagramm

Der Idealpunkt liegt im *Ausbeute/Ausfall*-Diagramm bei $F=0$ und $A=1$. Während des Auswahlprozesses, der zu einer idealen Antwort führt, ist die Wahrscheinlichkeit, dass ein beliebiges Dokument der Menge Z ausgewählt wird, gleich 0.

Die Antworten, für welche $F=A$ ist, kommen zustande, wenn alle Dokumente in der Datenbank mit gleicher Wahrscheinlichkeit ausgewählt werden. Die entsprechende Abfrage ist sinnlos.

Die gestrichelte Linie zeigt den Verlauf einer typischen Kurve. Je näher ein für eine Antwort berechneter A/F−Punkt beim Idealpunkt liegt, desto stärker ist die *Auswahlkraft (selective power)* der Abfrage (und des *IRS*).

2.1.2 Zur Berechnung der Masszahlen

Die Berechnung der Präzision bietet keine Schwierigkeiten. Der Benutzer kann sie während der Durchsicht der ausgewählten Dokumente vornehmen. Er braucht keine Kenntnis über die Mengen der *nicht* ausgewählten Informationseinheiten (Y_0 und Z_0) zu haben. Die Masszahl der Präzision erlaubt jedoch erst im Zusammenhang mit den anderen Masszahlen (Ausbeute oder Ausfall) Aussagen über die Qualität der gespeicherten Daten und des verwendeten *IRS*.

Die Berechnung der Ausbeute und der Ausfallrate setzt die Kenntnis der Mengen Y_0 beziehungsweise Z_0 voraus. Sie kann auf verschiedene Art erworben werden, so beispielsweise durch:

1. *Überprüfen aller gespeicherten Dokumente*

   Nach jeder Abfrage werden sowohl die Dokumente der Antwort als auch alle (restlichen) gespeicherten Dokumente auf ihre Relevanz hin untersucht. Als Resultat erhält man die gewünschten Mengen. Der Vorgang ist sehr zeitraubend und kann nur für kleine Datenmengen vorgenommen werden. Die Berechnung der Qualitätsmasse ist jedoch vor allem für grosse und inhaltlich unbekannte Dokumentenmengen interessant.

2. *Anwendung von Stichprobenverfahren*

   Aus den bei einer Abfrage *nicht* ausgewählten Dokumenten[4] (Menge $Y_0 \cup Z_0$) werden Stichproben gezogen und bewertet (relevant oder nicht relevant). Durch eine Hochrechnung kann Y_0 und Z_0 bestimmt werden.

3. *Erweiterung der Abfrage*

   Nach der ersten und zu bewertenden Abfrage wird die Abfrage derart erweitert, dass mit an Sicherheit grenzender Wahrscheinlichkeit alle relevanten Dokumente gefunden werden. Alle Dokumente beider Antworten werden ausgezählt. Die Menge Y_1 entspricht den relevanten Dokumenten aus der ersten Antwort. Die Menge Y_0 ist die Differenzmenge $Y_{12} \backslash Y_{11}$, wobei Y_{12} für die Menge der relevanten Dokumente aus der zweiten und Y_{11} für diejenige aus der ersten Antwort steht. Z_0 kann dann auch als Differenzmenge berechnet werden.

---

4. In [GAUS-83] wird vorgeschlagen, die Stichprobe aus der Grundgesamtheit zu ziehen, was die Berechnung der Einzelmengen kompliziert.

2.1.3 Diskussion

Die mit einem *IRS* und einer Anzahl Abfragen erreichten Qualitätszahlen hängen im wesentlichen von folgenden Punkten ab:

1. Nach welchen Kriterien werden die Deskriptoren aus den Dokumenten ausgewählt *(indexing)*? Wenn generell nur Deskriptoren gewählt werden, die gut passen (Kerndeskriptoren), dann wird die Präzision verbessert. Werden dagegen auch Deskriptoren aufgenommen, die nur teilweise zutreffen (Randdeskriptoren), dann wird die Ausbeute erhöht.

2. Wie wird die Abfrage formuliert? Es ist leicht eine Abfrage so zu formulieren, dass die Ausbeute $A=1$ wird, wenn man dafür ein sehr kleines P in Kauf nimmt. Antworten dieser Art sind höchstens zu Kontrollzwecken sinnvoll (vgl. 2.1.2, Punkt 3).

3. Welche Möglichkeiten bietet das *IRS*? Schliesslich hat auch das *IRS* selbst, durch die Möglichkeiten, die es bei der Aufnahme und bei der Formulierung der Abfrage bietet, einen Einfluss auf die erreichbaren Verhältniszahlen. Mittel zur Fehlererkennung bei manueller Eingabe, zur Erkennung ähnlicher Deskriptoren bei Aufnahme und Abfrage und andere Hilfen dieser Art erhöhen die Ausbeute bei gleichbleibender oder verbesserter Präzision.

Die Berechnung aller Masszahlen liegt beim Benutzer; es ist schliesslich seine subjektive Bewertung der ausgewählten Dokumente, die am meisten ins Gewicht fällt. Die grösste Aussagekraft haben Masszahlen bei Volltext-*IRS*, die zudem über einen Mechanismus zur automatischen Deskriptorenauswahl verfügen. Die Menge der gespeicherten Dokumente muss sehr gross sein, um statistisch signifikante Aussagen machen zu können. Entsprechend den in Abschnitt 3.2 aufgezählten Anforderungen muss das Experimentiersystem als *kleines IRS* charakterisiert werden. Eine Untersuchung anhand von Qualitätsmasszahlen ist nicht gerechtfertigt. Die Thematik wird deshalb hier nicht weiter verfolgt. Die Kenntnis der Zusammenhänge ist allerdings auch bei der Arbeit mit einfacheren *IRS* von Bedeutung. Die eingeführten Begriffe werden an verschiedenen Stellen des Buches verwendet.

2.2 Deskriptorenauswahl

Unter dem Begriff der *Deskriptorenauswahl (indexing)* werden alle Methoden und Verfahren zusammengefasst, die der Bestimmung von Deskriptoren zwecks Charakterisierung eines Dokumentes dienen.

2.2.1 Manuelle Auswahl

Bei der manuellen Auswahl *(manual indexing)* werden die relevanten Merkmale vom *Benutzer* ausgewählt, im Dokument gekennzeichnet oder separat eingegeben. Die manuelle Auswahl kann auch mit einer der Methoden der automatischen Auswahl kombiniert werden. Es ergibt sich eine Mischform, bei welcher der Benutzer die Liste der automatisch ausgewählten durch Streichungen und Ergänzungen korrigiert.

Vorteile: Der *Vorteil* dieser Methode liegt darin, dass auch Terme berücksichtigt werden können, die nicht direkt aus dem Dokument hervorgehen. Beispiele sind Deskriptoren, die Werturteile über die Qualität eines Dokumentes beinhalten oder Hinweise auf die Verwendung[5] geben. Die manuelle Auswahl ist zudem einfach zu implementieren. Sie eignet sich vor allem dort, wo die Datenerfassung durch wenige und fachlich versierte Personen vorgenommen wird.

Nachteil: Ein *Nachteil* ist, dass bei der Datenaufnahme ein Mehraufwand durch die zweimalige Eingabe der relevanten Terme (als Text *und* als Deskriptor) anfallen kann.

2.2.2 Automatische Auswahl

Für die automatische Auswahl *(automatic indexing)* ist die Eingabe des ganzen Dokumentes oder einer längeren Zusammenfassung erforderlich. Das eingegebene die charakterisierenden Terme enthalten. Alle automatischen Auswahlverfahren können erst dann effizient eingesetzt werden, wenn sämtliche Deskriptoren automatisch auf ihre Grundform oder ihren Wortstamm reduziert werden können. Unterschiedliche Schreibweisen sind auf eine Standardschreibweise zu reduzieren. Das Thema der Reduktion von Deskriptoren auf ihre Grundform wird in [ROET-79] eingehend behandelt. Einige der gängigen Methoden zur automatischen Deskriptorenauswahl werden hier aufgezählt.

  ● *Auswahl aufgrund von Wortlisten:*

Nur diejenigen Wörter qualifizieren als Deskriptoren, die in einer Wortliste (Thesaurus) vorkommen. Der Thesaurus muss unabhängig von der Datenbank im voraus definiert werden. Die verschiedenen Verwendungen von Thesauri in Datenaufnahme und Abfrage werden in Abschnitt 2.4 besprochen.

---

5. Beispiel: Unter den gelesenen Artikeln werden wir den einen oder anderen mit einem Deskriptor **Datenbankseminar** versehen, wenn er den potentiellen Stoff für eine Seminarstunde enthält.

● *Auswahl mit Hilfe von Stoppwortlisten:*

Aus den (vollen) Texten werden alle Wörter ausgewählt, die nicht in einer Stoppwortliste - auch Anti-Thesaurus genannt - vorkommen. Die Zentralstelle für maschinelle Dokumentation hat eine Liste von Stoppwörtern mit etwa 2500 Einträgen herausgegeben [ZENT-68].

● *Auswahl aufgrund einer weitergehenden Textanalyse:*

Als Ergänzung zu einer der genannten automatischen Verfahren kann der gesamte Text zur Bildung von zusammengesetzten Deskriptoren überprüft werden: Durch Analyse des aufzunehmenden Dokumentes kann ein einzelnes Wort, das *keinen* Wert als Deskriptor hat, zu einem wertvollen Deskriptor ergänzt werden. In dem Satz:

> *Wie in einer Bank das Geld, werden im gemein-*
> *samen Speicherbereich alle Daten aufbewahrt.*

kann die Zusammensetzung *Daten Bank* gefunden werden. Man braucht dazu keine aufwendige semantische Analyse. Voraussetzung ist lediglich, dass der Computer den Ausdruck *Daten Bank* bereits kennt und danach sucht. Der Effekt dieser (wenn auch primitiven) Analyse ist, dass ein zu *allgemeiner* Deskriptor *(Daten)* durch einen *spezielleren* ersetzt *(Daten Bank)* wird. Die Auswahl der Dokumente wird dadurch *präziser*, die *Ausbeute* sinkt.

● *Gewichtete Auswahl:*

Bei der gewichteten Auswahl wird versucht, den einzelnen Deskriptor im Kontext seiner Umgebung zu betrachten. Als Umgebung wird entweder das Dokument, die Abfrage oder die ganze Datenbank angesehen. Die Gewichtung von Deskriptoren setzt - soweit sie bei der Datenaufnahme oder beim Laden der Datenbank vorgenommen wird - ein geeignetes Verfahren zur Selektion der möglichen Deskriptoren aus den Texten voraus. Nach dieser Erstauswahl kann anhand einer Gewichtung eine definitive Auswahl und Speicherung vorgenommen werden. Die Gewichtung bei der Abfrage, setzt ebenfalls ein geeignetes Verfahren zur Deskriptorenauswahl voraus, hat aber - Gegensatz zur Gewichtung bei Aufnahme - keinen Einfluss auf die Speicherung der Deskriptoren.

2.2.3 *Masszahlen zur Gewichtung von Deskriptoren*

In diesem Unterabschnitt werden einige Masszahlen zur Gewichtung von Deskriptoren angegeben. Die Masszahlen unterscheiden sich unter anderem in der Aussage, die sie ermöglichen, im Aufwand, der zu ihrer Berechnung notwendig ist und im Zeitpunkt ihrer Verwendung. Alle Masszahlen sind Relevanzfaktoren: Sie versuchen, etwas über die Wichtigkeit des entsprechenden Deskriptors auszusagen. Die unterschiedlichen Namen entsprechen ihrer Benennung in der Literatur.

Bei der *dokumentweisen Betrachtung* wird für jeden Deskriptor ein Gewicht berechnet, welche etwas über die Wichtigkeit des Deskriptors innerhalb des Dokumentes aussagt. Das Gewicht wird aufgrund der *Auftretenshäufigkeit* des Deskriptors im Dokument bestimmt. Das Gewicht G_{ij} eines Deskriptors D_i im Dokument T_j kann definiert werden als:

$$G_{ij} = \frac{\text{Häufigkeit von Deskriptor } D_i \text{ in Dokument } T_j}{\text{Häufigkeit von Deskriptor } D_i \text{ in der Datenbank}} \qquad (1)$$

Das Gewicht nimmt Werte $0 \leq G_{ij} \leq 1$ an. Je näher das Gewicht eines Deskriptors beim Wert 1 liegt, desto wichtiger ist der Deskriptor. Die Berechnung von G ist nicht sehr aufwendig; sie wird zudem während dem Ladevorgang vorgenommen. Bei der Deskriptorenauswahl werden alle Terme mit $G_{ij} \leq G_g$ ausgeschieden. Der *Grenzwert G_g* wird nach freiem Ermessen bestimmt. Während der Abfrage wird G nicht verwendet. Die Berechnung von G ist nur in Volltext-*IRS* sinnvoll.

Formel (1) kann so abgewandelt werden, dass es anstelle eines einzelnen Dokumentes alle Dokumente einer Abfrage *(abfrageweise Betrachtung)* berücksichtigt und somit - im Gegensatz zu Formel (1) - während der Abfrage verwendet wird. Man spricht in diesem Zusammenhang vom *Relevanzfaktor RF*. Die Definition für RF_{iq} in der Abfrage A_q ist gegeben als:

$$RF_{iq} = \frac{\text{Häufigkeit von Deskriptor } D_i \text{ in der Abfrage } A_q}{\text{Häufigkeit von Deskriptor } D_i \text{ in der Datenbank}} \qquad (2)$$

RF ist im Hinblick auf die Modifikation und Wiederholung von Abfragen von Bedeutung (vgl. Abschnitt 9.3): Um die Präzision einer Abfrage bei gleichbleibender Ausbeute zu erhöhen, werden in der modifizierten Abfrage nur Deskriptoren verwendet, deren Relevanzfaktor über einem zu bestimmenden Grenzwert RF_g liegt. Die Verwendung von *RF* kann bei einer grossen Datenbank auch in Nicht-Volltext-*IRS* sinnvoll sein. Die Häufigkeit des Auftretens eines Deskriptors ist dann identisch mit der Anzahl Dokumente, welche mit dem entsprechenden Deskriptor verbunden sind.

Die folgende Masszahl entstand aus der Erkenntnis heraus, dass die Wichtigkeit der Deskriptoren *eines* Dokumentes vom Inhalt anderer Dokumente abhängig ist. So hat beispielsweise ein Deskriptor *computer* in einer Artikelsammlung über Gebiete der Informatik keinen, in einer medizinischen Sammlung hingegen einen sehr hohen Wert. Als Kriterium zur Beurteilung dieses Phänomens, wird in [SALT-81] eine Masszahl *IDF* eingeführt:

$$IDF_{ij} = \frac{\textit{Häufigkeit von Deskriptor } D_i \textit{ in Dokument } T_j}{\textit{Anzahl Dokumente } T, \textit{ in denen } D_i \textit{ vorkommt}} \tag{3}$$

IDF steht für *Inverse Document Frequency* und hat folgende Bedeutung: Die *IDF* eines Deskriptors D_i im Dokument T_j *steigt*, je häufiger er in einem Dokument T_j vorkommt. Sie *sinkt*, wenn er in vielen Dokumenten vorkommt. Je *kleiner* der Wert von *IDF* ist, desto *unwichtiger* ist der entsprechende Deskriptor D_i im Dokument T_j. Die *IDF* sollte im Idealfall für alle in der Abfrage verwendeten Deskriptoren in allen ausgewählten Dokumenten einen möglichst hohen Wert erreichen. Aufgrund der Erfahrung kann ein Grenzwert IDF_g festgelegt werden: Alle Deskriptoren mit $IDF_{ij} < IDF_g$ sind nicht signifikant und werden ausgeschieden. Da die *IDF* von der Grösse der Datenbank abhängt, kann der Grenzwert nicht objektiv festgelegt werden. Die *IDF* wird während dem Laden der Datenbank für alle Deskriptoren und alle Dokumente bestimmt und gespeichert. Sie wird sinnvollerweise nur in Volltext-Systemen mit automatischer Indexierung verwendet.

Bei der Gewichtung von ganzen Dokumenten (vgl. Abschnitt 2.3) wird mit folgender Masszahl gearbeitet. Sie wird bei jeder Abfrage A_q für alle Deskriptoren D_i, die in Verbindung mit einem der selektierten Dokumente stehen, berechnet. Die Berechnung von L_{iq} setzt die Bewertung aller selektierten Dokumente (oder einer Stichprobe aus der Menge der selektierten Dokumente) durch den Benutzer voraus. Die Definition für den Faktor L_{iq} lautet:

$$L_{iq} = \frac{\dfrac{\textit{Anzahl relevante Dokumente mit } D_i}{\textit{Anzahl relevante Dokumente in der Abfrage } A_q}}{\dfrac{\textit{Anzahl nicht relevante Dokumente mit } D_i}{\textit{Anzahl nicht relevante Dokumente Abfrage } A_q}} \tag{4}$$

Je grösser L_{iq} für einen bestimmten Deskriptor ist, desto wichtiger ist dieser Deskriptor. Die Berechnung von L_{iq} wird während der Abfrage vorgenommen und ist nicht aufwendig. Sie ist auch in Nicht-Volltext-*IRS* sinnvoll, sofern die Menge der gespeicherten Dokumente gross genug ist.

Die wichtigsten Eigenschaften der aufgezählten Masszahlen sind in Fig. 2-3 zusammengefasst.

Masszahl	Wert für wichtigen Deskriptor	Wert für unwichtigen Deskriptor	Berechnung	Aussage
G	gegen 1	gegen 0	beim Laden	Deskriptorspezifisch: Ein wichtiger Deskriptor tritt nur in einem Dokument auf.
RF	gegen 1	gegen 0	bei der Abfrage	Abfragespezifisch: Ein wichtiger Deskriptor ist eng mit der Abfrage verbunden.
IDF	gegen ∞	gegen 1	beim Laden	Dokumentspezifisch: Ein wichtiger Deskriptor ist eng mit dem Dokument verbunden.
L	gegen ∞	gegen 0	bei der Abfrage	Abfragespezifisch: Ein wichtiger Deskriptor bezeichnet den Sinn der Abfrage sehr genau.

Fig. 2-3. Zusammenfassung einiger Masszahlen

2.2.4 Zusammenfassung und Diskussion

Die verschiedenen aufgezählten Verfahren für die automatische Deskriptoren-auswahl sind in Fig. 2-4 im Sinne einer Praxisanleitung für das mögliche Vorgehen eines *IRS* zusammengefasst.

	Mögliches Vorgehen eines *IRS* bei der Deskriptorenauswahl:
1	Die einzelnen Wörter im vollen Text identifizieren.
2	Mit einer *Stoppwortliste* die nicht relevanten Wörter ausscheiden.
3	Automatische *Wortstammextraktion*, Prä- und Suffixe werden abgeschnitten.
4	Zu *seltene* Deskriptoren werden unter Anwendung des *Thesaurus* durch andere *Klassenmitglieder* ergänzt (vgl. Abschnitt 2.3).
5	Zu *häufige* Deskriptoren werden mit anderen Wörtern des gleichen Satzes kombiniert.
6	Berechnung der IDF-Funktion für *alle Wortstämme*, *alle* abgeleiteten und zusammengesetzten Deskriptoren für *alle* Texte.

Fig. 2-4. Deskriptorenauswahl

Einige der erwähnten Methoden sind zeitintensiv, wie beispielsweise die textbezogene, wiederholte *Neuberechnung* der *IDF*, die ja bei *jeder* Neuaufnahme für *alle* betroffenen Dokumente vorgenommen werden muss. Andere erfordern viel Speicherplatz: Der Umfang von *Thesauri* kann sehr gross werden[6], und die Wortstammsuche setzt teilweise (z.B. im Deutschen) das Vorhandensein ganzer Wörterbücher voraus.

Zusammenfassend lässt sich sagen, dass für die automatische Auswahl von Deskriptoren aus ganzen Dokumenten viele Verfahren vorgeschlagen wurden. Der Erfolg der hochqualifizierten Verfahren erfüllt die Erwartungen nicht voll, so dass in der Literatur Bemerkungen gefunden werden, wie [CROF-83]:

> *A large number of studies on indexing were carried out by Salton [SALT-68]. The results of this work and the more recent work of Sparck Jones [SPAR-77] suggest that the simplest techniques are the most effective.*

In Unterabschnitt 2.2.2 wurde festgestellt, dass als Voraussetzung für die automatische Auswahl die Eingabe des ganzen Dokumentes oder einer längeren Zusammenfassung erforderlich ist. Volltextsysteme haben im Hinblick auf eine Verwendung als elektronischer Notizblock keine Bedeutung. Die automatische Auswahl von Deskriptoren wird deshalb im Anforderungskatalog (Abschnitt 3.2) nicht aufgeführt und im Rahmen dieses Buches nicht weiter verfolgt.

2.3 Auswahl mit Rückkoppelung

Unter dem Namen *Relevance Feedback* werden in der Literatur ([SALT-81]) Methoden zusammengefasst, die nach folgendem Schema funktionieren:

1. Dem Benutzer wird aus der Menge der gefundenen Dokumente eine zufällige Auswahl zur Begutachtung vorgelegt.

2. Der Benutzer beurteilt die vorgelegten Dokumente, indem er sie als *relevant* oder *nicht relevant* bezeichnet.

3. Das *IRS* versucht aufgrund der Auswahl, auch alle anderen gefundenen Dokumente zu klassifizieren und dem Benutzer in entsprechender Reihenfolge zu präsentieren.

---

6. Der in [ROET-79] beschriebene ASK-Thesaurus enthält etwa 70'000 Einträge über medizinische Deskriptoren aller Art. Er wurde im Rahmen eines *IR*-Projektes bei einem ausländischen Gerichtlich-medizinischen Institut verwendet.

4. Wenn die Antwort noch nicht zufriedenstellend ist, kann das *IRS* versuchen, aufgrund der Auswahl eine neue Anfrage zu formulieren.

In den weiteren Ausführungen werden die Punkte 2 und 3 näher untersucht.

2.3.1 Gewichtung der selektierten Dokumente

Aufgrund der Benutzerauswahl wird für jeden Deskriptor D_i der im Zusammenhang mit einem Dokument in der Abfrage A_q steht, ein Relevanzfaktor L (Formel (4) in Unterabschnitt 2.2.3) berechnet. Es ist zu beachten, dass sich die Anzahl relevanter und nicht relevanter Dokumente in der Berechnungsformel für L_{iq} auf die bewertete Stichprobe aus der Abfrage bezieht. Diese Zahlen sind nicht identisch mit den in Abschnitt 2.1 genannten Mengen Y und Z.

Aufgrund der Masszahl L werden in einem ersten Schritt ein dokumentspezifisches Gewicht für jeden Deskriptor berechnet. Zu diesem Zweck wird L_i mit der Häufigkeit des Deskriptors in jedem Dokument multipliziert. Der *Deskriptor-Relevanz-Faktor (DRF)* wird dann berechnet als:

$$DRF_{ij} = L_i \times \text{Häufigkeit von } D_i \text{ in } T_j$$

Für jedes Dokument T_j berechnet man als Gewichtung WT_j die Summe über alle DRF_{ij}:

$$WT_j = \sum_{i=1}^{n} DRF_{ij}$$

Vorsicht: Diese Formeln haben ihre Tücken, auf die in der Literatur nicht hingewiesen wird:

- Wenn ein Deskriptor nur in relevanten Dokumenten vorkommt, geht L_i gegen ∞ (Division durch 0).

- Wenn alle Dokumente der Auswahl als relevant bezeichnet werden, ist keine sinnvolle Berechnung möglich.

Die berechnete Masszahl WT kann dazu verwendet werden, dem Benutzer die selektierten Dokumente ihrer Wichtigkeit nach zu präsentieren. Der Hauptzweck der Berechnung von WT liegt jedoch in einer entsprechenden Modifikation der Abfrage. Bei der Wiederholung der Abfrage soll die Ausbeute bei gleichbleibender oder erhöhter Präzision verbessern werden. Zu diesem Zweck werden alle Dokumente in der Datenbank gesucht, die mit mindestens einem der *relevantesten Deskriptoren* - also derjenigen mit dem höchsten Wert für den Relevanzfaktor L - in Verbindung stehen. Für sämtliche Deskriptoren dieser (neuen) Dokumente wird nun wiederum der *DRF* berechnet und für alle

Dokumente zum Gewicht *WT* aufsummiert. Es entsteht eine neue Folge von Dokumenten, die dem Benutzer gemäss absteigender Relevanz präsentiert werden kann. Der Vorgang ist mehrmals wiederholbar. Er kann dann abgebrochen werden, wenn keine relevanten Dokumente mehr geonnen werden; die neuen Dokumente weisen einen tiefen Wert für das Gewicht *WT* auf.

2.3.2 Diskussion

Beide Rückkoppelungsmethoden, mit und ohne Veränderung der Abfrage, eignen sich nur für *IRS* der folgenden Art:

- *Volltext-Systeme:* Das ganze Dokument liegt vor und kann auf die Häufigkeit des Vorkommens bestimmter Deskriptoren untersucht werden, um deren Wichtigkeit innerhalb des Dokumentes zu bestimmen.

- *Systeme mit automatischer Deskriptorenauswahl:* Um die Wichtigkeit eines Deskriptors in bezug auf einen Dokument abschätzen zu können, müssen die Auswahlkriterien dem *IRS* bekannt sein.

- *Systeme mit grossen Dokumentmengen:* Bei kleinen Systemen können *alle* gefundenen Dokumente gesichtet werden. Der Gewichtungsprozess entfällt.

Für die weiteren Erörterungen gilt für die Rückkoppelungsmethoden die gleiche Restriktion wie für die in Abschnitt 2.2 erwähnte automatische Indexierung. Die Rückkoppelungsmethoden werden deshalb in diesem Buch nicht weiter untersucht.

2.4 Verwendungsarten von Thesauri

Unter einem *Thesaurus*[7] versteht man jede Art von Wörterbuch. Thesauri werden im Rahmen von *IRS* auf verschiedene Art verwendet [vgl. GAUS-83]:

- Als vordefinierte Deskriptorenliste.

- Als Synonymwörterbuch.

- Zur Gruppierung, Klassifizierung oder Strukturierung von Deskriptoren.

---

7. Duden: *Thesaurus:* [Wort]schatz, Titel wissenschaftlicher Sammelwerke

Wir gehen in diesem Abschnitt davon aus, dass im *IRS* automatisch eine Liste von relevanten Termen (Deskriptorendatei) unterhalten wird, welche ausser der physischen Ordnung der Einträge, die auf einen optimalen Zugriff ausgerichtet ist, keine weitere Strukturierung aufweist. Wir sprechen hier von einer *flachen* Deskriptorenorganisation, weil keine (logische) Beziehungen der Deskriptoren untereinander in der Datei vermerkt werden (Fig. 2-5).

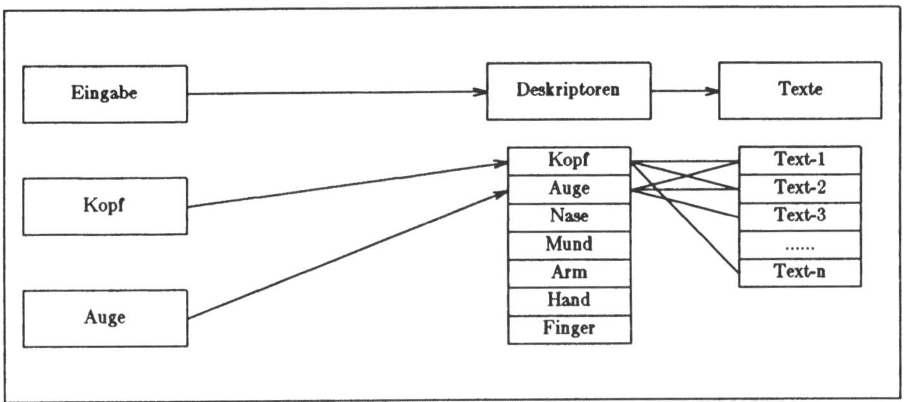

Fig. 2-5. Flache Organisation der Deskriptoren (Unfall-Datenbank)

2.4.1 Vordefinierte Deskriptorenliste

Das Hauptproblem bei dieser Art der Anwendung liegt in der Notwendigkeit, den Thesaurus im voraus zu definieren. In verschiedenen Fachgebieten werden umfassende Thesauri angeboten. Beispiele hierfür sind:

- *Engineers Joint Council Thesaurus* [EJC-64]

- *Thesaurus of ERIC Descriptors* [ERIC] (*ERIC* steht für Educational Resources Information Center).

Die Verwendung eines Thesaurus' als vordefinierte Deskriptorenliste kann mit einer der im folgenden beschriebenen Verwendungsarten kombiniert werden. Durch die Verwendung einer vordefinierten Liste bei der Datenaufnahme wird die *terminologische Kontrolle*, das heisst die Kontrolle über die einheitliche Verwendung der Terme, generell verbessert.

2.4.2 Synonymwörterbuch

Als *Synonyme* werden unterschiedliche Wörter mit gleicher Bedeutung bezeichnet. Der Thesaurus hat bei der Verwendung als Synonymwörterbuch die Aufgabe, synonyme Wörter zu *gruppieren*. Alle Synonyme bilden eine *Klasse*. Wir unterscheiden drei Varianten bei dieser Art der Verwendung eines Thesaurus:

Variante 1: Jeder Deskriptor wird bereits bei der Datenaufnahme durch die anderen Deskriptoren seiner Klasse erweitert. Ein Dokument wird somit auch durch die Eingabe des synonymen Terms gefunden. Generell wird dadurch die Ausbeute erhöht (vgl. Fig. 2-6). Der Thesaurus wird *nur* bei der Datenaufnahme verwendet.

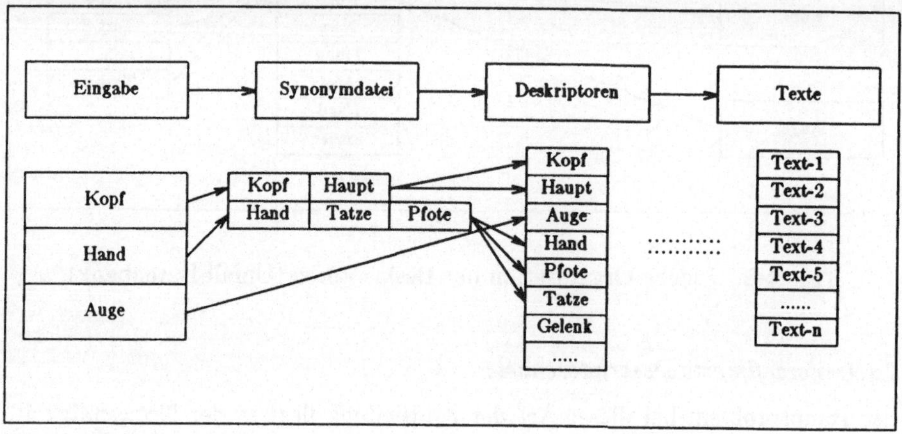

Fig. 2-6. Flache Organisation mit Synonymen (Unfall-Datenbank)

Variante 2: Um die explizite Speicherung aller Klassenmitglieder eines Deskriptors zu vermeiden, kann der Thesaurus auch erst (und nur) bei der Abfrage fakultativ als Filter verwendet werden (Fig. 2-7).

Vorteil: Der grosse Vorteil der zweiten Variante liegt in der beibehaltenen Flexibilität. Es können (je nach Konzept des *IRS*) weiterhin Deskriptoren nach Belieben erfunden werden. Die Menge der Deskriptoren wird nicht durch Synonyme vergrössert. Die Abfrage wird nicht durch eine zwangsweise Verwendung eines Thesaurus' verändert und verlangsamt.

Nachteil: Die Kontrollmöglichkeiten über fehlerhafte Deskriptoreingaben bei der Datenaufnahme sind begrenzt, weil die Deskriptoren erst bei der Abfrage mit den Einträgen im Thesaurus verglichen werden.

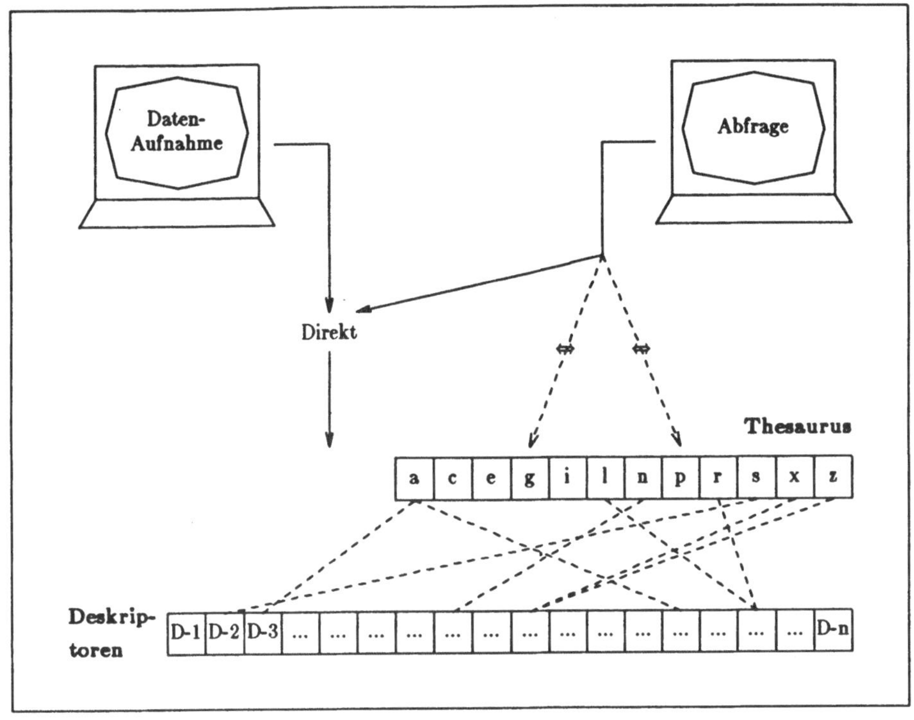

Fig. 2-7. Thesaurus nur bei Abfrage

Variante 3: Wenn der Thesaurus benutzt wird, um anstelle des aufgenommenen Deskriptors eine Art Stammwort aus der Deskriptorklasse zu speichern, spricht man von *Speicherung in kanonischer Form.* Da die aus dem Deskriptor generierten kanonischen Formen dem Benutzer nicht unbedingt bekannt sind, muss auch bei der Abfrage jeder Deskriptor durch den selben Thesaurus filtriert werden. Änderungen im Thesaurus können schwerwiegende Folgen haben: Sie können zu falschen Interpretationen oder zu Unauffindbarkeit von Deskriptoren führen.

Vorteil: Die Menge der gespeicherten Deskriptoren wird kleiner, da pro Klasse nur ein Deskriptor gespeichert wird. Bei der Abfrage nach Stammwörtern kann der Thesaurus umgangen werden. Es ist dann mit optimalen Antwortzeiten zu rechnen.

Nachteil: Die ursprüngliche Form der Eingabe geht verloren. Das Konzept ist sehr starr. Die Deskriptoren (und der Thesaurus) müssen im voraus bekannt sein. Bei Aufnahme und Abfrage muss derselbe Thesaurus verwendet werden.

2.4.3 Strukturierung

Bei dieser Art der Verwendung eines Thesaurus' werden die Einträge des Thesaurus' in eine Beziehung zueinander gebracht. Diese Beziehung kann semantischer Art sein, indem ähnliche Wörter miteinander verbunden werden. Der Thesaurus unterscheidet sich dann in seiner Funktionsweise nicht vom Synonymthesaurus. Die Verknüpfungen können auch struktureller Art sein. Fig. 2-8 zeigt einen Ausschnitt aus einem hierarchisch organisierten Thesaurus, in welchem anatomische Bezeichnungen in Verbindung zueinander gebracht werden. Mit hierarchisch organisierten Deskriptoren können unter anderem auch Fragestellungen wie die folgende behandelt werden:

In der in Abschnitt 1.1 erwähnten Unfall-Datenbank sollen alle Opfer mit Verletzungen am Kopf gefunden werden.

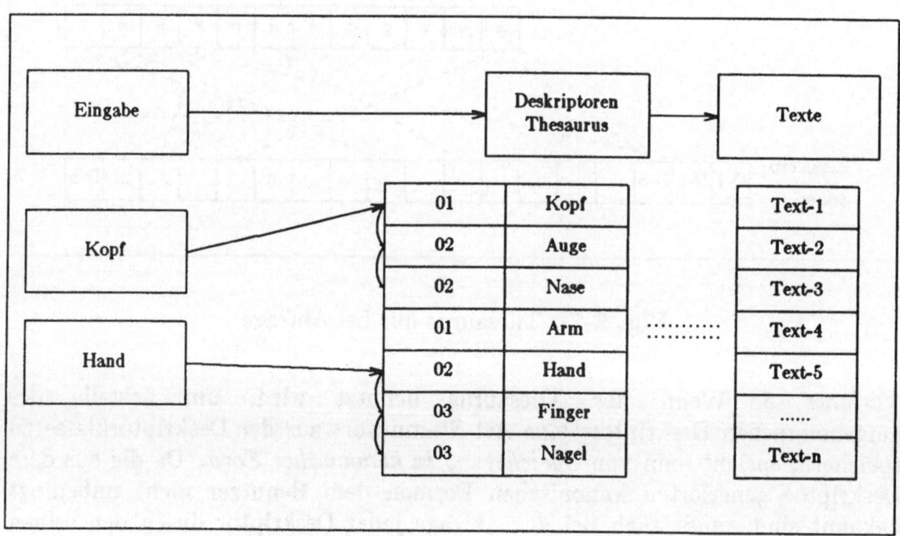

Fig. 2-8. Hierarchische Organisation der Deskriptoren (Unfall-Datenbank)

In diesem Fall ist es wünschenswert, auch Opfer mit Verletzungen an den *Augen, Ohren,* an der *Nase* oder am *Mund* aufzulisten. *Kopf* ist Sammelbegriff für eine Anzahl Deskriptoren.

Eine andere Art der Verbindung von Deskriptoren ist nötig, wenn ein *Dokument* einen *Hinweis* auf weitere Deskriptoren enthält. Es wäre sinnvoll, wenn mit diesen Deskriptoren automatisch - ohne wiederholte Eingabe - eine neue Anfrage gestartet werden könnte. Ein Beispiel: In einem Lexikon enthält der Eintrag über *klassische Musik* einen Hinweis auf das Stichwort *Mozart.* Auch hier tritt wieder das bereits erwähnte Problem der transparenten Dokumentstruktur auf. Wenn das *IRS* einen Dokument *nicht analysiert,* kann es auch nicht wissen, ob sich darin eine Referenz auf andere Deskriptoren befindet. Bei der maschinellen Bearbeitung von Referenzen in den Dokumenten muss ausserdem verhindert werden, dass das System in eine Schleife gerät, wenn es im referenzierten Dokument wieder eine Referenz auf den ersten Dokument findet (gegenseitige Referenzierung). Die automatische Auflösung von Referenzdeskriptoren ist noch in keinem uns bekannten *IRS* auf allgemeine Art gelöst.

2.5 Erkennung physisch ähnlicher Zeichenketten

Im Sinne einer Verbesserung der Antwortqualität in *IRS* besteht oft der Wunsch nach *nicht-exakten* Vergleichsmethoden zur Erkennung ähnlicher Zeichenketten. Man möchte eine Abfrage gerne vage formulieren können; man möchte, dass *mehr* als nur die *genaue* Eingabe bei der Beantwortung berücksichtigt wird. Die *physische* und vielleicht sogar die *semantische Umgebung* des Deskriptors sollen mit in die Betrachtungen einbezogen werden. Ähnlichkeiten zwischen Deskriptoren können auf unterschiedlicher Stufe behandelt werden:

1. Physische Ähnlichkeiten *(similarity)*:

    - Angabe von Metazeichen

    - Vergleich ähnlicher Zeichenketten

2. Semantische Ähnlichkeiten *(equivalence)* auf der Basis einzelner Deskriptoren:

    - Deskriptorenauswahl

    - Thesaurus bei der Datenaufnahme

    - Thesaurus bei der Abfrage

3. Semantische Ähnlichkeiten auf der Basis ganzer Texte beziehungsweise ihrer Deskriptoren:

    - Deskriptorengewichtung

    - Rückkoppelungstechniken

Soweit es im Rahmen dieses Buches notwendig und für die Arbeit mit dem verwendeten Experimentiersystem sinnvoll ist, wurde das Thema der semantischen Ähnlichkeiten - wenn auch nur am Rande - in Abschnitt 2.4 abgehandelt. Der folgende Abschnitt ist der Ermittlung physischer Ähnlichkeiten gewidmet: Es werden Methoden zur Erkennung unterschiedlicher Eingaben gleicher Deskriptoren untersucht. Dabei kann folgende Unterteilung vorgenommen werden:

1. Unterschiedliche Eingaben aufgrund sprachlicher Gegebenheiten:

   - Das gleiche Wort wird in verschiedenen Formen eingegeben (Prä- und Suffixproblem).

   - Das (phonetisch) gleiche Wort wird unterschiedlich geschrieben.

2. Unterschiedliche Eingaben als Folge von Fehlern:

   - Auslassen eines Buchstabens

   - Einfügen eines falschen Buchstabens

   - Vertauschen von zwei in der Eingabe benachbarten Buchstaben

   - Vertauschen von zwei auf der Schreibmaschinentastatur benachbarten Buchstaben

In der Literatur ([PAIC-77], [HALL-80]) werden verschiedene Methoden zur Lösung des *Similarity-Problems* vorgeschlagen. Die Lösungen sind zum grössten Teil sehr aufwendig, mit Ausführungszeiten, die sich wie $O(n^2)$ (O steht für *Ordnung*[8], n ist die Anzahl Deskriptoren) verhalten. Bei der Verwendung von kleinen Computersystemen ist dieser Aufwand prohibitiv. An verschiedenen Stellen werden Ansätze zu Optimierungen dieser Algorithmen beschrieben [HALL-80]; man versucht den Aufwand auf $O(log\ n)$ zu reduzieren. Die Lösungen basieren auf der Konstruktion von sogenannten *Differenz-Funktionen.* Es sind dies Formeln zur Messung des *logischen Abstandes* zwischen zwei Zeichenketten. Diese Techniken, die auf Methoden der dynamischen Programmierung beruhen, sind noch nicht ganz ausgereift, was [HALL-80] zur Aussage veranlasst:

> *The real difficulties begin when we must search a large set of strings for an approximate match, guided by our difference function. While there are a number of ideas about how to approach this problem, there are no well-established or generally applicable methods.*

---

8. Die *O-Notation* wird in der Literatur über Algorithmen erklärt, beispielsweise in [AHO-83]. Sie wird verwendet, um das Zeitverhalten eines Algorithmus' in Abhängigkeit der auszuführenden Operationen, welche ihrerseits durch eine kritische Grösse (Beispiel: n Deskriptoren) charakterisiert werden, auszudrücken.

In den weiteren Ausführungen wird davon ausgegangen, dass bei der Datenaufnahme eine alphabetische Liste mit allen Deskriptoren erstellt wird. Auf die Frage, wann die Ähnlichkeiten zwischen den Deskriptoren festgestellt werden - bei Datenaufnahme oder Abfrage - wird hier nicht weiter eingegangen (vgl. Kapitel 9). Die Methoden, welche in diesem Abschnitt zur Sprache kommen, sind durchwegs heuristischer Art.

2.5.1 Unterschiedliche Eingaben aufgrund sprachlicher Gegebenheiten

Bei unterschiedlichen Eingaben aufgrund sprachlicher Gegebenheiten sind die Eingaben an sich korrekt, erschweren jedoch die Abfragen durch ihre äussere Form.

1.   Angabe von Metazeichen:

Die Methode besteht darin, dass bei der Eingabe eines Stichwortes während der Abfrage einzelne Buchstaben durch Metazeichen wie beispielsweise *?* oder * ersetzt werden. Die Metazeichen werden bei internen Vergleichen als eine Art *Joker* betrachtet: Sie können stellvertretend für eine bestimmte oder beliebige Anzahl anderer Zeichen stehen. In eckigen Klammern können zudem mehrere Buchstaben zur Auswahl angegeben werden. Die Methode der Metazeichennotation ist geeignet, Prä- und Suffix-Probleme und Probleme der Substitution von *tz* und *z*, sowie *c*, *k* und *ck* zu lösen.

Beispiel: In der Artikel-Datenbank (Abschnitt 1.1) sollen alle Artikel im Zusammenhang mit *Organisation* von Daten in *Datenbanken* gefunden werden. Die Eingabe `dat*ba* & organi[sz]ation` berücksichtigt auch die englischen Deskriptoren *data base* und *organization.*

2.   *Soundex-Methode*

Eine der ersten Methoden zur Ermittlung von Ähnlichkeiten war die Soundex-Methode [ODEL-18]. Sie reduziert alle Deskriptoren auf Zeichenketten mit einem alphabetischen und maximal drei numerischen Zeichen. Auf diese Art sollen ähnlich klingende und teilweise falsch geschriebene Wörter auf gleiche Formen zurückgeführt werden. Der erste Buchstabe des Deskriptors wird jeweils als erste Stelle für den Soundex-Code verwendet. Die Regeln der Transformation für die restlichen Buchstaben sind in Fig. 2-9 zusammengestellt.

Die Buchstaben:	ergeben:
a e i o u h w y	0
b f p v	1
c g j k q s x z	2
d t	3
l	4
m n	5
r	6

Fig. 2-9. Soundex-Code

Bei der Transformation werden alle Nullen ausgeschieden, hintereinander vorkommende gleiche Zahlen auf eine Zahl reduziert, und der ganze Code auf maximal vier Stellen beschränkt. Der Code wird in der Praxis verschiedentlich - zum Teil in leicht abgeänderter Form - mit Erfolg angewendet.

Beispiel: Die beiden Namen **Neumann** und **Newman** werden als gleich erkannt:

1) Neumann	$\neq$	Newman	*Transformation*
2) N005055	$\neq$	N00505	*Nullen ausscheiden*
3) N555	$\neq$	N55	*gleiche Zahlen ausscheiden*
4) N5	$\equiv$	N5	*Resultat*

2.5.2 Unterschiedliche Eingaben als Folge von Fehlern

Fehlerhafte Eingaben der zweiten Art gehören zu den häufigsten Gründen für Unstimmigkeiten in Deskriptorenlisten. Untersuchungen einiger *IRS* [BOUR-77], haben bis zu 20% fehlerhafte Eingaben aufgedeckt. In der Folge haben wir einige der heuristischen Methoden zusammengestellt, die auch für eine Anwendung in dem verwendeten Experimentiersystem in Frage kommen (vgl. Kapitel 9). Dies sind primär Techniken, die auf Verlangen (bei der Abfrage) die diskriminierende Wirkung eines Deskriptors vermindern, oder (bereits bei der Aufnahme) den Benutzer auf mögliche Fehler aufmerksam machen, ohne jedoch den Versuch einer automatischen Korrektur zu unternehmen.

1. *Vertauschen von einzelnen Buchstaben:*

Jeder Deskriptor D_j wird mit seinem unmittelbaren Vorgänger D_{j-1} verglichen. Es werden im Maximum lm_{j-1} Zeichen verglichen, wobei lm_{j-1} die Länge des Deskriptors D_{j-1} ist. Die Summe der Wertigkeiten aller Buchstaben des Deskriptors D_{j-1} werden addiert und von der entsprechenden Zahl des Deskriptors D_j abgezählt (Formel 1). Gleichzeitig wird die Anzahl der ungleichen Buchstaben festgehalten.

$$D = \sum_{i=1}^{lm_{j-1}} w(b_{ij}) - \sum_{i=1}^{lm_{j-1}} w(b_{i(j-1)})$$ (1)

Als Wert w eines Buchstabens b_{ij} wird der ASCII-Byte-Wert genommen. Wenn die Liste mit den Einträgen zu umfangreich wird, kann sie verkürzt werden, indem die Anzahl Buchstaben, die in die Vertauschungen involviert sein dürfen, begrenzt wird.

Beispiel: Die beiden Worte *SICHERUNG* und *SIHCERUNG* ergeben beide die Summe 680 (Fig. 2-10). Da lediglich eine Unstimmigkeit in zwei Buchstaben registriert wird, werden die beiden Wörter als *ähnlich* erkannt.

Buchstaben:	ASCII-Code:
S	83
I	73
C	67
H	72
E	69
R	82
U	85
N	78
G	71
$\sum$	680

Fig. 2-10. Beispiel für Buchstabenwertigkeiten

2. *Endungen und Ähnlichkeiten der vorderen Zeichen:*

Bei der Suche nach ähnlichen Deskriptoren werden jeweils nur die Anzahl Zeichen des kürzeren Deskriptors verglichen. Dies ist in der Regel der erste von zwei benachbarten Termen (lm_{j-1}), da Wörter *mit* Endungen in der alphabetischen Reihenfolge *nach* den entsprechenden Wörtern *ohne* Endung erscheinen.

Beispiel: Die beiden Deskriptoren

```
computer
computer science
```

werden als ähnlich erkannt.

Um auch ungleiche Endungen[9] zu erfassen, muss etwas differenzierter vorgegangen werden. Die beiden Deskriptoren:

```
computer
computing
```

sind benachbart und haben unterschiedliche Endungen. Sie sollen auch als ähnlich erkannt werden. Ein mögliches Vorgehen ist in Fig. 2-11 zusammengefasst.

Mögliches Vorgehen beim Erkennen ähnlicher Deskriptoren mit ungleichen Endungen:	
1	Beschränkung der Anzahl verglichener Zeichen auf die Länge des kürzeren (hier des ersten) der verglichenen Deskriptoren (Länge: $lm_{(j-1)}$, Buchstaben: b_i).
2	Berechnung der Summe S der Zahlenwerte, nach Formel: $$S = \sum_{i=1}^{lm_{j-1}} b_i \times 26^{lm_{(j-1)}-i}$$ Für diese Berechnung kann von allen Buchstabenwerten ein Basiswert subtrahiert werden, so dass der Buchstabe A den Wert 1 erhält.
3	Berechnung der Differenz: $$\Delta = S_{D_j} - S_{D_{j-1}}$$ wobei j die Nummer des Deskriptors ist.
4	Alle Deskriptorpaare zwischen denen eine Differenz $\Delta < \delta$ ist, werden auf einer Korrekturliste ausgedruckt.

Fig. 2-11. Erkennung ähnlicher Deskriptoren

Das kritische δ wird durch den Benutzer angegeben. Um ihm diese Angabe zu erleichtern, wird bei jedem Ladevorgang eine Statistik erstellt, die den mittleren Abstand zwischen den Deskriptoren und die Standardabweichung enthält. Es wird hier angenommen, dass die Differenz Δ für eine genügend umfangreiche Menge von Deskriptoren *normalverteilt* ist.

3. *Ähnlichkeiten nicht benachbarter Deskriptoren:*

Ähnlichkeiten nicht benachbarter Deskriptoren können durch Berechnung einer Differenz-Funktion zwischen allen Deskriptoren festgestellt werden, was eine Operation mit dem Verhalten $O(n^2)$ (n ist gleich der Anzahl Deskriptoren) ergibt. Die Anzahl Vergleiche kann auf verschiedene Art

---

9. Zum Problem der Behandlung von Endungen siehe auch [GELL-83, S. 131].

reduziert werden:

- Generieren von ähnlichen Zeichenketten.

Auf kombinatorischer Basis werden für jeden Deskriptor alle *möglichen* Nachbarn berechnet und aufgesucht. Die Zahl der Nachbarn ist beschränkt, es ergibt sich ein Verhalten, das für grosse n in jedem Fall besser ist als $O(n^2)$. Methoden für dieses Vorgehen werden in [HALL-80] erwähnt.

- Nur Deskriptoren gleicher Länge werden verglichen.

Diese Methode wird auch als generelle Zugriffsmethode für *IRS* vorgeschlagen [TURB-82]. Voraussetzung für ihre Anwendung ist eine spezielle Datenorganisation, bei welcher die Deskriptoren nach ihrer Länge gruppiert abgespeichert werden.

- Der Ähnlichkeitstest wird nur mit den am häufigsten gebrauchten Deskriptoren durchgeführt.

In [HALL-80] wird eine Untersuchung erwähnt, die feststellt, dass 80% der Aktivitäten mit 20% der Einträge in einer Deskriptoren-Datei durchgeführt werden. Könnte man diese 20% leicht sequentiell zugreifen, so liesse sich die Ausführungszeit auf $O(n^2 / 5)$ reduzieren. Um jedoch diese häufigsten Fälle herauszufinden, muss wiederum eine entsprechende Statistik gesammelt und eine Datenorganisation unterhalten werden.

- Ähnlichkeitstests auf der Basis einer Hash-Organisation.

Bei der Datenaufnahme wird für jeden Deskriptor anhand einer Hash-Funktion eine Adresse in einer Datei (oder einem grossen Feld) berechnet. Ist an der Adresse noch kein Eintrag, dann wird die Adresse des aktuellen Deskriptors dort gespeichert. Besteht bereits ein Eintrag, so wird der aktuelle Deskriptor zusammen mit dem vermutlich ähnlichen aus der Hash-Datei ausgedruckt. Das Problem besteht im *Erfinden* einer geeigneten Hash-Funktion. Im Gegensatz zum normalen Gebrauch *soll* sie hier zu *Kollisionen führen* und zwar gezielt, bei *ähnlichen* Deskriptoren. Wir schlagen vor, nach leicht abgewandelter *Soundex*-Methode einen Code zu berechnen. Dieser Code soll auch den ersten Buchstaben mit in die Untersuchungen einbeziehen. Es entsteht - bei Begren- zung auf vier Stellen - eine Zahl zwischen 0 und 6000. Der Vorteil dieses Vorgehens liegt darin, dass der *Soundex*-Code ohnehin berechnet wird. Für jeden Vergleich ist genau ein Zugriff auf die Hash-Datei notwendig.

Leider fehlt bei all diesen Methoden vorläufig die empirische Absicherung. In [HALL-80] wird im Zusammenhang mit einer der Methoden zur Ermittlung von Ähnlichkeiten in prägnanter Form auf diesen Punkt hingewiesen:

At the moment too little is known about this cluster hierarchy method for the use of it to be anything better than a gamble. But if somebody did gamble and validate the method empirically, that would be worth reporting.

2.6 Vergleich von Zeichenketten

Eine der häufigsten Operationen in *IRS* ist der Vergleich von Zeichenketten. Es lohnt sich deshalb, die verfügbaren und verwendeten Algorithmen genauer zu analysieren. Das allgemein formulierte Problem lautet:

Finde in einer Zeichenkette t eine andere Zeichenkette m, wobei m kürzer als t sein muss.

Wir werden bei der Diskussion der Algorithmen zu unterscheiden haben, ob die Zeichenkette m am Anfang von t oder irgendwo in t vorkommen muss. Dabei haben die verwendeten Variablennamen folgende Bedeutung:

m	*Muster*
t	*Text*
lm	*Länge von m*
lt	*Länge von t*

2.6.1 SF-Algorithmus[10]

Nach der *SF*-Methode wird jeweils das erste Zeichen der Zeichenkette m in t gesucht. Wenn es gefunden wird, z.B. an Stelle i von t, vergleicht man das Zeichen $m[2]$ mit $t[i+1]$ usw. Die Suche ist dann erfolgreich, wenn alle Zeichen von m passen. Wenn das Zeichen an der Stelle $t[i+1]$ *nicht* mit $m[2]$ übereinstimmt, muss $t[i+1]$ wieder mit $m[1]$ verglichen werden. Der *SF*-Algorithmus zeigt im schlimmsten Fall ein Verhalten von

$$O\,(lm \times lt)$$

wenn zwei Bedingungen zutreffen:

1. Wenn die Zeichenkette *m irgendwo in t* und nicht nur am Anfang gesucht werden muss.

---

10. *SF* steht für *Straight Forward*.

2. Wenn der Vergleich immer erst beim letzten Zeichen von *m* abgebrochen werden kann[11].

Da die zweite Bedingung selten erfüllt ist, wird der Algorithmus in der Regel ein günstigeres Verhalten zeigen als $O\,(lm \times lt)$. Wenn auch die erste Bedingung nicht erfüllt ist, kann die Suche in der Regel schon nach wenigen Zeichen abgebrochen werden.

Die Suchroutine sieht so aus:

```
program sf (input, output);
const lm         =    6;  { Länge des Musters }
      lt         =   20; { Länge des Texts }

type muster      =   array [1..lm] of char;
     text        =   array [1..lt] of char;
     ...
function suche (var t: text; var m: muster): integer;

var j, k     :     integer;

begin
    j := 1;
    k := 1;

    repeat
        if t[k] <> m[j]
        then begin
            if j > 1 then k := k - j + 1;
            j := 0;
        end;

        j := j + 1;
        k := k + 1;

    until (k > lt) or (j > lm);

    if j > lm
    then suche := k - lm
    else suche := 0;
end;

begin
    ...
end.
```

Die Schwäche dieses Algorithmus' liegt in der Anweisung

---

11. Beispiel: Suche den String **aa...ab** im String **aaaa...a**.

```
if j > 1 then k := k - j + 1;
```

die angibt, wieviele Zeichen im Fall der *Nicht*-Übereinstimmung *rückwärts*
gegangen werden müssen.

2.6.2 KMP-Algorithmus[12]

Dieser Algorithmus geht auf Knuth [KNUT-77] zurück und wird in [SMIT-82]
mit anderen Algorithmen verglichen. Der *KMP*-Algorithmus setzt sich zum
Ziel, mehrfache Vergleiche gleicher Positionen zu vermeiden und den
gesuchten String m nach jedem misslungenen Vergleich um mehr als nur *eine*
Position in t vorwärts zu bewegen.

In einer Tabelle[13] s wird für jede Position in m festgehalten, auf welche
Position der Vektor m verschoben werden muss, wenn an *dieser Stelle* die
Nicht-Übereinstimmung passiert. Für Position $m[1]$, sowie für alle Positionen
$m[i]$ mit gleichem Inhalt wie $m[1]$ enthält $s[i]$ eine 0. Für alle anderen
Positionen von m ist der Eintrag in s grösser oder gleich 1. $s[i] = p$ beim
Vergleich von $m[i]$ mit $t[j]$ besagt, dass bei Nicht-Übereinstimmung der
Vergleich bei Position $m[s[i]] = m[p]$ mit $t[j]$ weitergeht. Für $p = 0$ geht
der Vergleich bei $m[1]$ und $t[j+1]$ weiter.

Beispiel: Für den gesuchten String **abcabd** enthält das Feld s die Einträge
011013. Diese besagen, dass beispielsweise bei missglücktem Vergleich auf
Position 6 der String m so verschoben wird, dass Position 3 von m auf die
aktuelle Position zu liegen kommt (Fig. 2-12). Eine 0 in s besagt, dass m mit
Position 1 auf die *folgende* Position verschoben wird.

Der Algorithmus zur Berechnung des Feldes s ist einfach[14]:

```
program kmp (input, output);
const lm       =    6;  { Länge des Musters }
       lt       =   20;  { Länge des abzusuchenden Texts }

type smallint  =    0..lm;
      muster    =    array [0..lm] of char;
      text      =    array [1..lt] of char;
      sprung    =    array [1..lm] of smallint;
```

---

12. *KMP* steht für die Anfangsbuchstaben aus den drei Namen: *Knuth*, *Morris* und *Pratt*.

13. s steht für *Sprungtabelle*. Die Sprungtabelle ist beim *KMP*-Algorithmus immer gleich
    lang wie das Muster m.

14. Vorsicht: im Artikel [SMIT-82] scheint sich ein Fehler eingeschlichen zu haben.

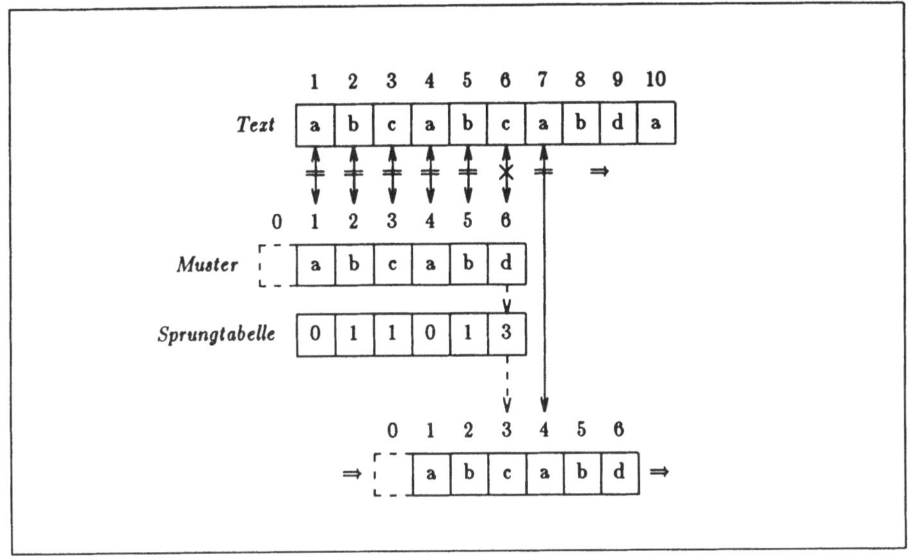

Fig. 2-12. Beispiel für den KMP-Algorithmus

```
    ...
function suche ...;
    ...
procedure sprungfeld (var m: muster; var s: sprung);

var i,j  : integer;

begin

    j := 1;
    i := 0;
    s[1] := 0;

    while j < lm do begin
        while (i > 0) and (m[j] <> m[i]) do i := s[i];

        i:= i+1;
        j:= j+1;
        if m[j] = m[i] then s[j] := s[i]
        else s[j] := i;
    end;
end;

begin
    ...
end.
```

Angenommen, der abzusuchende Text ist im Vektor t gespeichert und enthält lt Zeichen, dann ergibt sich für den Suchvorgang die Funktionsprozedur:

```pascal
function suche (var t: text; var m: muster; var s: sprung): integer;

var j, k    :    integer;
    found   :    boolean;

begin
    j := 1;
    k := 1;
    found :=false;
    suche := 0;

    while (k <= lt) and not found do begin

        if t[k] <> m[j]
        then begin
            j := s[j];
            if j = 0      { falls j>0 gleiches Zei-   }
            then begin  { chen nochmals vergleichen }
                j := 1;
                k := k + 1
            end
        end
        else begin
            if j = lm
            then begin
                found:= true;
                suche:= k - lm + 1;
            end
            else begin
                k := k+1;
                j := j+1;
            end
        end
    end;
end;
```

Der Algorithmus zur Initialisierung des s-Feldes verhält sich wie $O(lm)$, derjenige zum eigentlichen Vergleich wie $O(lt)$. Kombiniert ergibt das $O(lm+lt)$, was bedeutend besser ist, als die Zeiten für den *SF*-Algorithmus (in dessen schlechtestem Fall).

2.6.3 BM-Algorithmus[15]

Der Algorithmus von Boyer und Moore *(BM)* wird im gleichen Artikel [SMIT-82] vorgestellt. Er wird hier nur in vereinfachter Form behandelt.

Im Unterschied zum *KMP*-Algorithmus beginnt die Suche im *BM*-Algorithmus jeweils beim *letzten Zeichen* des zu *suchenden Strings*; die Suche geht immer *rückwärts*. Zur Posititons- und Sprungkontrolle werden im Originalalgorithmus mehrere Arrays verwendet. Wir begnügen uns hier mit *einer* Sprungtabelle s, wohlwissend, dass die Ausführungszeit dadurch im schlechtesten Fall auf $O(lt+lm)$ ansteigen kann[16]. s enthält für *alle* ASCII-Zeichen die Anzahl Positionen, um die m bei Nicht-Übereinstimmung des aktuellen Zeichens nach rechts verschoben werden kann. Vorsicht: Im Gegensatz zum *KMP*-Algorithmus enthält hier s *keine* absolute Position in m sondern eine Distanz. s hat die Länge des verwendeten Zeichensatzes.

Wenn der aktuelle *Buchstabe* im Muster m nicht vorkommt, kann m um seine ganze Länge lm verschoben werden. Andernfalls nur um die Distanz vom aktuellen Buchstaben bis an das Ende vom m. Entsprechend wird s in der Prozedur **sprungfeld** initialisiert. Zuerst werden alle möglichen Zeichen auf das Sprungmaximum von lm gesetzt. Für alle Zeichen, die in m vorkommen - ausser für das letzte Zeichen von m - werden sie dann auf $(lm-i)$ reduziert, wobei i die Position des Zeichens in m ist.

```
program bm (input, output);
const lm       =    3;  { Laenge des Musters }
      lt       =   20; { Lange des Texts }
      orda     =    0;  { kleinster ASCII-Wert }
      ordz     =  255;{ groesster ASCII-Wert }

type smallint  =    0..lm;
     muster    =    array [0..lm] of char;
     text      =    array [1..lt] of char;
     sprung    =    array [orda..ordz] of smallint;
     ...

procedure sprungfeld (var m: muster; var s: sprung);

var i            : integer;

begin
    for i := orda to ordz do s[i] := lm;
    for i := 1 to lm-1 do s[ ord(m[i]) ] := lm - i;
end;

begin
    ...
end.
```

Beispiel: Suche das Muster **abc** im Text **zzzzzzzzz** (Fig. 2-13). Der Eintrag für den Buchstaben **z** in der Sprungtabelle ist **3**, was bedeutet, dass das Muster jeweils um drei Zeichen vorwärts geschoben werden kann, wenn im Text ein **z** auftaucht. Um festzustellen, dass das Muster im Text nicht

---

16. Die zweite (und dritte) Sprungtabelle dient im Originalalgorithmus der Verhinderung dieses schlechtesten Falls. Die Initialisierung ist jedoch kompliziert und der schlechteste Fall selten, so dass auf diese Tabellen verzichtet werden kann.

vorhanden ist, sind 3 Vergleiche nötig. Der Algorithmus für die vereinfachte
Suche sieht so aus:

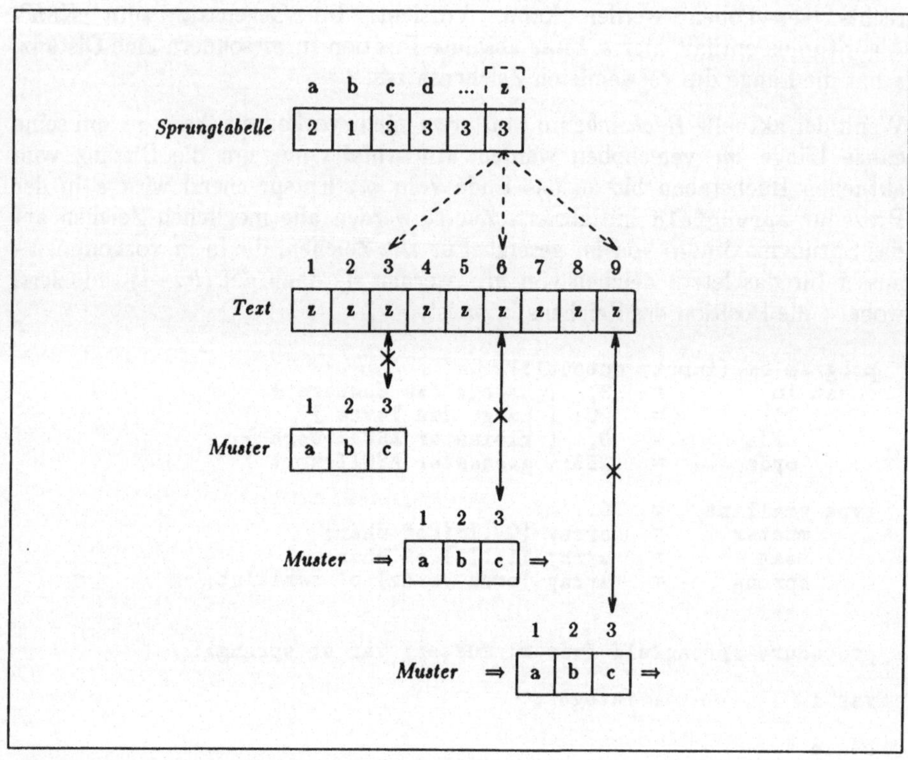

Fig. 2-13. Beispiel für den BM-Algorithmus

```
function suche (var t: text; var m: muster; var s: sprung):
integer;

var j, k    :   integer;
    sprung  :   integer;
    stillok :   boolean;
    vonpos  :   integer;

begin
    vonpos := lm;
    suche  := 0;

    while (vonpos <= lt) do begin

        k := vonpos; { speichere die alte Position }
        j := lm;
```

```
        stillok := true;
        while stillok do
            if j > 0 then
                if t[k] = m[j]
                then begin
                        j := j - 1;
                        k := k - 1
                    end
                else stillok := false
            else stillok := false;

        if j = 0
        then begin
            suche:= k + 1;      { Position des Musters }
            vonpos := lt + 1  { stopp die Suche }
        end
        else begin
            sprung := s[ord(t[k])];
            if (vonpos - k) < sprung     { Sprung lohnt sich }
            then vonpos := vonpos + sprung
            else vonpos := vonpos + 1;  { langsam vorwärts }
        end
    end
  end
end;
```

Um festzustellen, dass ein Muster der Länge *lm nicht* in einem Text der Länge *lt* vorkommt, braucht man *weniger* als $O(lt+lm)$ Vergleiche.

2.6.4 AC-Algorithmus

Der Algorithmus von Aho und Corasick *(AC)* wird in [AHO-75] beschrieben. Er wird hier nur übersichtsmässig dargestellt. Die Idee von Aho und Corasick beruht auf ähnlichen Überlegungen wie sie im *KMP*-Algorithmus angestellt wurden: Jedes Zeichen des Textes wird nur einmal verglichen. Im Fall des Nicht-Übereinstimmens wird eine Sprungtabelle *(failure-function)* konsultiert, aus welcher die weiteren Aktionen hervorgehen.

Zusätzlich verfolgt der *AC*-Algorithmus das Ziel, *mehrere Zeichenketten gleichzeitig* in einem Text zu suchen. Zu diesem Zweck wird eine zweite Sprungtabelle aufgebaut *(goto-function)*, in welcher die Zusammenhänge zwischen den gesuchten Teilzeichenketten festgehalten werden. Eine dritte Tabelle *(output-function)* enthält alle gesuchten Teilzeichenketten. Die Anwendung dieses Verfahrens lohnt sich nur, wenn die gesuchten Teilzeichenketten gemeinsame Unter-Zeichenketten haben.

Die in diesem Abschnitt dargelegten Aspekte werden in Abschnitt 8.1 referenziert.

2.7 Kontrolle konkurrierender Zugriffe

Das Problem der Kontrolle konkurrierender Zugriffe auf gemeinsame Ressourcen *(concurrency control, CC)* wird im Zusammenhang mit Datenbanksystemen eingehend behandelt ([BERN-81] und [DATE-83]). Obschon die Situation bei Datenbanksystemen ungleich komplexer ist als bei *IRS*, können die Grundprinzipien des *CC* aus der Datenbanktheorie übernommen werden.

In der Datenbanktheorie wird bei der Erklärung des *CC*-Problems von folgendem Modell ausgegangen [BERN-81]:

Aus der Sicht des Benutzers besteht eine Datenbank aus einer Sammlung von (logischen) Datenobjekten *(data items)*. Die Feinheit der Körnung der Datenobjekte *(granularity)* innerhalb der Datenbank ist unterschiedlich: In der Praxis versteht man unter einem Datenobjekt ein *Datenbanksegment,* eine *Datei, Datensätze* oder *Datenfelder.* Der (logische) Zustand einer Datenbank wird repräsentiert durch die *Werte,* welche die Datenobjekte in einem bestimmten Zeitpunkt annehmen. Der Benutzer gibt seine Befehle an das Datenbanksystem als *Transaktionen* ein. Eine Transaktion hat die Form eines Programms, eines durch **begin transaction** und **end transaction** gekennzeichneten Programmteils oder einer einzelnen *online*-Abfrage. In der Theorie wird eine Transaktion definiert als:

> *Eine Transaktion ist eine Sammlung von einem oder mehreren Lese- und/oder Schreibbefehlen, welche die Datenbank von einem konsistenten[17] Zustand in einen neuen konsistenten Zustand überführen.*

Ein korrekter *CC*-Mechanismus muss dafür sorgen, dass die Resultate einer Transaktion dieselben sind, unabhängig davon, ob die Transaktion gleichzeitig mit anderen ausgeführt wird oder nicht.

Am leichtesten wird eine korrekte Ausführung mehrerer konkurrierender Transaktionen erreicht, indem eine Transaktion nach der anderen ausgeführt wird; die Transaktionen werden *serialisiert.* Durch den *CC*-Mechanismus wird die *gleichzeitige* Ausführung mehrerer Transaktionen ermöglicht, unter Aufrechterhaltung der Serialisier*barkeit.* Um die Serialisierbarkeit von gleichzeitig ausgeführten Transaktionen zu garantieren, wurden verschiedene Modelle entwickelt. Praktisch alle verwendeten Algorithmen lassen sich unter zwei Basismethoden einordnen:

---

17. Konsistenz im Zusammenhang mit Datenbanken bedeutet innere Widerspruchsfreiheit.

- Methode des *Zwei-Phasen-Sperrens (two phase locking, 2PL)*

- Methode des *Ordnens nach Zeitmarken (timestamp ordering, T/O)*

Die Methode des *2PL* garantiert die Serialisierbarkeit, wenn eine Transaktion sich *wohlverhält* und *in zwei Phasen* vorgeht. Unter *Wohlverhalten* versteht man, dass eine Transaktion

- jedes Datenobjekt vor dem Zugriff für andere Zugriffe sperrt,

- kein Datenobjekt sperren kann, welches bereits durch andere Transaktionen gesperrt wurde,

- vor dem Beenden alle gesperrten Datenobjekte freigibt.

Das Vorgehen einer Transaktion ist *zweiphasig*, wenn sie

- in einer ersten Phase alle benötigten Sperrungen vornimmt und

- in einer zweiten Phase alle gesperrten Objekte wieder freigibt.

Eine *Verklemmung (deadlock)* kann dann entstehen, wenn *mehrere* Transaktionen *verschiedene* Datenobjekte *in beliebiger Reihenfolge* sperren können, und der *CC*-Mechanismus das Warten auf Freigabe vorsieht.

Im Gegensatz zur *T/O*-Methode bietet die Anwendung des *2PL*-Konzepts keinen Schutz vor Verklemmungen. Sie können aber bei Auftreten festgestellt und aufgelöst *(deadlock detection)* oder im voraus vermieden *(deadlock prevention)* werden.

Bei der Betrachtung des *CC*-Problems im Zusammenhang mit *IRS* kann von folgenden Annahmen ausgegangen werden:

- Als *Datenobjekt* wird eine *Informationseinheit* betrachtet.

- Abfragebefehle beziehen sich immer auf n Informationseinheiten oder Teile davon, wobei $n \geq 0$ ist.

- Manipulationsbefehle beziehen sich immer auf eine Informationseinheit, was bedeutet, dass Änderungen an einer Menge von Datenobjekten an *jedem Objekt einzeln* vorgenommen werden müssen.

Die Beschränkung der Manipulationsbefehle auf eine Informationseinheit hat ihre Begründung darin, dass die Texte der Informationseinheiten in einem *IRS* keine homogene Struktur aufweisen müssen. Für *IRS*, die nur eine Art von Informationseinheiten zulassen, kann diese Restriktion fallengelassen werden.

Im Vergleich mit *DBMS* treten dann folgende Vereinfachungen ein:

- Eine Transaktion kann entweder eine beliebige Anzahl Lesebefehle oder genau einen Schreibbefehl (auf einen Text oder einen Deskriptor) umfassen.

- Wenn in einer Transaktion nur ein Schreibbefehl auftreten kann, sind Verklemmungen auch nach der *2PL*-Methode a priori ausgeschlossen.

Im Rahmen der Betrachtungen der *CC*-Problematik aus dem Blickwinkel des *IR* kann deshalb auf die Behandlung von Verklemmungen verzichtet werden. Die Serialisierbarkeit wird durch Wohlverhalten und die Verwendung des *2PL*-Verfahrens garantiert.

3. Entwicklung von *PIZZA*

3.1 Vom persönlichen Notizblock zum Retrieval System

Bevor wir auf die Implementation von *PIZZA* zu sprechen kommen, werden wir hier einen Abriss über den Werdegang des Projektes geben. Da das vorliegende Werk unter anderem als Basis für Diskussionen über Information Retrieval dienen soll, erachten wir die Darlegung dieser Entwicklung als sinnvoll. Das heutige *PIZZA* ist in diesem Sinn als eine mögliche *Ausprägung* und eine *Momentaufnahme* eines in ständiger Entwicklung begriffenen Ideengutes zu sehen.

Der eigentliche Anstoss zum Bau eines *IRS* erfolgte vor Jahren in einem Seminar, in welchem in gemeinsamer Anstrengung ein einfaches *IRS* entwickelt und ausprogrammiert wurde. Es entstand ein System [INFO-75], welches zwar für den praktischen Einsatz ungeeignet war, aber den Beteiligten vor Augen führte, mit wie wenig Aufwand man ein vernünftiges *IRS* zu erstellen vermag. Die Aufgabenstellung für ein *IRS* wurde daraufhin für einige Jahre ad acta gelegt. In der Zwischenzeit hatten wir Gelegenheit, mit verschiedenen *DBMS* und den dazugehörenden *IRS* zu arbeiten[1]. Aufgrund dieser Erfahrung und der vorhandenen Literatur über andere Systeme schien und scheint es das Grundübel vieler *IRS* - in sich abgeschlossene und solche, die auf *DBMS* aufbauen - dass sie *zu viele* Funktionen unterstützen. Wegen dieser mitunter verwirrenden Vielfalt sind sie für den täglichen bequemen Einsatz nur beschränkt geeignet. Die meisten *IRS* verlangen aufwendige Analysen des Datenbestandes. Viele Benutzer lernen aber ihren Datenbestand erst im Verlaufe der Zeit kennen; das *IRS* sollte sich also den ändernden Bedürfnissen anpassen.

Eine Evaluation zeigte, dass keines der damals kommerziell verfügbaren *IRS* den steigenden Bedarf an *IR*-Leistung mit vertretbarem Aufwand decken konnte. Es wurden zu viele nicht gebrauchte aber teuer bezahlte Möglichkeiten mitgeliefert. In der Folge wurde beschlossen, ein eigenes allgemein, verfügbares *IRS* zu erstellen, welches den vorhandenen Bedarf an *IR*-Leistung abdeckt und gleichzeitig als Experimentierkasten benutzt werden kann. Gleich zu Beginn wurde einer der potentiellen *IRS*-Kunden, das *Gerichtlich-medizinische Institut (GMI)* der Universität Zürich, für eine Pilotstudie ausgewählt. Für die Gesamtentwicklung des *IRS* wurde ein Anforderungskatalog erstellt. In diesem Katalog, der im nächsten Abschnitt

---

1. Darunter ADABAS [MREO-75] mit dem damals noch primitiveren Adascript, System R mit UFI und Query By Example [ZLOO-75] [ZLOO-81].

besprochen wird, ist die Datenaufnahme nur am Rande erwähnt. In der Pilotstudie mit dem *GMI* wurde lediglich die Schnittstelle zum Ladeprogramm definiert. Für sehr einfache *IR*-Anwendungen konnte von uns ein Aufnahmeprogramm zur Verfügung gestellt werden. Das *GMI* musste jedoch *seine* spezifischen Datenaufnahmeprobleme alleine lösen. Zu unserem Erstaunen stellten wir fest, dass das Datenaufnahmeprogramm, welches in der Folge für das *GMI* erstellt wurde, zwar nicht gleich komplex, aber bedeutend umfangreicher war als das gesamte Abfragesystem. Bei einer Weiterentwicklung von *PIZZA* nahmen wir uns deshalb vor, dem Datenaufnahme- und Manipulationsproblem gleichviel Bedeutung beizumessen wie der eigentlichen Abfrage. Daraus resultierte das Profil- und Maskenkonzept, welches in *PIZZA* unter *UNIX* implementiert wurde [MRE5-82] und sich in der Zwischenzeit bewährt hat. Dieses Konzept wird im Kapitel 5 erklärt.

Die erste generelle Vorgabe für *PIZZA* lässt sich wie folgt umschreiben:

> *Es ist ein IRS zu erstellen, welches die Abfrage nach beliebigen Texten mit beliebigen Kriterien unter Benutzung boolescher Operatoren erlaubt.*

Dieses Ziel musste im Verlauf des Projekts vor allem im Hinblick auf die Datenaufnahme und die Manipulation modifiziert werden, blieb jedoch bezüglich der Bearbeitung von Abfragen gleich. Nach unserer Vorstellung sollte am Ende ein System entstehen, das in seiner Benutzung dem herkömmlichen Notizblock gleicht und uns die nötige Erfahrung bringt, um die weitere Entwicklung auf dem *IRS*-Markt zu beurteilen.

3.2 Aufgabenstellung für eine Implementation

Bei der Verwirklichung unseres Information Retrieval Systems, *PIZZA*, gingen wir von folgenden Anforderungen als Aufgabenstellung aus:

3.2.1 Allgemeine Anforderungen an ein benutzerfreundliches IRS

1. *Auftrag:* Es ist ein *IRS* zu erstellen, das den Anforderungen der Praxis Rechnung trägt und sich als Experimentiersystem im Rahmen der wissenschaftlichen Forschung auf dem Gebiet des *IR* eignet. Das System soll sowohl die Abfrage wie auch die Datenaufnahme umfassen.

2. *Aufwand:* Der Aufwand für die Implementation der ersten Version von *PIZZA* darf ein Mannjahr nicht wesentlich übersteigen, damit möglichst schnell ein Modell für Experimente zur Verfügung steht.

3. *Lernaufwand:* Sowohl die Datenaufnahme wie auch die Abfrage sollen auf möglichst natürliche Art geschehen. Der Lernaufwand ist gering zu

halten.

4. *Einfachheit:* Es soll die folgende Aussage gelten: "Je einfacher die Abfrage, desto einfacher die Eingabe." Diese scheinbar triviale Anforderung wird leider oft übergangen, indem dem Benutzer zugemutet wird, eine einfache Abfrage in ähnlich komplexe Syntax zu kleiden, wie eine komplizierte.

5. *Formatfreiheit:* PIZZA ist so zu konzipieren, dass der Benutzer die Form einer Informationseinheit so weit wie möglich selbst festlegen kann. Es sind die notwendigen Hilfsmittel bereitzustellen.

6. *Flexibilität:* PIZZA soll nicht auf eine vorbestimmte Anzahl Informationseinheiten und Deskriptoren fixiert sein.

7. *Nachsicht:* Das System soll Abfragen auch nach fehlerhafter Datenaufnahme (Tippfehler bei den Deskriptoren, Verwendung von Einzahl und Mehrzahl für gleiche Deskriptoren) ermöglichen.

8. *Mehrbenutzer:* Mehreren Benutzern sind gleichzeitige Abfragen auf derselben *PIZZA*-Datenbank zu gestatten.

3.2.2 Anforderungen an System und Programmierung

9. *Schwergewicht:* PIZZA soll auf kurze Antwortzeiten bei der Abfrage ausgerichtet sein. Dieser Grundsatz gilt bei der Wahl der Speicherungsform und der Zugriffspfade, wie auch bei der Ausstattung des Systems mit Funktionen (Komfort).

10. *Modularität:* Bei der Auslegung von *PIZZA* ist grösstes Gewicht auf funktionale Modularität zu legen. Dies soll in einer transparenten Programmierung zum Ausdruck kommen. Ausserdem soll es möglich sein, einzelne Module, wie den Abfrageteil oder die Datenaufnahme, unabhängig vom Rest des Systems zu benutzen oder bei Bedarf zu ersetzen.

11. *Portabilität:* Das Konzept von *PIZZA* muss portabel sein, die Programme selbst nicht unbedingt. Diese Anforderung unterstreicht den Modellcharakter von *PIZZA*.

12. *Verteilung:* Möglichkeiten und Varianten der Verteilung von *PIZZA*-Systemen auf verschiedene Rechner unter Benutzung gleicher Datenbanken sind abzuklären.

3.2.3 Restriktionen

Aus den vorangehenden Anforderungen ergeben sich verschiedene Restriktionen:

1. *Ladevorgang:* Um die Anforderung 9 nach möglichst kurzen Antwortzeiten zu erfüllen, werden die Deskriptoren schon bei der Datenaufnahme sortiert. Dies erfordert eine Zwischenspeicherung der aufgenommenen Daten und hat eine Verzögerung des Ladevorgangs zur Folge.

2. *Änderungen:* Aufgrund der Minimierung der Antwortzeiten (Anforderung 9) würde das Ändern bereits gespeicherter Informationseinheiten kompliziert. Die Folge ist ein Verzicht auf *online*-Änderungen (ergibt sich aus Anforderung 2).

3. *Sperrung* bei mehreren Benutzern: Aus der Anforderung 8 und den Restriktionen 1 und 2 ergibt sich, dass *PIZZA* die Datenbank während des Ladevorgangs für alle Abfragen und während Abfragen für das Laden sperren muss. Der Sperrvorgang bezieht sich jeweils auf die ganze Datenbasis.

Auf den ersten Blick erscheinen die Restriktionen schwerwiegend. Bei der Beurteilung ist jedoch von der Überlegung auszugehen, dass *PIZZA* vor allem für selten bis gar nie korrigierte Informationen (Notizen!) vorgesehen ist. Das Fehlen von gewissen Möglichkeiten beim Ändern darf deshalb nicht überbewertet werden.

3.2.4 Anforderungen an das zu verwendende Dateisystem

Damit ein Dateisystem für unsere Zwecke als (annähernd) ideal bezeichnet werden kann, müssen unter anderem folgende Bedingungen erfüllt sein:

1. *Symmetrie* zwischen Speicherung und Zugriff: die kleinste speicherbare Einheit soll gleichzeitig die kleinste adressierbare Einheit sein. Im Idealfall ist dies ein Byte.

2. *Transparenz:* Alle in der Datei gespeicherten Daten sind für den Benutzer relevant und sichtbar. Es sollen keine versteckten Informationen, wie *Ende-Record-Marken* und Ähnliches gespeichert werden.

3. *Konsistenter Adressraum:* Alle Adressen innerhalb des definierten Adressraumes sind gültig und adressierbar.

Dazu kommen noch Anforderungen, die sich auf die *Benutzung* des Dateisystems beziehen:

4. Es soll möglich sein, von einem Programm aus beliebige Dateien - auch solche, deren Namen erst im Verlaufe der Ausführungen bekannt werden - zu kreieren und zu löschen, sowie zu öffnen und zu schliessen.

5. Das Dateisystem soll die Implementation eines Verfahrens zur Kontrolle konkurrierender Zugriffe ermöglichen. Sperrmöglichkeiten auf Satz- oder Byte-Stufe sind wünschenswert.

Durch diese Bedingungen und Anforderungen kann sichergestellt werden, dass *variabel lange* Datensätze mit beliebigem Inhalt (Text, Binärdaten) sowohl sequentiell als auch im Direktzugriff verarbeitet werden können. Die Datensätze sollten, bei gleichbleibender Länge, geändert werden können.

3.3 Verfügbare Dateisysteme

Bevor wir einen weiteren Einblick in die Enstehung von *PIZZA* geben, werden die für diese Arbeit wesentlichen Eigenschaften der *verfügbaren* Dateisysteme zusammengefasst und im Hinblick auf die gestellten Anforderungen überprüft[2].

3.3.1 OS/MVS

Die IBM-3033 Rechenanlage der Universität Zürich wird unter *OS/MVS* mit TSO (Time Sharing Option) als Teilnehmerrechensystem betrieben. Zwei der auf dieser Anlage verfügbaren Zugriffsmethoden wurden im Hinblick auf ihre Verwendung in *IRS* näher untersucht[3].

- *QSAM:* Die Queued Sequential Access Method steht jedem TSO-Benutzer ohne weitere Angaben zur Verfügung. Je nach Art des Programms wird der eigentliche Zugriff durch BSAM (Basic Sequential Access Method) oder BDAM (Basic Direct Access Method) ausgeführt.

- *VSAM:* Die Virtual Sequential Access Method [VSAM-78] ist mit ihren drei Datei-Typen diejenige Zugriffsmethode, welche die meisten Möglichkeiten bietet.

Die wichtigsten Eigenschaften dieser Zugriffsmethoden sind in Fig. 3-1 zusammengestellt.

---

2. *Hinweis:* Dieser Abschnitt enthält systemspezifische Details, die für das weitere Verständnis des Buches nicht unbedingt vorausgesetzt werden.

3. Die hier gegebene Darstellung der Zugriffsmethoden ist stark vereinfacht. Für unsere Verarbeitung nicht relevante Punkte wurden weggelassen.

	Zugriffs-Methode	Satz-Länge	Direkt-Zugriff	Blockie-rung	Adressie-rung	System-Eingriff[4]
1	QSAM	var	nein	ja	-	nein
2	QSAM	fix	nein	ja	-	nein
3	QSAM	fix	ja	nein	Satz-#	nein
4	VSAM/ESDS	var	ja	ja	Byte-#	ja
5	VSAM/RSDS	fix	ja	ja	Satz-#	ja
4	VSAM/KSDS	var	ja	ja	Alphakey	ja

Fig. 3-1. Zugriffsmöglichkeiten

QSAM:

Der Hauptvorteil von QSAM liegt darin, dass neue Dateien und damit neue *IR*-Datenbanken ohne Eingriff von Systemspezialisten erstellt werden können. Leider lässt jedoch QSAM nur den blockweisen Direktzugriff zu. Wenn also auf einen Datensatz über seine Satznummer direkt zugegriffen werden soll, darf in jedem Block nur *ein* Datensatz stehen. Der Platzverlust auf Platte, der bei dieser Benutzungsart resultiert, ist beträchtlich. Vor allem bei relativ kurzen Sätzen kann der Ausnutzungsgrad auf 30 % sinken. Die Sätze können keine variablen Längen aufweisen.

Als Ergänzung zu dieser eher mageren Unterstützung durch QSAM müsste man ein Paket von Zugriffsroutinen schreiben. Diese Routinen können auf blockweisem Direktzugriff (QSAM/BDAM) basieren. Die fixe Länge eines Blockes wird auf die Hardware ausgerichtet. Zum Beispiel könnte für einen Block die Länge von 13030 Byte angenommen werden, was der Länge einer Spur auf einem IBM 3330-Plattenspeicher entspricht. Die Aufteilung des Blockes in variabel lange Records würde durch die selbsterstellten Routinen vorgenommen. Ein Überwachungsmechanismus müsste dafür sorgen, dass bei fortgesetztem Suchen derselbe Block nur einmal eingelesen wird (*paging-*Algorithmus), wobei eine Recordadresse aus der Blocknummer und der relativen Satznummer im Block bestehen würde. Diesen Mechanismus zu implementieren, bietet technisch keine Schwierigkeiten. Wo immer möglich, wollen wir uns jedoch auf bestehende System-Software abstützen, vor allem dort, wo auch Hardware-Aspekte zu beachten sind.

---

4. Systemeingriff: Diese Kolonne gibt an, ob das Erstellen der Datei besondere Privilegien erfordert.

VSAM/ESDS:

Wie aus Fig. 3-1 ersichtlich ist, können unter VSAM in ESDS *(Entry Sequential Data Sets)* variabel lange Records direkt über die Byte-Nummer zugegriffen und unter Beibehaltung der Länge verändert werden. VSAM/ESDS erfüllen somit unsere Anforderungen. Folgende Nachteile sind bei der Verwendung von VSAM/ESDS zu beachten:

- Das Erstellen eines VSAM/ESDS erfordert besondere Privilegien.

Am Rechenzentrum der Universität Zürich können VSAM-Dateien wegen den erforderlichen Privilegien nur durch Systemspezialisten erstellt werden.

- Nicht jede Byte-Nummer ist eine gültige Adresse.

Es besteht somit keine Möglichkeit, an eine beliebige Stelle in eine ESDS-Datei zu springen, den Anfang des nächstliegenden Satzes zu suchen und den Satz zu lesen. VSAM akzeptiert ausschliesslich gültige Satzadressen. Die Byte-Nummern entsprechen zudem nicht (immer) der Summe der bis zu diesem Platz geschriebenen Zeichen. VSAM teilt die Datensätze in sogenannte *Kontrollintervalle*[5] ein. Zwischen zwei Kontrollintervallen entsteht ein freier Raum, der bei den Adressberechnungen mitgezählt wird. Die Inkonsistenz von VSAM bei der Adressierung eines Records in einem ESDS besteht darin, dass nur ganze Datensätze adressiert werden können, als Adresse jedoch *nicht* eine fortlaufende Datensatznummer, sondern eine *versteckte* Bytenummer verwendet wird.

- Die Länge wird zu Beginn jedes Satzes explizit abgespeichert. Eine bestimmte Bytesequenz zeigt ausserdem das Ende des Datensatzes an.

Ein Nachteil dieser Speicherungsart eines Datensatzes ist, dass auch für den kürzesten Datensatz (eine Leerzeile) vier Byte zur Abspeicherung der Länge benötigt werden. Die Satzlänge wird nicht in der gleichen Form auf Platte geschrieben (vier Byte), wie sie bereits in einem variabel langen Datensatz in PL/1 (zwei Byte) gespeichert ist. Die maximale Länge eines Datensatzes muss bereits beim Erstellen der Datei angegeben werden.

VSAM/RSDS:

Die RSDS *(Relative Sequential Data Sets)* unter VSAM bieten zwar die Möglichkeit der relativen Adressierung und erlauben damit Adress-berechnungen. VSAM unterstützt jedoch keine RSDS mit variabel langen Datensätzen. RSDS kommen deshalb für unsere Belange nicht in Frage.

---

5. Ein Kontrollintervall entspricht etwa einem Block im herkömmlichen Sinn.

VSAM/KSDS:

Die KSDS *(Keyed Sequential Data Sets)* gelten als die wichtigsten Dateien unter VSAM; sie wurden mit jedem Komfort ausgestattet. Der Zugriffsschlüssel kann eine beliebige Folge von Zeichen an bestimmter Stelle des Datensatzes sein. VSAM unterhält Indexdateien für einen Primär- und einen oder mehrere Sekundär-Schlüssel *(alternate keys)*. Der Zugriff kann auch über einen Teil des Schlüssels erfolgen, sofern der Beginn des Schlüssels angegeben wird. Beliebige Mutationen sind unterstützt. Die gesamte Verwaltung wird durch VSAM besorgt. Die VSAM/KSDS mögen für einzelne Aufgaben innerhalb der *IR*-Problematik geeignet sein. Für eine allgemeine Verwendung kommen sie jedoch aus verschiedenen Gründen nicht in Frage:

- Ein *Löschen und Neuerstellen* einer Datei, wie es zum Beispiel beim Laden einer Datenbank nötig ist, erfordert besondere Privilegien.

Da das Konzept des hier vorgeschlagenen *IRS* periodisches Neuladen vorsieht, ist dieser Nachteil gravierend.

- Unter KSDS werden keine variabel langen Schlüssel unterstützt.

In einem *IRS* ergeben sich als Zugriffsschlüssel variabel lange Zeichenketten (Deskriptoren). Die maximale Länge eines Schlüssels kann sehr lange sein, die durchschnittliche Länge ist jedoch kurz. Ein Auffüllen mit Leerstellen auf eine fixe (maximale) Länge ist eine unbefriedigende Lösung.

- Bei Teilangabe des Schlüssels muss der Anfang des Schlüssels angegeben werden.

Bei der Suche in *IRS* ist es wünschenswert, *beliebige* Teile eines Schlüssels (beziehungsweise Deskriptors) weglassen zu können. Die Verwendung der unter VSAM/KSDS unterstützten Zugriffspfade ist deshalb problematisch.

3.3.2 UNIX[6]

Die unter *UNIX* unterstützte Zugriffsmethode entspricht weitgehend den zu Beginn des Abschnitts gestellten Forderungen. Eine Datei unter *UNIX* ist eine beliebig lange Byte-Folge. Das Schreiben und Lesen kann an jeder beliebigen Stelle der Datei erfolgen. Eine spezielle Systemfunktion *(lseek)* besorgt das Positionieren auf die angegebene Stelle. Die Blockierung (Blöcke zu 512 oder 1024 Byte, je nach Maschine) erfolgt durch *UNIX* und hat für den Benutzer

---

6. *UNIX* ist eine Schutzmarke der Bell-Laboratorien. Die wichtigsten Eigenschaften von *UNIX* sind in [KERN-81] zusammengefasst.

keine spürbaren Konsequenzen. Zwischen den Blöcken mag wohl hardwaremässig ein Zwischenraum bestehen, die *Adressierung* ist jedoch byteweise durchgehend. Die Überwachung einzelner Records und ihrer Längen erfolgt *nicht* durch *UNIX*. Der Benutzer kann an beliebiger Stelle innerhalb einer Datei lesen, ist jedoch alleine dafür verantwortlich, den Anfang des nächsten (oder vorangehenden) Datensatzes zu finden. Dieser Tatbestand führt zu Problemen beim Zugriff auf die Deskriptoren (vergleiche Abschnitt 8.2).

3.4 Konzept

Aufgrund des Anforderungskataloges ergab sich eine Aufteilung von *PIZZA* in drei Teile:

- Datenaufnahme und Manipulationsteil[7]

- Ladeteil

- Abfrageteil

Die Benutzer-Schnittstellen zeigt Fig. 3-2; sie werden in der folgenden Aufstellung übersichtsmässig erklärt.

1. Rohdaten-Schnittstellen: Die Rohdaten sind als eine Folge von Informationseinheiten bereits derart strukturiert und mit Befehlen versehen, dass klar erkannt werden kann, was Text und was Deskriptor ist. Sie enthalten ferner Hinweise über die bei der Ein- oder Ausgabe zu verwendenden Programme. Die einzelnen Anweisungen werden in Kapitel 5 beziehungsweise in Anhang I erklärt. Die Rohdaten sind Input für das Ladeprogramm und werden mit dem Rohdatenmanipulationsteil von *PIZZA* erstellt und - wenn nötig - geändert.

2. Der Dialog zur Eingabe von (Roh-) Daten und zur Änderung vorhandener Texte ist selbsterklärend. Die Dateien mit den Rohdaten werden durch das Aufnahmeprogramm verwaltet.

3. Entsprechend den Angaben im Profil (vgl. Abschnitt 5.1) wird dem Aufnahmeprogramm ein (eventuell privates) Programm zur Interpretation der Eingabe und zur Umwandlung in das Rohdatenformat vorgegeben. Das *PIZZA*-Aufnahmeprogramm enthält vorbereitete Module zur Verarbeitung von schirm- oder maskenweise eingegebenen Daten.

---

7. Die Angaben über den Manipulationsteil beziehen sich auf die *UNIX*-Version von *PIZZA* (vgl. Kapitel 5).

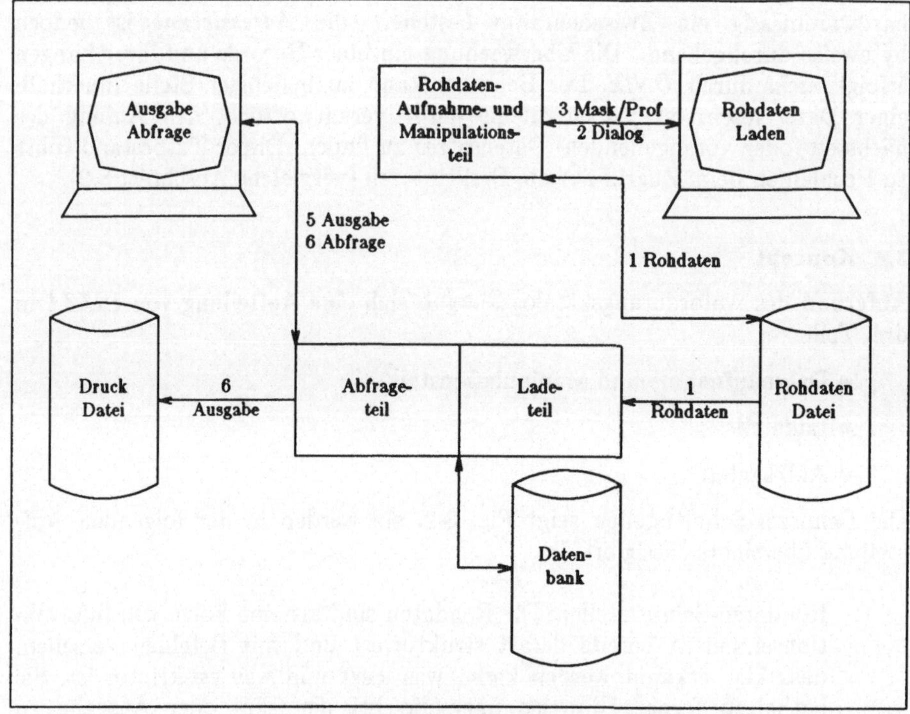

Fig. 3-2. Benutzer-Schnittstellen

4. Die Abfragesprache umfasst alle nötigen Befehle zur interaktiven Suche in den Deskriptoren und Texten, zum Sortieren und Zwischenspeichern von Texten oder Textnummern u.a.m. Die Abfragesprache ist in Anhang I erklärt.

5. Die Ausgabe am Terminal erfolgt gemäss einer Angabe im Profil. Analog zur Datenaufnahme ist es auch hier möglich, Benutzer- (oder Terminal-) spezifische Ausgabeprogramme anzugeben.

6. Bei der Ausgabe auf eine Datei werden die *unveränderten* Texte ausgegeben. Ein spezifisches Programm muss dann die weitere Verarbeitung der Datei übernehmen. Damit wird es möglich, Spezialgeräte anzuschliessen, beziehungsweise Wünsche für die Outputdarstellung zu berücksichtigen.

3.5 Bemerkungen zu den *PIZZA*-Implementationen

In der Zwischenzeit sind zwei Versionen von *PIZZA* verfügbar. Eine erste Implementation, welche allerdings nur das Abfragesystem und ein beschränktes Datenaufnahmesystem umfasst, ist auf den Rechenanlagen der Universitäten von Zürich und Bern verwirklicht. Bei den Rechnern handelt es sich um IBM-3033 Anlagen, die unter *OS/MVS* mit VSAM [VSAM-78] betrieben werden. Diese Version von *PIZZA* ist in drei Publikationen des Instituts für Informatik der Universität Zürich beschrieben: [MRE1-81], [MRE2-81] und [MRE3-81]. Eine zweite Version mit Profil-, Masken- und Menütechnik ist unter dem Betriebssystem *UNIX* für den Mikrorechner ONYX verfügbar. Die Version ist in [MRE4-82] und [MRE5-82] beschrieben[8]. In beiden Versionen sind die Grösse der Datenbank und die Anzahl Deskriptoren softwaremässig nicht beschränkt.

Wegen Einschränkungen im *OS/MVS*-Betriebssystem[9] liess sich das *UNIX*-*PIZZA*-Konzept auf der IBM-Anlage nicht in allen Teilen verwirklichen.

In den folgenden Abschnitten wird ein Abriss über die Entwicklung der verschiedenen Versionen von *PIZZA* gegeben. In den Tabellen mit den Aufwandverteilungen (Fig. 3-4 und 3-7) wird keine Zeit für die Detailplanung ausgewiesen. Die Detailplanung ist in der Tat aus verschiedenen Gründen sehr kurz ausgefallen:

1. Die *OS/MVS*-Version von *PIZZA* entstand gemäss Anforderung 2 (Abschnitt 3.2) in kurzer Zeit. Allfällige, für die Detailplanung aufgewendete Zeit, wäre zulasten der Testzeit gegangen, was sich (auch) negativ auf die Qualität des Produkts ausgewirkt hätte.

2. Bei der *UNIX*-Version von *PIZZA* wurde die Modularisierung auf die Erfahrungen bei der *OS/MVS*-Version abgestützt. Die einzelnen Routinen enthalten mehr oder weniger dasselbe, wie bei der *OS/MVS*-Version.

3. Mit der Begründung, dass *PIZZA* ein Forschungsprojekt ist, hielt man sich einen gewissen Freiraum für Experimente offen.

Ob diese Punkte als Begründung genügen, ob sie allenfalls nur in einer Forschungsumgebung, wie sie unser Institut darstellt, akzeptiert werden

---

8. Anhang I dieser Arbeit enthält eine gekürzte Version von [MRE5-82].

9. Diese Bemerkung bezieht sich vor allem auf die mangelnden Möglichkeiten des Aufrufs von Systemfunktionen aus Benutzerprogrammen, wie beispielsweise der Aufruf eines Editors, die dynamische Allozierung von Dateien u.ä.

können, oder ob sie ganz abgelehnt werden müssen, sei dahingestellt. Für die Richtigkeit des Vorgehens spricht die Zuverlässigkeit der beiden verfügbaren Versionen. Im praktischen Einsatz sind bis heute keine nennenswerten Fehler aufgetreten. Dagegen spricht, dass bei einer neuen Version unter *UNIX* eine systematische Überarbeitung der gesamten Modularisierung und der Schnittstellen zwischen den Modulen stattfinden muss.

3.6 Entwicklung der *OS/MVS*-Version

Die *OS/MVS*-Version, die älteste Version von *PIZZA*, steht seit Anfang 1981 im Einsatz. Sie entstand aus der Notwendigkeit heraus, möglichst schnell ein *IRS* als Dienstleistung des Rechenzentrums der Universität anbieten zu können und gleichzeitig ein erstes Modell für Experimente zur Verfügung zu haben. Der Zeitaufwand für die verschiedenen Stufen des Projekts ist in Fig. 3-4 dargestellt. Die verschiedenen darin erwähnten Versionen und Programme sind in der folgenden Aufstellung (Fig. 3-3) erklärt.

Bezeichnung	Inhalt
Version 0	Einfache Abfragen ohne boolesche Ausdrücke. Sequentieller Zugriff auf Deskriptoren. Metazeichen * ist erlaubt.
Version 1	Komplexe Abfragen mit booleschen Ausdrücken. Indexsequentieller Zugriff auf Deskriptoren. Keine Deskriptoren mit Wertigkeiten (formatierte Felder). Suche im Text. Druckprogramm. Variablen zur temporären Speicherung von Textmengen.
Compiler	Programm zur Bearbeitung von komplexen Abfragen. Methode: *recursive descent*. Übersetzt auf Zwischencode.
Interpreter	Programm zur Bearbeitung des Zwischencodes. Besorgt auch das Ausdrucken.
Ladeteil V0	Primitives Ladeprogramm, passend zu Version 0. Keine Fehlerdetektion. Kann nur eine Datei mit Rohdaten bearbeiten.
Ladeteil V1	Ladeprogramm, passend zu Version 1. Fehlerdetektion. Kann mehrere Dateien mit beliebigen Mengen von Rohdaten bearbeiten.
Basisprogramme	Eine Reihe von Programmen zur Untersuchung der Basisstrukturen (orthogonale Elemente) und der Arbeitsweise des verwendeten Filesystems (VSAM).

Fig. 3-3. Programme in der OS/MVS-Version

1980	Planung	Programm	Testen	Einsatz
Jan-Feb	Konzept, Basisstruktur, Diskussion mit Kollegen			
März	Version 0	Basisstruktur, Übungsprogramme	Funktionsweise Dateisystem (VSAM)	
April	Ladeteil V0	Version 0, Ladeteil V0	Version 0, Ladeteil V0	
Mai	Konzept Version 1, Verbesserung Deskriptorenzugriff	Verbesserung Ladeteil V0, Verbindungsprogramm zum Bibliothekssystem	Verbindungsprogramm zum Bibliothekssystem	interne Freigabe Version 0
Juni-Juli	IS-Deskriptorenzugriff, Anpassung der Dateistruktur	Version 1, Compiler, Interpreter	Version 1	
Aug	Aufnahmeprogramm, Übergabe an Rechenzentrum		Version 1 mit grossen Datenmengen	interne Freigabe Version 1
Sep-Dez		Aufnahmeprogramm	Aufnahmeprogramm	externe Freigabe Version 1, Übergabe

Fig. 3-4. Projektablauf: OS/MVS-Version

Die *OS/MVS*-Version umfasst 26 PL/I-Routinen mit insgesamt circa 6000 Zeilen Code (Fig. 3-5). Dazu kommt noch eine gleich hohe Anzahl CLIST-Programme und JCL-Routinen[10].

---

10. Eine Liste von TSO-Befehle wird CLIST genannt. Unter JCL versteht man die IBM/OS *Job Control Language* für Stapelverarbeitung.

Bezeichnung	Zeilen	Module[12]	h-Files[13]
Abfrage	2763	16	14
Rohdatenaufnahme[11]	1046	2	0
Neuladen	882	9	9
Deskriptorenliste erstellen	1024	8	6
Entladen	179	3	6
Total	5912	30	29
Total ohne Doppelzählungen	5264	26	16

Fig. 3-5. Grösse der PIZZA-Programme unter *OS/MVS*

Das spezielle *Datenaufnahmeprogramm* für das *GMI* wurde Ende 1980 geschrieben. Die maximale Anzahl Texte war zu Beginn auf 32767 Texte beschränkt[14], wurde jedoch so erweitert, dass der Grösse der Datenbank keine (Software-) Grenzen mehr gesetzt sind.

3.7 Entwicklung der Versionen unter *UNIX*

Der Entscheid, *PIZZA* auch unter dem Betriebssystem *UNIX* zu implementieren, fiel 1981. In einem ersten Schritt sollten alle Programme möglichst unverändert aus der *OS/MVS*-Version übernommen werden. Wie Fig. 3-7 zeigt, war das Vorgehen analog dem Vorgehen bei der *OS/MVS*-Version. Die folgende Aufstellung (Fig. 3-6) zeigt eine Beschreibung der verschiedenen in Fig. 3-7 erwähnten Programme.

---

11. Dieses Aufnahmeprogramm ist sehr primitiv. Es erlaubt lediglich ein einziges Format bei der Text- und Deskriptoreingabe.
12. Jedes *Modul* enthält *eine* Routine und ist eine Datei.
13. *h-Files* enthalten Deklarationen von Variablen und Strukturen, die in mehreren Moduln verwendet werden. Sie werden vor der Übersetzung durch einen Preprocessor in die einzelnen Module hineinkopiert.
14. Diese Beschränkung war bedingt durch die maximale Länge einer Bit-Kette in PL/I.

Bezeichnung	Inhalt
Version 0	Einfache Abfragen ohne boolesche Ausdrücke. Sequentieller Zugriff auf Deskriptoren. Keine Metazeichen.
Version 1	Komplexe Abfragen mit booleschen Ausdrücken (Compiler und Interpreter). Binärsuche im Deskriptorenfile. Keine Deskriptoren mit Wertigkeiten (formatierte Felder). Suche im Text. Kein Druckprogramm. Variablen zur temporären Speicherung von Textmengen. Einfache Profil- und Maskentechnik. Kein Update. Alle *UNIX*-Shell-Metazeichen sind erlaubt.
Version 2	Optimierte Ausführung komplexer Abfragen (Compiler, Optimizer und Interpreter). Deskriptoren mit Wertigkeiten (formatierte Felder). Sortierte Ausgabe nach Wertigkeiten. Bequeme Profil- und Maskentechnik (Deskriptorenextraktion). Updatemöglichkeiten. Masken mit Vorlage.
Compiler	Programm zur Bearbeitung von komplexen Abfragen. Methode: *recursive descent*. Übersetzt auf Zwischencode.
Optimizer	Programm zur Optimierung der Suche im Deskriptorenfile. Methode: Binärsuche. Schwierigkeit: variabel lange Datensätze, gleichzeitige Suche von mehreren Deskriptoren.
Interpreter	Programm zur Bearbeitung des Zwischencodes. Besorgt auch das Ausdrucken.
Ladeteil V0	Primitives Ladeprogramm, passend zu Version 0. Keine Fehlerdetektion. Kann nur eine Datei mit Rohdaten bearbeiten.
Ladeteil V1	Ladeprogramm, passend zu Version 1. Fehlerdetektion. Kann mehrere Dateien mit beliebigen Mengen von Rohdaten bearbeiten.
Ladeteil V2	Ladeprogramm, passend zu Version 2. Nimmt Rücksicht auf die Manipulationsmöglichkeiten. Reorganisationsprogramm (prune).
Basisprogramme	Eine Reihe von Programmen zur Untersuchung der Basisstrukturen (orthogonale Elemente) und der Arbeitsweise des *UNIX*-Dateisystems.

Fig. 3-6. Programme der *UNIX*-Version

Wann	Planung	Programm	Testen	Einsatz
1981 **Jan-** **März**	Konzept, Basisstruktur, Diskussion mit Kollegen			
Apr- **Juni**	Version 1	Basisstruktur, Übungs- programme, Version 0, Ladeteil V0	Funktionsweise *UNIX*- Dateisystem	
Juli- **Aug**	Konzept von Version 1	Überarbeiten Version 0 mit Ladeteil V0	Version 0, Ladeteil V0	
Sep- **Dez**	Verbesserung Deskriptoren- zugriff	Compiler und Interpreter	Version 1	interne Freigabe Version 0
1982 **Jan-** **Feb**	Basiskonzept Version 2	Diverse Verbesserungen, Menütechnik	Version 1 (Gesamthaft)	interne Freigabe Version 1, erste externe Versuche
1982 **März-** **Juni**	Basiskonzept für Manipulation und Integration in Version 2		Anpassung der Menütechnik an Institutsstandard	externe Freigabe Version 1
Juli- **Okt**		Überarbeitung Version 2	Version 2	interne Freigabe Version 2, Übergabe Version 1
Nov- **Dez**	weiterer Ausbau, Druckprogramm, Schnittstelle zu anderen Softwarepaketen	Druckprogramm	Version 2	externe Freigabe Version 2, Übergabe

Fig. 3-7. Projektablauf: Version unter *UNIX*

Die Zusammenstellung der Grösse der Version 2 von *PIZZA* unter *UNIX* ist in Fig. 3-8 dargestellt. Alle Programme sind in C[15] geschrieben. Die Grösse der Datenbank und die Anzahl Deskriptoren sind softwaremässig nicht beschränkt.

Bezeichnung	Zeilen	Module[16]	h-Files[17]
Abfrage	7824	80	24
Rohdatenaufnahme und Manipulation	5243	61	16
Neuladen	2383	27	15
Maskenmanagement	1516	16	6
Profilmanagement	1449	18	6
Reorganisation der Rohdaten	1152	14	7
Neuladen zu bestimmter Zeit	981	10	5
Deskriptorenliste erstellen	621	9	6
Fehlerbehandlung	621	9	6
Total	21385	237	88

Fig. 3-8. Grösse der PIZZA-Programme unter UNIX

Da diese Version bedeutend umfangreicher ist als die *OS/MVS*-Version, beziehen sich die weiteren Ausführungen - wo nichts anderes vermerkt ist - auf diese Version. In Fig. 3-9 werden einige Zahlen über *PIZZA* zusammengefasst und mit FAKYR[18], einem weiteren Retrieval System [BOLL-83] verglichen.

---

15. C ist die gängige Systemsprache unter *UNIX*. Ein Grossteil des Betriebssystems ist in C geschrieben (vgl. [KERN-78]).

16. Ein *Modul* ist eine Datei und kann auch mehrere Programme mit gemeinsamem Datenbereich enthalten.

17. *h-Files* enthalten Deklarationen von Variablen und Strukturen, die in mehreren Modulen verwendet werden. Sie werden vor der Übersetzung durch einen Preprozessor in die einzelnen Module hineinkopiert.

18. Gemäss der in [BOLL-83] gegebenen Beschreibung umfasst FAKYR eine ganze Anzahl Abfragemethoden. Ein *online*-Änderungsteil ist nicht erwähnt. Bei dem Vergleich mit FAKYR muss man beachten, dass FAKYR in [BOLL-83] zwar als *IRS* bezeichnet wird, in seiner Auslegung jedoch mehr als *Methodenbank* gedacht ist. Der Vergleich hat deshalb nur beschränkte Gültigkeit.

	PIZZA (IBM)	PIZZA (UNIX)	FAKYR
Rechenanlage	IBM/3033	ONYX (Z8000)	ITEL 7031
Betriebssystem	OS/MVS	UNIX	VM
Aufwand (Mannjahre)	1	1.5	>45
Programmiersprache	PL/I	C	PL/I
Anzahl Zeilen	5912	21385	130609
Anzahl Module	30+10	237	869+30
Antwortzeit[19]	~0.5 sec	~2 sec	~10 sec

Fig. 3-9. Zusammenfassung und Vergleich

---

19. Es handelt sich um durchschnittliche Antwortzeiten für eine Abfrage mit mehreren
    Deskriptoren. Die Aussagen sind nicht statistisch abgesichert. Die Datenmengen haben
    ähnlichen Umfang, aber die Abfragen sind nur bedingt vergleichbar.

4. Datenorganisation

4.1 *ir*-Relationen

Als *allgemeines Information Retrieval-Problem (IR-Problem)* wird hier die
Aufgabe bezeichnet, eine Verbindung zwischen einer beliebigen Anzahl Texte
und einer beliebigen Anzahl Deskriptoren herzustellen. Als Hilfsmittel und
Werkzeug für die folgenden Ausführungen wurde das *Relationenmodell*
gewählt. Dies mag im Moment etwas weit hergeholt scheinen, lohnt sich
jedoch im Hinblick auf ein besseres Verständnis der Zusammenhänge zwischen
IRS und *DBMS*. Das Modell geht auf die Arbeit von E.F.Codd [CODD-70]
zurück und erlangte seine aktuelle Bedeutung vor allem wegen der Systematik
der Datendarstellung und wegen der Entkoppelung der Datenbereitstellung
von ihrer zukünftigen Verwendung[1].

Eine *Relation* wird in der Regel als zweidimensionale Tabelle dargestellt. Eine
Zeile in dieser Tabelle wird als *Tupel* oder *n-Tupel* bezeichnet, den
Wertebereich aller Werte einer Kolonne nennt man *Domain*. Das gemeinsame
Merkmal aller Werte einer Spalte ist ihr *Attribut*. Das Attribut wird meistens
als Kolonnenname verwendet. Die einzelnen Werte einer Kolonne sind die *At-
tributwerte*.

Wenn wir das *IR-Problem* vom relationalen Standpunkt aus betrachten,
erhalten wir eine *ir-Relation* (Fig. 4-1), mit folgenden Eigenschaften:

- Die erste Spalte hat das Attribut *Text-#* und enthält eine fortlaufende
  Numerierung aller Texte. Die Textnummer ist der Identifikationsschlüssel eines Textes.

- Die zweite Spalte hat das Attribut *Text* und enthält sämtliche Texte.
  Die *Text*-Domain umfasst beliebig lange Zeichenketten. Die Attributwerte sind als Schlüssel ungeeignet.

- Alle restlichen Spalten haben einen Deskriptor als Attribut. Die Attributwerte können *true* oder *false* sein, wobei *true* aussagt, dass ein
  Merkmal (Attribut) auf einen Text zutrifft.

---

1. Die Theorie der relationalen *DBMS* wird in der Literatur eingehend behandelt,
   beispielsweise in [DATE-83] und [ZEHN-83].

Text #	Text	Desk 1	Desk 2	Desk 3	Desk 4	Desk 5	...	Desk n
1	Text 1	true	false	false	true	true	true	false
2	Text 2	false	true	true	true	false	true	true
3	Text 3	false	true	false	true	true	false	false
4	Text 4	false	true	false	false	false	true	true
5	Text 5	true	false	false	false	true	false	true
m	Text m	false	false	false	true	true	false	false

Fig. 4-1. *ir*-Relation

Die relationale Betrachtungsweise erlaubt es, Abfragen in einer Sprache wie SQL [SQL-81], auszudrücken. In SQL lautet die Frage nach allen Texten, welche durch den *Deskriptor-1* qualifiziert werden, aber nichts mit *Deskriptor-2* zu tun haben:

```
select textno, text from ir where "Deskriptor-1" = true
and "Deskriptor-2" = false;
```

Die *select*-Abfrage wird in drei Teile aufgeteilt:

1. Im *select*-Teil wird angegeben, welche Kolonnen einer Relation am Bildschirm zu zeigen sind.

2. Der *from*-Teil gibt die Relation(en) an, aus welchen die zu zeigenden Kolonnen auszuwählen sind.

3. Die *where*-Klausel enthält eine Bedingung, welche die Ausgabewerte erfüllen müssen.

Im Hinblick auf eine Verwendung im Rahmen eines *IRS* interessiert vor allem die *where*-Klausel. In der *where*-Klausel werden Attrbutwerte mit beliebigen Werten verglichen. Es ist deshalb naheliegend, auch die Attributwerte der Deskriptoren in der *ir*-Relation nicht auf die booleschen Werte *true* und *false* zu beschränken, sondern beliebige ganzzahlige und nicht ganzzahlige Werte sowie Zeichenketten (*integer-*, *real-* und *string*-Werte) zuzulassen. Beispielsweise kann dann ein Deskriptor *Alter* das Alter eines Objektes enthalten. Diese Erweiterung bringt es jedoch mit sich, dass die *Definition* eines neuen Attributs im Hinblick auf die Verträglichkeit der zugelassenenen Typen untereinander untersucht werden muss (vgl. Abschnitt 5.5). Leider muss für alle Deskriptoren ein Wert *unbekannt* - in unserem Fall der Wert *false* - beibehalten werden. Wenn beispielsweise das Alter eines Opfers in der *Unfall*-Datenbank (Abschnitt 1.1) nicht bestimmt werden kann, muss es anders gespeichert werden, als wenn das Alter den Wert 0 - mit der Bedeutung:

Säugling nach der Geburt - annimmt. Diese Unterscheidung ermöglicht es, in einer Abfrage alle Opfer mit unbestimmtem Alter zu ermitteln.

Im Hinblick auf die Definition einer Abfragesprache und auf die Festlegung der Speicherstruktur wollen wir hier einige Punkte zusammenfassen:

- Bei der *ir*-Relation handelt es sich um eine in der dritten Normalform befindliche Relation, mit der *Textnummer* als Identifikationsschlüssel.

- Die *ir*-Relation verfügt über eine Spalte mit Attribut *Text*, in welcher entweder ganze (unformatierte) Texte als beliebig lange Zeichenfolgen oder Referenzen auf Texte gespeichert sind. In der Regel werden diese Texte als Resultat einer Abfrage gewünscht.

- Die meisten Abfragen werden in irgendeiner Form auf eine Anzahl Deskriptoren mit booleschen Werten Bezug nehmen, deren Verbindung mit Texten geprüft werden soll.

- Die Grösse einer *ir*-Relation muss im Verlauf des Ladevorgangs automatisch berechnet werden. Der Benutzer kennt in der Regel weder die Anzahl Attribute noch die Anzahl Texte. Die *ir*-Relation hat für jeden Deskriptor eine Spalte; sie wird dadurch sehr *breit.*

Aus diesen Punkten können einige Anforderungen abgeleitet werden:

- Die Abfragesprache kann gegenüber einer Sprache wie SQL vereinfacht werden, da in einem *IRS* in gewisser Hinsicht alle Abfragen ähnlich sind: Es wird in der Regel nach der *Existenz* von Deskriptoren und deren *Verbindung* zu Texten gefragt.

- Die Speicherungsform muss (leider) darauf ausgerichtet werden, dass der Zugriff am häufigsten über eine Kombination von Attributen geschieht, wobei es nicht möglich ist, alle Attribute der *ir*-Relation im Hauptspeicher zu halten.

- Wegen des speziellen Formats der Texte (variabel lange Zeichenketten) ist es sinnvoll, die *Text*-Spalte (physisch) unabhängig vom Rest der *ir*-Relation zu speichern.

- Wegen der variablen und mitunter sehr grossen Anzahl ist es sinnvoll, die Deskriptoren unabhängig vom Rest der *ir*-Relation zu speichern.

Es ergibt sich eine Dreiteilung der *ir*-Relation bei der Speicherung:

- Die *Texte* werden möglichst speicheroptimal in einer Datei untergebracht (*text*-Datei). Ein Zugriffspfad für den Zugriff über die Identifkationsnummer muss zur Verfügung gestellt werden. In Fig. 4-1 waren die Texte und die Textnummern in den ersten zwei Spalten enthalten.

- Die *Deskriptoren* (Attribute der *ir*-Relation) werden zugriffsoptimal in einer Datei gespeichert (*desc*-Datei). In Fig. 4-1 traten die Deskriptoren als Spaltennamen (Attributnamen von der dritten Spalte an) auf.

- Der *innere Teil* der *ir*-Relation wird in einer Datei gespeichert. In Fig. 4-1 umfasst der *innere Teil* alle booleschen Werte. Jeder Wert im inneren Teil der Relation bezeichnet die Art der Verbindung zwischen einem Text und einem Deskriptor (*true* oder *false*). Die Verbindung hat in der tabellarischen Darstellung die Form eines *rechten Winkels* und wird deshalb als orthogonal bezeichnet; die Datei heisst dementsprechend *orthogonale Datei* (*orth*-Datei).

Die Aufteilung in verschiedene Dateien bringt es mit sich, dass auf der physischen Ebene nicht mehr von einer geschlossenen Relation die Rede sein kann. Immerhin werden wir auf der logischen Ebene den relationalen Charakter des Problems weiterhin im Auge behalten. Der Vorteil dieser Aufteilung liegt darin, dass die unterschiedlichen Optimierungskriterien der einzelnen Dateien besser berücksichtigt werden können.

Bei der Besprechung der Dateien werden jeweils zuerst unter dem Titel *Möglichkeiten* die verschiedenen Organisationsvarianten aufgezeigt. Die dabei angestellten Überlegungen sind unabhängig von den physischen Gegebenheiten des implementierten Experimentiersystems. Im Unterabschnitt *Realisation* wird dann die für die Implementation gewählte Variante beschrieben. Einige systemspezifische Bemerkungen sind dabei nicht zu umgehen. Ein dritter Unterabschnitt *Diskussion* enthält eine kritische Betrachtung und - wo nötig - Verbesserungsvorschläge. Auch im dritten Unterabschnitt sind maschinennahe Details manchmal unvermeidbar.

Die für das *IRS* wichtigsten Eigenschaften der zum Experimentieren benutzten Dateisysteme wurden in Abschnitt 3.3 zusammengefasst.

4.2 Speicherung der Texte

4.2.1 Möglichkeiten

Ausgehend von der in Abschnitt 4.1 beschriebenen Situation ergibt sich vorerst die in Fig. 4-2 gezeigte Aufteilung. Die *ir*-Relation wird in eine *ir-Text*-Relation und eine *ir-Attribute*-Relation aufgeteilt.

In beiden Relationen ist die Textnummer *(Text#)* der Identifikationsschlüssel (Primärattribut). In diesem Abschnitt wird uns die Frage beschäftigen, wie die *ir-Text*-Relation sinnvoll abgespeichert werden kann. Der Zugriff wird in der Regel über den Identifikationsschlüssel erfolgen. Ausnahmsweise muss es jedoch möglich sein, alle Texte zeilenweise sequentiell zu lesen.

<table>
<tr><td colspan="2">ir-Text</td><td colspan="5">ir-Attribut</td></tr>
<tr><td>Text #</td><td>Text</td><td>Text #</td><td>Desk 1</td><td>Desk 2</td><td>...</td><td>Desk n</td></tr>
<tr><td></td><td></td><td></td><td></td><td></td><td></td><td></td></tr>
</table>

Fig. 4-2. Aufgeteilte ir-Relation

Um auf die Texte einzeln zugreifen zu können, müssen zwei Bedingungen erfüllt sein:

1. Die Texte müssen in Dateien untergebracht sein, die einen Direktzugriff auf Byte- oder Satzebene zulassen. Wo der Direktzugriff auf die Rohdaten-Datei nicht möglich ist, müssen die Texte demnach in eine spezielle *text*-Datei kopiert werden.

2. Wegen der variablen Länge der Texte müssen die Adressen aller Texte separat gespeichert sein (*addr*-Datei).

Die *text*-Datei enthält alle Texte in ihrer ursprünglichen Form, wobei der Beginn eines neuen Textes gekennzeichnet sein muss.

Die *addr*-Datei enthält von jedem Text die Adresse seines ersten Satzes und eine indirekte Referenz zu seinen Deskriptoren. Die *addr*-Datei ist so organisiert, dass eine Berechnung der Speicherposition der Textadresse aufgrund der Textnummer möglich ist (Fig. 4-3). Unter der Annahme, dass die Textadressen - im Gegensatz zu den Texten selbst - fixe Längen aufweisen, und der Adressraum mit Adresse 0 beginnt, kann die Speicherposition a der Textadresse des $n-ten$ Textes durch $a = (n-1) \times l$ berechnet werden.

Der tupelweise Zugriff von den Texten zu den zugehörigen Deskriptoren wird über die orthogonalen Elemente vorgenommen. Die Adresse des ersten orthogonalen Elements (Tupeladresse) kann entweder in der *addr*-Datei oder zu Beginn eines Textes in der *text*-Datei gespeichert werden. Die versteckte

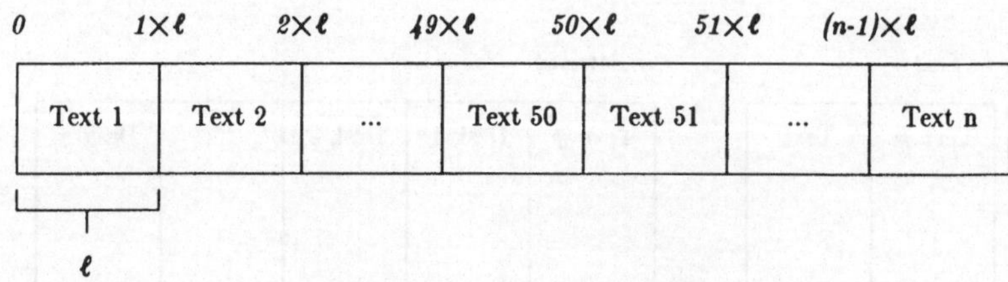

Fig. 4-3. Adressberechnung

Speicherung der Querverbindung zwischen Text und Tupel entspricht auf jeden Fall nicht der Idee des Relationenmodells, muss jedoch aus Effizienzgründen erfolgen.

4.2.2 Realisierung

Für die Speicherung der Texte wurde eine Zugriffsmethode gewählt, die sowohl die Speicherung variabel langer Datensätze als auch den Direktzugriff auf einzelne Sätze zulässt. Ein Text hat nach der Abspeicherung die Grundform wie in Fig. 4-4.

.tex	*Kennmarke, Textbeginn*
Kontrollrecord	*Enthält einen Verweis auf den Rest des Tupels und die Anzahl der zugehörigen Deskriptoren*
Zeile 1	
Zeile 2	*Beliebig viele variabel lange Zeilen mit Text*
...	
Zeile n	

Fig. 4-4. Grundform eines Textes

Der Verweis auf die Verbindungen zu den Deskriptoren sowie die Anzahl der zugehörigen Deskriptoren wird in einem Kontrollrecord direkt in der *text*-Datei gespeichert. Das Format des Kontrollrecords ist[2]:

---

2. Alle Beispiele von Deklarationen in Kapitel 4 entstammen der *UNIX*-Version von *PIZZA*, welche in der Programmiersprache *C* geschrieben wurde.

```
struct {
    long  tc_idesc;            /* Anzahl Deskriptoren        */
    long  tc_aorth;            /* letztes orthel von diesem */
} tcntl;                       /* Text                       */
```

Der Text selbst wird als eine Folge von Zeilen gespeichert. Jede Zeile hat die
Form:

```
char  text[82];                /* Textrecord                 */
```

Die Speicherungsform der einzelnen Zeile ist genau gleich wie bei der Datenaufnahme.

Zu Beginn der *text*-Datei werden einige Angaben über die Datenbank
gespeichert. Der entsprechende Datensatz ist von fixer Länge und hat die
Form:

```
struct {
    char  tf_stvers[4];        /* Versionsnummer             */
    char  tf_stdat[8];         /* Datum des letzten Ladens  */
    char  tf_sttim[8];         /* Zeit des letzten Ladens   */
    long  tf_alast;            /* Adresse d. letzten Satzes */
    long  tf_itext;            /* Anzahl Texte               */
} tfirst;
```

Unter anderem enthält der Record die Anzahl der gespeicherten Texte. Diese
Angabe ermöglicht dem Abfrageteil von *PIZZA*, die Grösse einiger interner
Tabellen im voraus zu berechnen.

Der Zugriff auf die Adressen wird block- oder seitenweise organisiert. Die
Deklaration einer Adress-Seite hat folgendes Format:

```
struct {
    long npage;        /* 512 Byte lange Adresstruktur       */
    long nused;        /* vergebene Adr-nr auf dieser Seite */
    long ta[126];      /* Platz fuer 126 Adressen/Seite      */
} a;
```

Auf einer Adress-Seite sind in diesem Fall 126 Adressen zu je vier Byte
untergebracht. Soll zum Beispiel die Adresse des 203. Textes gefunden werden,
so kann durch die ganzzahlige Division (203/126) die Seitennummer berechnet
werden (die Seiten sind von 0 an numeriert). Die Division 203/126 ergibt als

Rest den Index der Adresse auf der Adresseite. Durch die explizite Speicherung der Seitennummer auf der entsprechenden Seite wird sichergestellt, dass immer bekannt ist, welche Seite sich gerade im Speicher befindet.

OS/MVS:

In der *OS/MVS*-Version werden die Texte in eine Datei kopiert, die satzweisen Zugriff erlaubt (VSAM/ESDS). Die Speicherung der Adressen erfolgt in einer QSAM-Datei. Zur Speicherung der Text*adressen* kann man unter *OS/MVS* auch eine indexsequentielle Zugriffsmethode wie VSAM/KSDS verwenden. Wir verzichteten darauf, um nicht noch eine weitere Zugriffsmethode einführen zu müssen.

UNIX:

Unter *UNIX* können für alle Speicherungen reguläre Dateien verwendet werden.

4.2.3 Diskussion

Zuerst muss die Frage diskutiert werden, ob es sinnvoll ist, die *ganzen* Texte in beinahe gleicher Form zweimal - einmal in den Rohdaten und einmal in der *text*-Datei - abzuspeichern. Soll man nicht auf die zweite Abspeicherung der Texte verzichten und den Kontrollsatz mit den Adressen zusammen in der *addr*-Datei speichern? Die Adressen selbst müssten dann um einen Dateinamen oder eine Dateinummer und eine Zeilenangabe erweitert werden. Es ergäbe sich folgendes Format:

```
struct  {
    long npage;        /* Adress Struktur: 512 Byte lang   */
    long nused;        /* bereits benutzte Adress Nummern  */
    long filler;       /* Unbenutzt (4 Byte)               */
    long ta1[50];      /* 50  Adressen in der orth-Datei   */
    long ta2[50];      /* 50  Adressen in der Rohdaten Dat */
    int  fn [50];      /* 50  filenummern                  */
} a;
```

Die Idee einer solchen Datenorganisation ist gut, kann jedoch unter dem Betriebssystem *OS/MVS* nicht verwirklicht werden. Erstens besteht keine Möglichkeit, in einem regulären (PL/I-)Programm dynamisch Dateien zu öffnen und zu schliessen, wenn der Name der Datei erst während der Ausführung des Programms bekannt wird. Die Referenz aus der *addr*-Datei kann demnach nicht für beliebige Dateien aufgelöst werden [3]. Zweitens besteht auch kein Mechanismus, um in einer regulären QSAM-Datei - und die Rohdaten befinden sich in solchen Dateien - auf eine bestimmte Adresse zu positionieren, ohne die ganze Datei bis zu dieser Position zu lesen. Unter *OS/MVS mussten* deshalb alle Texte in ein internes Format umgewandelt und ein zweites Mal mit der Zugriffsmethode VSAM in einem ESDS gespeichert werden, um alle Zugriffe zu ermöglichen. Aus der Not wurde eine Tugend gemacht, indem diese zweite Speicherung der Texte gleichzeitig als Sicherungskopie der Daten ausgelegt wurde.

Anders verhält es sich unter *UNIX*. In *C*-Programmen können Dateien erstellt, gelöscht, geöffnet und geschlossen werden. Es würde demnach genügen, in der *addr*-Datei eine Referenz auf den entsprechenden Platz des Textes in den Rohdaten aufzubewahren. Das Konzept der einmaligen Speicherung der Texte wurde (noch) nicht eingeführt[4]. Man glaubte dafür zwei Gründe zu haben:

1. Man wollte an dem Sicherungsgedanken festhalten und die Rohdaten durch die Datenbank (und umgekehrt) absichern.

Diese Begründung erweist sich als nicht stichhaltig, da die Rohdaten nicht *genau* aus der Datenbank rekonstruiert werden können. Die Reihenfolge der Deskriptoren in der Datenbank stimmt nicht mit der Reihenfolge in den Rohdaten überein, da die Deskriptoren beim Laden zwecks Aufbau von Zugriffsstrukturen sortiert werden. Die alte Reihenfolge ist jedoch für die Wiedergabe der Deskriptoren mit Masken wichtig. Ausserdem gibt es wirkungsvollere Sicherungsmechanismen (vgl. Abschnitt 4.8).

2. Durch eine konsequente Trennung von Rohdaten und Abfragedaten mittels Doppelspeicherung der Texte erhoffte man sich Einsparungen bei der Kontrolle konkurrierender Zugriffe (weniger Sperrungen).

Das Konzept von *PIZZA* sieht vor, dass Manipulationen wie das Anfügen und Ändern von Texten auf den Rohdaten vorgenommen werden. Erst nach erneutem Laden stehen die geänderten oder neu aufgenommenen Daten für Abfragen zur Verfügung. Gleichzeitiges Ändern und Abfragen wird dadurch *ohne* aufwendiges Kontroll- und Sperrverfahren möglich, da Manipulationen *immer* die Rohdaten, und Abfragen *immer* die Datenbank betreffen. Diese Argumentation ist an und für sich stichhaltig. Der Wunsch, *PIZZA* so auszu-

---

3. Alle im Programm verwendeten Dateinamen müssen *vor Beginn der Ausführung* durch eine *DD*-Anweisung *(Job Control Language)* oder einen *ALLOCATE*-Befehl *(TSO)* mit einer bestehenden Datei verbunden werden.

4. Es besteht jedoch die Möglichkeit, sowohl in den Rohdaten, als auch in der *text*-Datei lediglich eine Referenz auf einen Text zu speichern (vgl. Abschnitt 5.1).

bauen, dass Änderungen auch *während* der Abfrage direkt in den aktuellen Daten vorgenommen werden können, hat eine Neukonzeption der Speicherung der Texte zur Folge (vgl. Abschnitt 6.2).

4.3 Speicherung der Deskriptoren

4.3.1 Möglichkeiten

Ausgehend von der Aufteilung der *ir*-Relation in eine *ir-Text-* und eine *ir-Attribute*-Relation, können wir eine weitere Strukturierung vornehmen. Im nun folgenden Schritt wird die *ir-Attribute*-Relation in eine *ir-Deskriptoren*-Relation und eine Relation *ir-Verknüpfungen* aufgeteilt (Fig. 4-5).

ir-Deskriptor		*ir-Verknüpfungen*	*(Orthogonale Elemente)*			
Desk	Verkn #	Text #	Verkn 1	Verkn 2	...	Verkn n
	Verkn 1	1				
	Verkn 2	2				
	Verkn 3	3				
	n	m				

Fig. 4-5. Aufgeteilte *ir-Attribute*-Relation.

Die Verknüpfungsnummer (Verkn #), welche aus der *ir-Deskriptoren*-Relation gewonnen wird, gibt das Attribut für die Relation *ir-Verknüpfungen* an. Die Deskriptoren sind variabel lange alphanumerische Zeichenketten, die ohne führende und nachfolgende Leerstellen abgespeichert werden. Die Verbindung (Verkn #) ist von fixer Länge. Der Zugriff auf die Deskriptoren meistens direkt. Die Speicherung muss auf einen möglichst schnellen direkten Zugriff ausgelegt werden. Unter der Voraussetzung, dass die Deskriptoren nicht geändert werden[5], kommen verschiedene Varianten in Frage.

1. Gestreute Speicherung der Deskriptoren, Zugriff via Hash-Mechanismus (vgl. [HORO-78, S. 82] und [KNU3-73, S. 506]).

Bei dieser Variante geht es darum, die Speicheradresse jedes Deskriptors mit einer der gängigen Methoden aus dem ganzen Deskriptor oder einem Teil davon zu bestimmen. Es kommen nur externe Speichermedien in Frage, die innerhalb eines im voraus berechneten Adressraumes direkt und lückenlos adressierbar sind (vgl. Abschnitt 3.3). Die gestreute Speicherung hat den grossen Vorteil, dass Deskriptoren nach einer einfachen Berechnung in den meisten Fällen mit *einem* Zugriff auf Platte gefunden werden können. Um die Adressberechnung vorzunehmen, muss jedoch der *ganze* Deskriptor bekannt sein. Eine gestreut organisierte Datei kann in der Regel nicht sequentiell verarbeitet werden.

2. Sortierte Speicherung und Zugriff über einen Index (*indexsequentielle* Methode [KNU3-73, S. 573]).

Diese Methode ist allgemein bekannt und braucht keine weitere Erläuterung.

3. Sortierte Speicherung und binäres Suchen auf Platte.

Die Methode des binären Suchens setzt - wie die Hash-Methode - ein direkt und lückenlos adressierbares Speichermedium voraus. Die Probleme im Zusammenhang mit der binären Suche in der *desc*-Datei gelangen in Abschnitt 8.2 und 8.3 zur Sprache.

4. Speicherung in der Form von B-Bäumen.

Die Verwendung von B-Bäumen wird in der Literatur ausgiebig diskutiert ([HORO-76] und [KNU3-73]). Bei der Verwendung von B-Bäumen für die Speicherung der Deskriptoren ergeben sich folgende Vor- und Nachteile:

Vorteile: B-Bäume eignen sich sowohl für den sequentiellen wie auch für den direkten Zugriff. Der sequentielle Zugriff ist etwas langsamer als in Variante 2 und 3. Die Speicherstruktur bleibt auch nach Änderungen optimal. Ein Reorganisieren beziehungsweise Löschen-Neuladen der ganzen Datei entfällt.

Nachteil: Der Speicherbedarf ist höher als bei den anderen Varianten, weil erstens mehr Adressinformationen gespeichert werden müssen, und zweitens die Knoten in der Regel teilweise leer sind.

---

5. Gemäss Restriktion 2 in Abschnitt 3.2 können Deskriptoren nur geändert werden, indem die Rohdaten geändert und neu geladen werden.

Komplikationen sind zu erwarten, wenn nicht nur eine *Referenz* auf die variabel langen Deskriptorsätze mit entsprechenden Schlüsseln fixer Länge, sondern *die Deskriptorsätze selbst* in den Knoten der B-Bäume untergebracht werden. Jeder Knoten muss dann im Minimum zweimal so gross sein wie die maximale Grösse eines Deskriptorsatzes. Die 50%-Regel, die beim Füllen der Knoten zu beachten ist, bezieht sich dann auf die Anzahl Zeichen und nicht wie üblich auf die Anzahl Sätze. Die Tiefe des Baumes richtet sich in diesem Fall sowohl nach der Anzahl der Sätze als auch nach ihrer Länge.

Die Suche *innerhalb eines Knotens* kann sequentiell oder mit einem binären Suchverfahren vorgenommen werden. Algorithmisch sind Manipulationen in B-Bäumen komplizierter (und langsamer) als in den sequentiellen Organisationen.

4.3.2 Realisierung

Ein Deskriptor hat folgendes Format:

```
struct {
    long   d_itext;         /* Kommt so oft vor           */
    long   d_aorth;         /* Erstes orth-Element        */
    int    d_typ;           /* ITG, REL, STR, NONE, X, NUM */
    char   d_desc[82];      /* der Deskriptor             */
} de;
```

Neben dem Deskriptor selbst muss ein Verweis zu den Verknüpfungsdaten gespeichert werden.

Weiterhin muss aus dem Deskriptor-Datensatz der Typ allfälliger Wertigkeiten ersichtlich sein. Die Variable **d_typ** enthält dementsprechend **ITG** für eine ganzzahlige Wertigkeit *(integer)*, **REL** für eine nicht ganzzahlige Wertigkeit *(real)*, **STR** für Zeichenketten *(string)*, **NONE**, wenn keine Wertigkeit gespeichert wurde *(boolean)* und **X**, wenn in den orthogonalen Elementen widersprüchliche Typen auftauchen. Die Wertigkeit **NUM** besagt, dass in den orthogonalen Elementen ganzzahlige *und* reelle Werte vorhanden sind. Beim Betrachten eines Deskriptors entscheidet oft die Vorkommenshäufigkeit über die Wichtigkeit des Deskriptors. Der Datensatz enthält deshalb noch die Angabe, wie viele Nicht-*false*-Werte in der entsprechenden Spalte enthalten sind.

Zu Beginn der Deskriptoren-Datei ist die Version des verwendeten Programms, die totale Anzahl gespeicherter Deskriptoren und die Adresse des letzten Deskriptors gespeichert, in der Form:

```
struct {
    char  df_stvers[4];      /* Versionsnummer          */
    long  df_idesc;          /* Anzahl Deskriptoren     */
    long  df_alast;          /* Letzter Deskriptor      */
} dfirst;
```

OS/MVS:

Unter *OS/MVS* wird für die Speicherung der Deskriptoren die zweite Variante
gewählt. Die Deskriptoren werden gleich wie die Textzeilen als variabel lange
Datensätze in einem VSAM/ESDS untergebracht.

Als Zugriffspfad wird eine Indextabelle mit maximal 200 Einträgen à 4 Zeichen
verwendet. Die Anzahl Einträge und deren Länge sind willkürlich und beliebig
veränderbar. Wegen der fixen Länge der Tabelleneinträge muss bei mehreren
Deskriptoren mit gleichen Anfangszeichen jeweils muss die Adresse des ersten
abgespeichert werden. In der Indextabelle wird binär gesucht. Der Index wird
zu Beginn einer Abfragesitzung eingelesen und bleibt während der ganzen
Sitzung im Hauptspeicher.

UNIX:

Da unter *UNIX* auf beliebige Adressen innerhalb einer Datei positioniert
werden kann, wurde die dritte Variante mit binärem Suchen auf Platte
implementiert.

Beide verwendeten Verfahren lassen, wo nötig, sequentielles Suchen zu, so dass
Deskriptoren auch bruchstückhaft und ohne Angabe der ersten Buchstaben
eingegeben werden können.

4.3.3 Diskussion

Vom theoretischen Standpunkt aus kann man sich fragen, ob die auf beiden
Maschinen gewählte *sortierte* Organisation sinnvoll ist. Wohl ist diese Art der
Speicherung in verschiedener Hinsicht optimal. Sie bringt - im Gegensatz zur
gestreuten Speicherung - eine lückenlose, kompakte Speicherung. Ausserdem
sind die auf sortierten Dateien basierenden Zugriffsmechanismen wie der
indexsequentielle Zugriff und die binären Suchmethoden für unsere Zwecke gut
geeignet; sie sind algorithmisch einfach und schnell. Die sortierte Speicherung
weist jedoch auch Nachteile auf. Sie werden anhand der folgenden Thesen
erörtert:

- Die sortierte Speicherung erschwert Mutationen der Deskriptoren-Datei.

Die *online*-Veränderungen der Datenbank wurden im Anforderungskatalog
(vgl. Abschnitt 3.2) ausgeschlossen. Es wurde dort gefordert, alle Dateien auf

möglichst optimalen Zugriff bei der Abfrage auszulegen. Obwohl stichhaltig, wurde deshalb das vorgebrachte Argument (vorerst) nicht berücksichtigt.

- Das Sortieren ist ein zeitraubender Vorgang.

Das Sortieren der Deskriptoren findet jeweils beim Neuladen der Datenbank statt. Gemäss der in Abschnitt 3.2 beschriebenen Zielsetzung wird *PIZZA* nicht für Daten verwendet, welche *sofort und online* verfügbar sein müssen. Es wird deshalb ohnehin empfohlen, den Ladevorgang jeweils nachts durchzuführen. Dann wiederum ist die Länge der Ausführungszeit nicht relevant.

- Das Sortieren beansprucht viel Speicherplatz.

Das Argument ist nur teilweise stichhaltig. Das Sortieren findet während dem Ladevorgang statt, bei welchem die Ausführungszeit nicht ins Gewicht fällt. Das Sortieren unter Benutzung von Magnetbändern ist deshalb zumutbar.

Bemerkung zur OS/MVS-Version: In der Praxis hat sich die letzte These als kritisch erwiesen. Zum Sortieren der Deskriptoren wird im allgemeinen ein System-Sortierprogramm verwendet, in diesem Fall der *CA*-Sort [SORT-78]. Dieses Sortierprogramm verarbeitet variabel lange Records, aber *keine* variabel langen Sortierschlüssel, was zur Folge hat, dass alle Deskriptoren vor dem Sortieren auf die maximale Länge von 256 Byte expandiert werden müssen. Wenn beispielsweise 230'000 Deskriptoren auf 256 Byte erweitert und zwischengespeichert werden müssen, ergibt das für die temporäre Datei eine Grösse von fast 60 MByte. Zum Sortieren wird noch zusätzlich mindestens eine Arbeits- und eine Ausgabedatei benötigt. Zusammen ergibt das einen Platzbedarf von beinahe 180 MByte (oder etwa 750 Zylinder auf einem IBM-3033 Plattenspeicher!). Steht dieser Platz nicht zur Verfügung, so wird der Sortiervorgang unverzüglich abgebrochen. Der Abbruch ist systembedingt und kann vom Ladeprogramm nicht abgefangen werden. Für den nichts ahnenden Benutzer hat dies wiederum zur Folge, dass am nächsten Morgen seine alte Datenbank zerstört ist, aber keine neue geladen wurde.

4.4 Speicherung der orthogonalen Elemente

4.4.1 Möglichkeiten

Bei der Speicherung des inneren Teils einer *ir*-Relation ist zu beachten, dass die meisten der gespeicherten Attributwerte *false* sind, das heisst: Jeder Deskriptor kommt nur in einem kleinen Teil der Texte vor (vgl. Fig. 4-11). Wenn man nur diejenigen orthogonalen Elemente mit einem Wert ungleich *false* speichern will, ist die Anwendung einer der Techniken zur Speicherung dünn besetzter Matrizen zu prüfen[6]. Bei der Wahl der Speicherungstechnik müssen drei Verarbeitungsarten berücksichtigt werden:

- *Spaltenweise Verarbeitung* beim Aufsuchen aller Texte eines Deskriptors.

- *Tupelweise Verarbeitung* beim Aufsuchen aller Deskriptoren eines Textes.

- *Spaltenweise Verarbeitung* beim Aufsuchen aller Texte eines Deskriptors mit einer bestimmten *Wertigkeiten*[7].

Zur Speicherung der orthogonalen Elemente kommen verschiedene Varianten in Frage. Einige sind hier aufgezählt:

Variante 1:

Die booleschen Attributwerte werden als *true/false-* oder Bit-Matrix gespeichert und zeilenweise komprimiert (Fig. 4-6). Die nicht-booleschen Werte müssen separat behandelt werden, beispielsweise wie in Variante 3. Bei der zeilenweisen Kompression[8] werden aufeinanderfolgende *true-* beziehungsweise *false*-Werte als *ein* Wert durch Angabe der Anzahl Wiederholungen gespeichert. Das Tupel aus Fig. 4-6-a wird zum Vektor in Fig. 4-6-b.

Vorteil: Der Vektor kann, ohne dass eine Adresskette verfolgt werden muss, in einen vollen *true-false* Vektor expandiert werden. Es ist somit einfach, alle Deskriptoren eines Textes (tupelweise Verarbeitung) zu suchen.

Nachteile: Die Speicherung und Bearbeitung von nicht-booleschen Werten muss separat erfolgen. Die spaltenweise Verarbeitung wird stark erschwert: Alle Texte eines Deskriptors können erst nach Expansion *aller* komprimierten Tupel gefunden werden.

Variante 2:

Gleich wie Variante 1, an die Stelle der zeilenweisen tritt jedoch die spaltenweise Kompression und Speicherung.

Vorteil: Bei den meisten Abfragen werden Spalten miteinander verglichen. Die einzelnen Spalten werden vor der Verarbeitung in Bit-Vektoren umgewandelt,

---

6. Das Problem der Speicherung dünn besetzter Matrizen *(sparse matrices)* wird in [KNU1-73, S. 299], [HORO-76, S. 134] und [AHO-83, S. 145] behandelt.

7. Bei der tupelweisen Verarbeitung ist Frage nach einer bestimmten Wertigkeit selten, sie kann vernachlässigt werden.

8. Das Thema der Bearbeitung von booleschen Vektoren wird nochmals in Abschnitt 8.4 aufgegriffen.

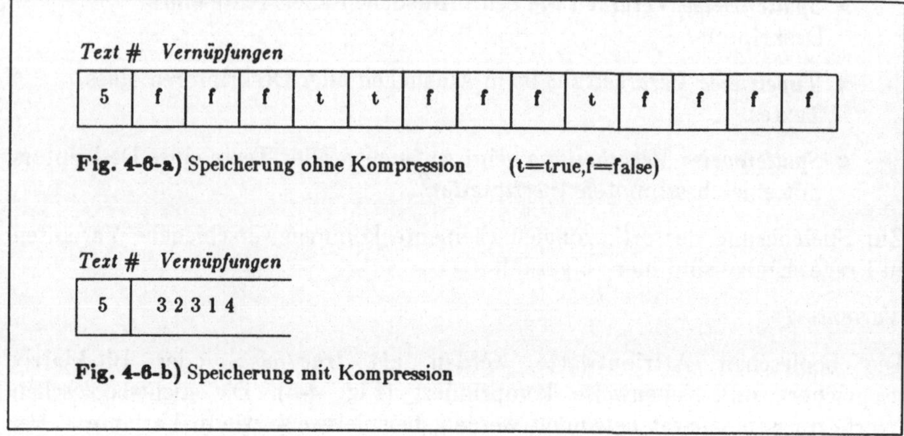

Fig. 4-6-a) Speicherung ohne Kompression   (t=true,f=false)

Fig. 4-6-b) Speicherung mit Kompression

Fig. 4-6. Tupel in einer it-Verknüpfungs-Relation

zu deren Behandlung in den für *PIZZA* verwendeten Programmiersprachen effektive Operatoren zur Verfügung stehen. Fig. 4-7 zeigt ein Beispiel für das Vorgehen beim Vergleich der Vektoren aller Deskriptoren. Im Fall von Fig. 4-7 könnte die Abfrage lauten: *"Deskriptor-1" = true and "Deskriptor-2" = true.* Wenn dann sowohl für *Deskriptor-1* als auch für *Deskriptor-2* der Wert *true* gefunden wird, kann der entsprechende Text ausgegeben werden.

Nachteile: Die Speicherung und Bearbeitung von nicht-booleschen Werten muss wie in Variante 1 separat erfolgen. Die tupelweise Verarbeitung wird stark erschwert: Alle Deskriptoren eines Textes können erst nach Expansion *aller* komprimierten Spalten gefunden werden.

Variante 3:

Alle *true*-Werte und alle definierten nicht-booleschen Attributwerte (also sämtliche nicht-*false*-Werte) werden in Knoten gespeichert, welche über Zeiger nach allen vier Seiten mit ihren Nachbarn verbunden sind (Fig. 4-8). Es entsteht eine extern gespeicherte, mehrfach verknüpfte Listenstruktur *(multilist structure).*

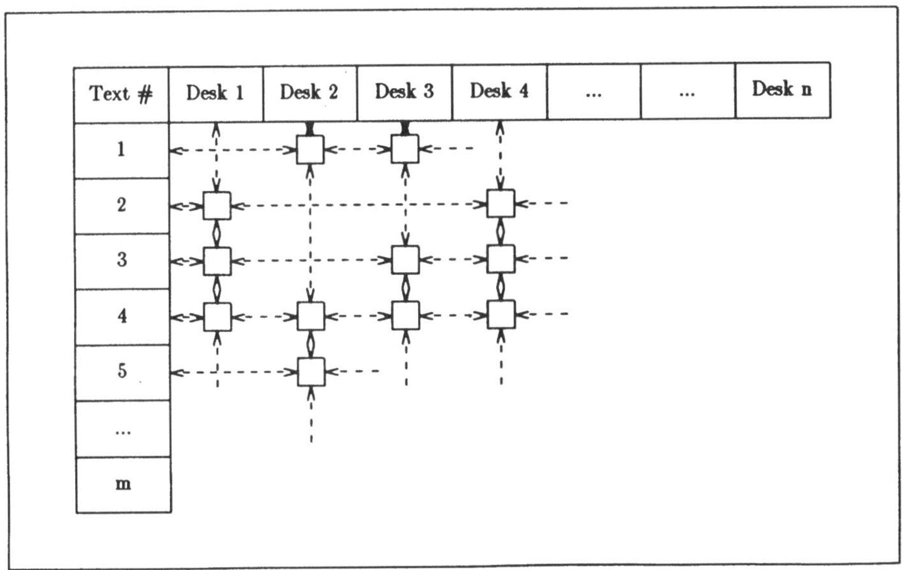

Text #	Desk 1	Desk 2	Desk 3	Desk 4	...	...	Desk n
1	f	t	t	f			
2	t	f	f	t			
3	t	f	t	f			
4	t	t	f	t			
5	f	t	f	f			
m							

Fig. 4-7. Vergleich verschiedener Spalten

Text #	Desk 1	Desk 2	Desk 3	Desk 4	...	...	Desk n
1							
2							
3							
4							
5							
...							
m							

Fig. 4-8. Verknüpfungen

Vorteil: Alle Verarbeitungsarten sind gleich aufwendig. Es treten keinerlei Schwierigkeiten bei der Speicherung und Bearbeitung nicht-boolescher Werte auf, denn diese werden gleichfalls in den Knoten untergebracht. Die Organisation ist flexibel.

Nachteile: Traversieren von extern gespeicherten Listen ist erfahrungsgemäss langsam. Im schlechtesten Fall ist für jeden Knoten ein Plattenzugriff notwendig. Die Lösung ist ausserdem speicherplatzintensiv. Jeder Knoten enthält, abgesehen von allfälligen Deskriptorwertigkeiten, vier Adressen zu je 4 Byte[9] = 16 Byte = 128 Bit. Diese Art der Speicherung lohnt sich für boolesche Werte speichermässig erst, wenn die Ungleichung

$$\frac{true}{false} < \frac{1}{128}$$

zutrifft.

Variante 3 lässt sich optimieren: Man kann durch die ringförmige Verknüpfung der orthogonalen Elemente auf die Speicherung von je zwei Adressen pro Knoten verzichten, wodurch die Ungleichung auf

$$\frac{true}{false} < \frac{1}{64}$$

verbessert wird. Ausserdem können durch Berücksichtigung der häufigsten Traversierungen (spaltenweise Verarbeitung) bei der physischen Speicherung der Knoten Zugriffe eingespart werden.

4.4.2 Realisierung

Für die Implementation der *orth*-Datei wurde Variante 3 gewählt und modifiziert. Die logische Struktur der Datei zeigt Fig. 4-9. Die senkrechte Verbindung zwischen den Knoten (punktierte Verbindung) ist nicht gespeichert. Die zu einem Attribut (Deskriptor) gehörenden orthogonalen Elemente sind physisch nebeneinander gespeichert, sie brauchen deshalb keine explizite Verbindung.

Für die einzelnen Knoten ergibt sich die folgende Struktur:

---

9. Die Annahme von 4 Byte pro Adresse ist implementationsabhängig.

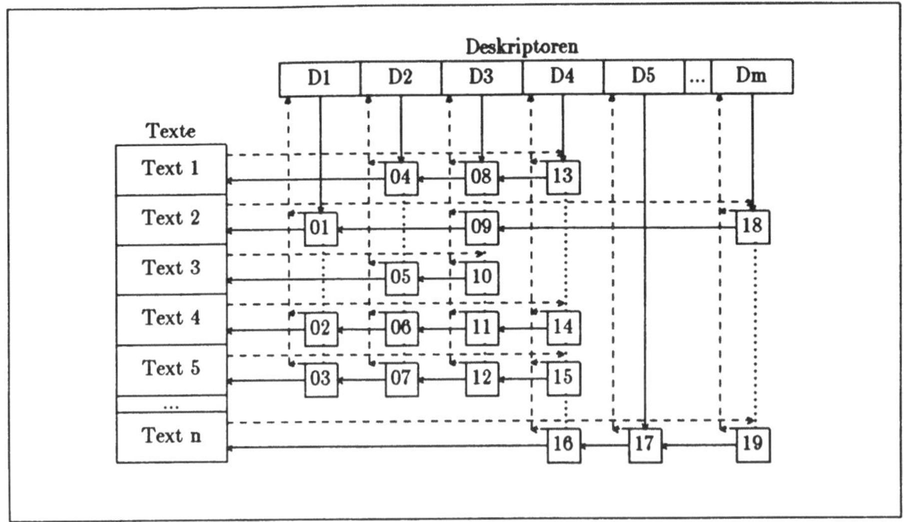

Fig. 4-9. Logische Organisation des Orth-Files.

```
struct  {
    int     o_typ ;       /* ITG, REL NONE, STR, X          */
    long    o_ntext;      /* Textnummer (Identifikation)    */
    long    o_adesc;      /* Adresse des Deskriptors        */
    long    o_aorth;      /* Naechstes orth-Element         */
    char    o_val [82];   /* Wertigkeit                     */
} o;
```

Ausser der Adresse des (logisch) horizontal benachbarten Knotens (im gleichen
Tupel) ist die Adresse des Attributs (Deskriptors) gespeichert. Senkrecht
benachbarte Knoten zeichnen sich durch gleiche Attributadressen aus. Das
Feld *o_ntext* enthält die Identifikationsnummer des Textes (der zu diesem
Tupel gehört). *o_typ* enthält analog zum Feld *d_typ* bei den Deskriptoren den
Typ des gespeicherten Wertes. Im Feld *o-val* ist schliesslich der eigentliche
Wert gespeichert, wobei jeweils das für einen bestimmten Wert benötigte
Minimum an Speicherplatz belegt wird.

Zu Beginn der Datei wird die Anzahl vorhandener Knoten und die Adresse des
letzten Knotens gespeichert:

```
struct {
    long   of_north;      /* Anzahl gespeicherter orth-El */
    long   of_alast;      /* Adresse des letzten orth-El  */
} ofirst;
```

Durch die Ausnützung der physischen (sequentiellen) Charakteristik des Speichermediums wird sowohl Platz als auch Zeit gespart. Die Adresse des logisch vertikal benachbarten Knotens kann weggelassen werden. Die benachbarten Knoten werden mit *einer* physischen Leseoperation in einen genügend grossen Pufferspeicher gelesen. Daraufhin wird analog zu Variante 2 ein Bit-Vektor aufgebaut, um die gesuchten Texte zu ermitteln.

Natürlich könnte man anstelle der Attributadresse *(o_adesc)* die Adresse des vertikal benachbarten Knotens speichern und damit auf die Ausnutzung der (physischen) Nachbarschaft verzichten. Erst im letzen Knoten einer Spalte würde dann jeweils die zugehörige Attributadresse zu finden sein. Dies bringt jedoch ausser dem Vorteil einer visuellen Symmetrie zwei Nachteile mit sich:

1. Der Zugriff zu allen Attributen *eines* Textes wird verlangsamt, da die Kette der orthogonalen Elemente jeweils bis zum letzten Knoten der Spalte verfolgt werden muss, bevor die Adresse des Deskriptors gefunden wird.

2. Ein zusätzliches Feld zur Markierung des letzten Knotens einer Spalte wird notwendig.

Wegen dieser Nachteile wurde auf die explizite Verknüpfung der (logisch) senkrecht benachbarten Knoten verzichtet. In der Realisierung von *PIZZA* beansprucht ein Knoten somit 8 Byte für die Speicherung von Adressen und 4 Byte für Zusatzinformationen, zusammen 14 Byte = 112 Bit. Die Speicherung als verkettete Liste lohnt sich somit erst, wenn die Ungleichung zutrifft:

$$\frac{true}{false} < \frac{1}{112}$$

4.4.3 Diskussion

Bei der Wahl der Speicherungsvariante wurde davon ausgegangen, dass eine allfällige Bit-Matrix wegen den Zugriffsschwierigkeiten nicht komprimiert werden kann. Für den Vergleich der Matrix- und der Knoten-Variante nehmen wir ein proportionales Wachstum der Anzahl der Texte und Deskriptoren an. Es ergibt sich für die Matrix-Variante ein quadratisches Wachstum, während die Knoten-Variante nur ein lineares Wachstum des Speicherverbrauchs aufweist.

Für eine durchschnittliche Anzahl von 20 Knoten pro Text (20 *true*-Werte pro Tupel) ergibt sich die in Fig. 4-10 gezeigte Graphik. Wie aus dieser Graphik ersichtlich ist, liegt der Schnittpunkt der beiden Kurven bei 2240 Texten und Deskriptoren[10]. Enthält eine Datenbank mehr als diese Anzahl Texte und Deskriptoren, so ist die Knoten-Variante günstiger.

Die Lösung des tupelweisen Zugriffs bei der Speicherung einer komprimierten Bit-Matrix ist algorithmisch einfach aber zeitaufwendig. Es bleibt zu untersuchen, ob es sich lohnt, die Matrix sowohl zeilen- als auch kolonnenweise komprimiert zu speichern.

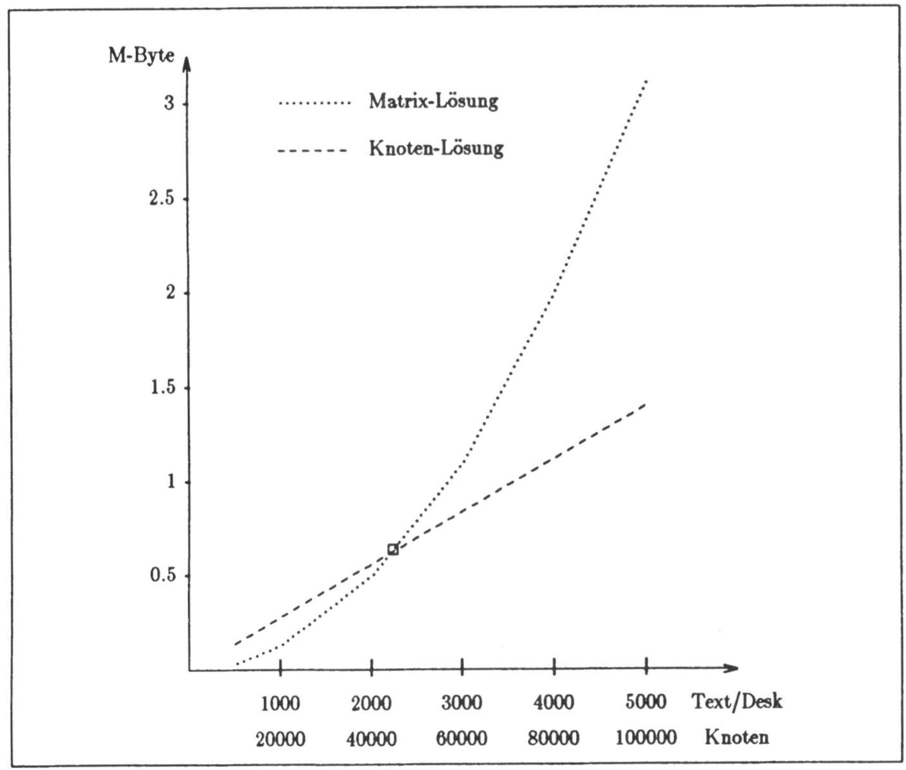

Fig. 4-10. Vergleich der Varianten

---

10. Die Gleichung für das x, in welchem beide Varianten gleiche Werte aufweisen, lautet:
$$x \times x / 8 = x \times 20 \times 14$$

Die Annahme des proportionalen Wachstums der Anzahl Texte und Deskriptoren kann angefochten werden. Es ist anzunehmen, dass die Zunahme der Deskriptoren mit wachsender Anzahl Texte gegen 0 sinkt. Die Matrix-Variante wird damit besser als Fig. 4-10 vermuten lässt. Weiterhin ist zu beachten, dass die Anzahl referenzierter Deskriptoren pro Text stark variieren kann. Zur Illustration haben wir für einige der bestehenden Datenbanken die diskutierten Werte ermittelt und in in Fig. 4-11 zusammengestellt.

Name der Datenbank	Anzahl Texte	Deskrip-toren	*true-*Werte	Bit-Matrix in MByte	Knoten zu 14 Byte in MByte
Artikel	147	383	1003	0.007	0.014
Sektionen	228	4503	11960	0.128	0.167
Bibliothek	8161	18944	49921	19.3	0.699
Insekten	42728	13094	230106	70.0	3.2

Fig. 4-11. Grössen einiger Datenbanken

Der Inhalt der vier ausgewählten *PIZZA*-Datenbanken ist:

Artikel: Diese Datenbank enthält Notizen über ausgewählte Zeitschriftenartikel.

Sektionen: Diese Datenbank enthält Angaben über Unfallhergänge mit tödlichem Ausgang, sowie die Protokolle der Sektionen.

Bibliothek: Diese Datenbank enthält Angaben über alle Bücher der Bibliothek des Instituts für Informatik der Universität Zürich.

Insekten: Diese Datenbank enthält Angaben über eine grosse Anzahl Fliegen und Referenzen auf deren Beschreibung in der Literatur.

4.5 Speicherung der Rohdaten

4.5.1 Möglichkeiten

Die Rohdaten-Dateien dienen der Speicherung der aufgenommenen Daten zwischen deren Aufnahme und dem Laden. Während der Datenaufnahme werden die Dateien sequentiell beschrieben und beim Laden wiederum sequentiell gelesen. Solange die Rohdaten nicht verändert werden (Manipulationsvorgang), erfolgt kein Direktzugriff. Man kann deshalb, wo der Direktzugriffsspeicher knapp ist, ein Magnetband für die Speicherung der Rohdaten verwenden.

Wenn die Rohdaten gemäss Abschnitt 5.2 manipuliert werden sollen, müssen sie auf einem Direktzugriffs-Speichermedium untergebracht sein. Der direkte Zugriff auf eine bestimmte Informationseinheit kann dann auf folgende Arten erfolgen:

1. *Zeichenkette:* Die gesamten Rohdaten werden sequentiell nach dem Vorkommen einer bestimmten Zeichenkette abgesucht[11]. Der Text, in welchem die angegebene Zeichenkette vorkommt, wird manipuliert. Der sequentielle Suchvorgang ist mitunter sehr zeitaufwendig. Wo die Textnummer nicht bekannt ist, sollte die Suche mit dem Abfrageteil vorgenommen, und die Nummer des gefundenen Textes zwischengespeichert werden.

2. *Textnummer, sequentiell:* Der gewünschte Text wird durch seine Nummer identifiziert und sequentiell in den Rohdaten gesucht. Wenn in den Rohdaten physisch gelöscht wird, stimmen die Textnummern (Ordnungszahlen) der restlichen Texte nicht mehr.

3. *Dateinamen:* Jede Informationseinheit wird in einer separaten Datei untergebracht. Der Zugriff erfolgt über den Dateinamen, der in diesem Fall etwas über den Inhalt der Datei aussagen sollte.

4. *Textnummer, Index-Datei:* Der gewünschte Text wird durch seine Nummer identifiziert. Die Nummer wird in einer Indexdatei gesucht, in welcher sie mit der Speicheradresse des Textes in Verbindung gebracht wird. Physisches Löschen in den Rohdaten muss ausgeschlossen werden.

4.5.2 Realisation

Von einer Speicherung auf Magnetband wird in beiden Versionen abgesehen. Aufgrund der unterschiedlichen Datenaufnahme- und Manipulationsstrategien ergeben sich Differenzen zwischen der *OS/MVS-* und *UNIX*-Version von *PIZZA*.

OS/MVS:

Unter *OS/MVS* wird ein einfaches Programm zur Datenaufnahme bereitgestellt. Dieses Programm sieht lediglich die Aufnahme von Informationen über Zeitschriftenartikel vor. [LUET-82] beschreibt einen Programmgenerator zur Erstellung von individuellen Datenaufnahmeprogrammen. Ein allgemein verfügbarer Manipulationsteil existiert nicht.

---

11. Dafür kann unter *UNIX* der Befehl **grep** verwendet werden [UNIX-80].

Die Rohdaten können in physisch-sequentiellen Dateien *(PS, physical sequential)* oder in untergliederten Dateien *(PO, partitioned organized)* gespeichert werden. Änderungen werden in den Rohdaten mit Hilfe eines Editors durchgeführt. Die Grösse einer Rohdaten-Datei darf die Grösse, welche maximal durch den verwendeten Editor verarbeitet wird, nicht übersteigen. Das Aufsuchen eines bestimmten Textes in den Rohdaten wird durch *PIZZA* nicht unterstützt.

UNIX:

Diese Version wurde als in sich abgeschlossenes System mit definierten Schnittstellen konzipiert. Die Datenaufnahme und Manipulation ist Bestandteil von *PIZZA*. Die Rohdaten-Dateien werden automatisch erstellt und alphabetisch fortlaufend - von **aaa** bis **zzz** - benannt. Diese Dateien dürfen nicht länger als 500 Zeilen sein, um die Bearbeitung mit dem (instituts-eigenen) Editor nicht auszuschliessen. Jede Datei enthält eine oder mehrere Informationseinheiten. Um bei der Manipulation den direkten Zugriff auf einzelne Texte zu ermöglichen, wird in einer Datei namens *.index* für jede der Rohdaten-Dateien ein Eintrag vorgenommen, der ausser dem Namen der Datei die Nummer des ersten und des letzen Textes in der Datei enthält *(Möglichkeiten: Variante 3)*:

```
struct rawindex
{
    char    name[6];    /* Rohdaten-Dateiname            */
    long    first;      /* Nummer des ersten Textes      */
    long    last;       /* Nummer des letzten Textes     */
    int     lines;      /* Anzahl Zeilen in der Datei    */

};
#define     MAXRAWL     500 /* Maximale Anzahl Zeilen     */
```

Durch sequentielles (oder binäres) Absuchen der Einträge in der Indexdatei kann herausgefunden werden, in welcher Datei sich ein Text mit einer bestimmten Nummer befindet. Da die Einträge in der *.index*-Datei keine Adressen der Texte sondern nur ihre Nummern enthalten, können die Rohdaten-Dateien auch weiterhin mit einem Editor bearbeitet werden, allerdings nur solange innerhalb der Datei keine Texte hinzugefügt oder (physisch) gelöscht werden.

4.5.3 Diskussion

Die Argumente für und wider die Doppelspeicherung der Rohdaten wurden bereits im Zusammenhang mit der Speicherung der Texte vorgebracht.

Die wegen den Manipulationen notwendige periodische Reorganisation der Rohdaten unter *UNIX* ist aufwendig und heikel. Bei unvorhergesehenen Unterbrüchen sind Fehler, die nach erneutem Laden eine unbrauchbare Datenbank zur Folge haben, nicht mit Sicherheit auszuschliessen.

Der Zugriff auf einzelne Texte über die *.index*-Datei ist schwerfällig und manchmal langsam.

Ein Vorschlag zur Zusammenfassung der *.index-* und der *addr*-Datei zu einer Datei wird im Zusammenhang mit der Integration des Abfrage- und Manipulationsteils in Abschnitt 6.2 diskutiert.

4.6 Speicherung von Variablen

Eine Variable dient der (temporären) Speicherung einer beliebigen Anzahl Texte (bzw. Textnummern). Sie wird während einer Abfragesitzung erstellt und kann wie ein Deskriptor zur Bezeichnung einer Textmenge verwendet werden.

4.6.1 Möglichkeiten

Je nach gewünschter Lebensdauer und gefordertem Verwendungszweck kann folgende Unterscheidung getroffen werden:

1. Die Lebensdauer einer Variablen ist auf eine Abfragesitzung beschränkt.

Variablen dienen dann ausschliesslich der Zwischenspeicherung von Textmengen während der Abfrage und werden im Hauptspeicher aufbewahrt. Diese Art der Variablenimplementation zeichnet sich durch sehr schnellen Zugriff aus. Da die Variablen beim Beenden der Sitzung automatisch gelöscht werden, muss keine Löschoperation vorgesehen werden.

2. Die Lebensdauer einer Variablen ist bis zum nächsten Ladevorgang beschränkt.

Variablen werden dann sowohl während der Abfrage als auch beim Manipulieren benutzt. Sie müssen in einer Datei gespeichert werden. Eine Löschoperation erübrigt sich, da Platz für beliebig viele Variablen vorhanden ist, und periodisch alle Variablen gelöscht werden.

3. Die Lebensdauer einer Variablen ist unbegrenzt.

Variablen werden dann sowohl während der Abfrage als auch beim Manipulieren benutzt. Sie müssen in einer Datei gespeichert werden. Da sie niemals automatisch gelöscht werden, muss im Abfragesystem eine Löschoperation vorgesehen werden. Beim Reorganisieren der Rohdaten und beim Laden müssen alle Variablen nachgeführt werden, um die neuen Textnummern zu berücksichtigen. Dieser Vorgang ist aufwendig.

Unabhängig von der gewählten Lebensdauer können die Textnummern einer ausgewählten Textmenge im wesentlichen auf drei Arten zwischengespeichert werden:

- Als eine Kette von Textnummern, jede Nummer zu 4 Byte *(long integer)*.

- Als komprimierter Bit-Vektor (oder Vektor boolescher Werte).

- Als nicht-komprimierter Bit-Vektor mit fixer Länge.

Die ersten beiden Methoden sind speichermässig günstiger, brauchen jedoch mehr Verarbeitungszeit, da vor jeder Verarbeitung ein nicht-komprimierter Bit-Vektor berechnet werden muss.

4.6.2 Realisation

Eine Variable wird in der Form eines nicht komprimierten Bit-Vektors, dessen Länge (Anzahl Bit) der Anzahl Texte in der Datenbank entspricht, gespeichert. Für alle gewählten Texte wird der Wert '1' *(true)*, für alle nicht gewählten Texte der Wert '0' *(false)* gesetzt. Das Variablen-Konzept wurde in den beiden Versionen von *PIZZA* unterschiedlich verwirklicht.

OS/MVS:

In dieser Version dienen die Variablen ausschliesslich der temporären Zwischenspeicherung von Texten während *einer* Abfragesitzung. Nach Verlassen des Abfrageteils werden die Variablen automatisch gelöscht, da sie im Hauptspeicher residieren. Es können maximal zehn verschiedene Variablen in einer Sitzung angesprochen werden. Eine Variable kann während einer Sitzung beliebig oft verwendet werden.

UNIX:

Hier hat die Variable neben der Aufgabe der temporären Zwischenspeicherung von Textmengen auch noch die Aufgabe, die Verbindung zum Manipulationsteil zu gewährleisten. Ihre Lebensdauer ist bis zum nächsten Ladevorgang beschränkt. Zu ändernde Texte sollen zuerst im Abfrageteil gesucht, zwischengespeichert und dann im Manipulationsteil über die Variable referenziert werden. Im Gegensatz zur *OS/MVS*-Version werden deshalb alle Variablen extern in einer Datei (*var*-Datei) untergebracht, was zur Folge hat, dass beliebig viele Variablen eröffnet werden können. Um Ausführungszeit zu sparen, und weil angenommen wird, dass genügend Disk-Speicherplatz vorhanden ist, wird die Bit-Kette für die Speicherung auf Platte nicht komprimiert. Die als Bit-Vektoren fixer Länge gespeicherten Variablen können jeweils mit einer einzigen Operation von der Datei gelesen oder auf die Datei geschrieben werden. Eine Variable hat folgendes Format:

```
struct  {
     char    v_name [10];      /* name of variable          */
     long    v_nooftext;       /* number of texts in variable */
     int     *v_value;         /* ptr to variable           */
} v;
```

Die Suche nach einer bereits vorhandenen Variablen in der *var*-Datei erfolgt sequentiell und zur Übersetzungszeit der Abfrage. Beim Einlesen einer Variablen wird der Bit-Vektor direkt in den *run-time-stack* (vgl. Abschnitt 7.7) kopiert. In der gezeigten Struktur muss deshalb lediglich ein Zeiger auf den Bit-Vektor (`*v_value`) aufbewahrt werden und nicht der Bit-Vektor selbst.

Zu Beginn der *var*-Datei ist die Länge einer einzelnen Variablen und die Anzahl der gespeicherten Variablen angegeben:

```
struct  {
     long    vf_len;       /* length of var in integers   */
     int     vf_ivar;      /* number of stored vars       */
} vfirst;
```

4.6.3 Diskussion

Die Variablen werden unter *UNIX* mit Namen und Inhalt in der Reihenfolge ihrer Erstellung in der *var*-Datei gespeichert. Ist es sinnvoll, in der *var*-Datei sequentiell nach dem Namen einer gewünschten Variablen zu suchen? Es wäre ein leichtes, zu Beginn einer Sitzung jeweils eine Tabelle mit den ersten - beispielsweise - 10 Namen zu erstellen und darin binär zu suchen. Der Nachteil dieses Vorgehens liegt darin, dass nicht in jeder Sitzung ein Zugriff auf Variablen stattfindet, und somit beim Starten von *PIZZA* eine Tätigkeit ausgeführt würde, die nicht unbedingt notwendig ist.

Der Nutzen einer komprimierten Speicherung der Variablen wurde - wegen den durch die begrenzte Lebensdauer beschränkten Einsatzmöglichkeiten - nicht weiter untersucht.

4.7 Kompression

In diesem Abschnitt wird die Frage erörtert, ob für die Dateien einer *PIZZA*-Datenbank eine Kompressionstechnik angewendet werden soll. Das Verdichten der Dateien als Ganzes vor deren Archivierung und die Expansion vor der Verarbeitung ist hier von untergeordnetem Interesse. Vielmehr interessiert die Frage, ob es möglich ist, die Daten in komprimierter Form permanent zu speichern und *während der Verarbeitung* umzuwandeln. Es kommen deshalb nur sehr effiziente Verfahren in Frage, die es erlauben, Zeichenfolgen unabhängig vom Rest der Datei zu verdichten und zu expandieren. Der Suchalgorithmus soll durch die Kompression nicht funktionell eingeschränkt werden.

4.7.1 Möglichkeiten

Es können zwei Klassen von Methoden unterschieden werden:

• Kompression auf der Basis von Binärdaten:

Methoden dieser Art beruhen auf der Analyse der Bitfolge. Nach den einen Methoden werden Folgen gleicher Bitwerte zusammengefasst (vgl. Fig. 4-6 und Abschnitt 8.4). Nach anderen Methoden wird die gesamte Bitfolge auf das Auftreten bestimmter Bitmuster geprüft. Die häufig auftretenden Muster werden abgekürzt. In den drei grössten Dateien (*text-, orth-* und *desc*-Datei) hat die Kompression auf der Basis von Binärdaten wenig Sinn. Zum einen sind keine längeren gleichen Bitfolgen vorhanden, zum anderen kommen auch keine ähnlichen Muster vor, die zu komprimieren es sich lohnen würde.

• Kompression auf der Basis von alphanumerischen Daten:

Einige der Methoden dieser Art nutzen die Tatsache, dass für jedes Zeichen (im ASCII oder EBCDIC-Zeichensatz) ein ganzes Byte (8 Bit) reserviert wird, in der Regel jedoch nur ein Teil der 255 möglichen Bitkombinationen wirklich vorkommt. Ein Code von fixer Länge wird generiert, der genau auf die vorkommenden Zeichen abgestimmt ist. Andere Methoden analysieren die Häufigkeit, mit welcher die einzelnen Zeichen vorkommen. Aufgrund der Analyse wird ein variabel langer Code generiert. Die häufigsten Zeichen erhalten die kürzesten Codes.

4.7.2 Realisierung

In [PECH-82][12] werden verschiedene Methoden erwähnt, die zum Teil

---

12. Vgl. auch [HEAP-78 Seite 243]

Einsparungen bis zu 40% bringen. Eine Methode - sie beruht auf den sogenannten *Huffman-Codes*[13] - wird besonders hervorgehoben. Die Basis der Methode von Huffman ist eine Häufigkeitsanalyse aller im Text vorkommenden Zeichen. Auf Grund der Häufigkeiten werden für jedes Zeichen komprimierte, variabel lange Bit-Codes berechnet. Das am meisten im Text enthaltene Zeichen erhält den kürzesten Code, wobei darauf geachtet wird, dass kein Code Präfix eines anderen Codes ist *(prefixing property)*.

Fig. 4-12 zeigt den nach der Methode von Huffman generierten Code für alle alphanumerischen Zeichen, welche in den rund 20'000 Deskriptoren einer Testdatenbank vorkommen. Da die Deskriptoren der Testdatenbank keine Kleinbuchstaben enthalten, werden lediglich 36 Zeichen (A-Z,0-9) benötigt.

Zeichen	Häufig-keit	Code	Platzverbrauch total (Bit)
E	13049	1101	52196
S	12800	1100	51200
A	11532	1010	46128
1	8947	0111	35788
R	8469	0101	33876
2	8156	0100	32624
N	8149	0011	32596
I	7399	11111	36995
T	6760	11101	33800
3	6573	10111	32865
0	5380	10011	26900
H	5004	10001	25020
L	4920	10000	24600
5	4297	01100	21485
C	4082	00101	20410
9	3997	00100	19985
M	3793	00010	18965
O	3760	00001	18800
7	3704	00000	18520
4	3689	111101	22134
U	3514	111100	21084
G	3344	111001	20064
6	3281	111000	19686
8	3063	101100	18378
D	2860	100101	17160
P	2476	100100	14856
B	2249	011011	13494
K	2014	000111	12084
F	1700	1011011	11900

13. Die Methode von *Huffman* wird in [AHO-83, Seite 94] ausführlich erklärt.

Zeichen	Häufig-keit	Code	Platzverbrauch total (Bit)
W	1367	1011010	9569
Y	1028	0110100	7196
J	1000	0001101	7000
V	977	0001100	6839
Z	833	01101011	6664
X	211	011010101	1899
Q	113	011010100	1017

Fig. 4-12. Code-Tabelle nach Huffman

Die Deskriptoren wurden aus den Texten generiert. Die berechneten Einsparungen gelten deshalb in etwa auch für die Texte. Die Resultate sind in Fig. 4-13 zusammengestellt.

```
164'490 Zeichen:


8 Bit / Zeichen:      1'315'920 Bit      100.0 %
Huffman-Code    :       783'777 Bit       59.6 %
```

Fig. 4-13. Resultat: Kompression der Deskriptoren

Die Einsparung von über 40% kommt zustande, weil die einzelnen Häufigkeiten nahezu ideal verteilt sind. Im Fall einer Gleichverteilung aller Zeichen ergibt sich ein Code mit fixer Länge von 6 Bit für 36 Zeichen. Die Einsparung beträgt dann lediglich 25%. Die Tabelle, welche die Zeichen in Beziehung zum verwendeten Code bringt, muss jeweils zusammen mit den Daten abgespeichert werden. Sie wird für die Decodierung der Zeichen gebraucht.

4.7.3 Diskussion

text-Datei: Alle Texte, die mit dem Maskenkonzept von *PIZZA* aufgenommen werden (vgl. Unterabschnitt 5.1.4), enthalten nur alphanumerische Daten und eignen sich deshalb für eine Verdichtung. Beim Vorgehen nach der Methode von Huffman kann mit bis zu 40% Einsparung gerechnet werden. Die Kompression wird maskenweise während der Datenaufnahme vorgenommen. Die Häufigkeitsverteilung der Zeichen im Alphabet kann aufgrund von Standardtexten berechnet werden. Während der Abfrage oder der Manipulation muss jeder Maskeninhalt vor der Bearbeitung decodiert werden.

Texte, die mit einem `.cmd`-Befehl (vgl. Unterabschnitt 5.1.5) aufgenommen wurden, dürfen nicht verdichtet werden. Die Verantwortung für diese Texte liegt beim Benutzer.

desc-Datei: Hier treffen wir folgende Situation an: Es muss damit gerechnet werden, dass die Deskriptoren nur etwa 50% der Datei belegen; der Rest der Datei besteht aus Binärdaten, die sinnvollerweise nicht komprimiert werden. Die Deskriptoren können während des Ladevorgangs analysiert und *nach dem Sortieren* komprimiert werden. Dadurch wird der binäre Suchvorgang nicht behindert. Jeder Deskriptor muss bei *jedem Zugriff* decodiert werden. Ausgehend von dem im letzten Unterabschnitt vorgestellten Code ergibt sich hier eine Ersparnis von 20%, unter der Annahme, dass die Binärdaten nicht komprimiert werden. Ob sich der Aufwand für diese Einsparung lohnt, ist fraglich. Die Antwortzeiten würden auf jeden Fall verlangsamt. Bei der Arbeit mit komprimierten Daten sind zusätzliche Komplikationen zu erwarten: Für das Erkennen des Datensatz-Endes muss ein neuer Weg gefunden werden[14], da die alphanumerischen Daten durch die Verdichtung ein `newline`-Zeichen enthalten können.

orth-Datei: Diese Datei enthält beinahe *ausschliesslich* binäre Adressinformationen. Eine Verdichtung wäre wenig sinnvoll.

4.8 Datensicherung

Unter Datensicherung versteht man im allgemeinen ([MUTT-80])

> *die technisch/organisatorische Aufgabe, Dateien und Datenverarbeitung zu sichern gegen Verfälschung, Zerstörung, Unterbrechung und Datenpreisgabe.*

4.8.1 Möglichkeiten

Im Zusammenhang mit dem Rohdatenkonzept wurde geplant, die Rohdaten und die Datenbank gegenseitig als Sicherungskopie zu verwenden. Diese Sicherung ist (vor allem in der *UNIX*-Version) mangelhaft:

- Die Form der Rohdaten kann nicht genau aus den Daten der Datenbank rekonstruiert werden.

---

14. Vgl. hierzu Abschnitt 8.2. Vorschlag: Der Code für das `newline`-Zeichen muss bei der Zeichenanalyse gesondert behandelt werden.

- Rohdaten wie geladene Daten müssen in der Regel auf Platte gespeichert werden; die Datenbank wegen der Abfragen und die Rohdaten wegen der Änderungen.

Im praktischen Einsatz muss deshalb eines der gängigen Sicherungskonzepte für die Sicherung auf Band verwendet werden. Verschiedene der Möglichkeiten unter *UNIX* sind in Fig. 4-14 zusammengestellt.

	Befehl	Aufwand für die Sicherung	Neuladen nach Restaurierung	Übertragbar auf andere Maschinen
Incremental-Dump Konzept	**dump** und **restor**	sehr klein, automatisch	ja	beschränkt
Rohdaten gesamthaft auf Band	**tar**	etwas grösser, in der Regel bei Bedarf	ja	ja
Rohdaten und Datenbank gesamthaft auf Band	**tar**	etwas grösser, in der Regel bei Bedarf	nein	ja

Fig. 4-14. Sicherungsverfahren

4.8.2 Realisation

Es wurden keine speziellen Sicherungsmechanismen vorgesehen. Das generell vom Rechenzentrum überwachte *Incremental-Dump-Konzept* wird für beide Versionen als genügend betrachtet.

4.8.3 Diskussion

Das Datensicherungsproblem wird als nicht-*IR*-spezifisch angesehen und deshalb hier nicht weiter erörtert.

5. Datenaufnahme und Manipulation

Die Ausführungen des folgenden Kapitels stützen weitgehend auf die *UNIX*-Version des verwendeten Experimentiersystems *PIZZA* ab. Die erwähnten Befehle wurden in der angegeben Form implementiert. Sie sind als Beispiele gedacht für Systeme, die ähnlich konzipiert sind.

5.1 Datenaufnahmeteil

5.1.1 Ausgangslage: Rohdaten

Die Rohdaten sind Schnittstelle zwischen dem Datenaufnahme- und Manipulationsteil einerseits und dem Ladeteil andererseits. Sie bestehen aus einer Folge von Informationseinheiten (vgl. Abschnitt 3.4 und 4.5), die sich aus Texten und Deskriptoren zusammensetzen. Die Texte können aus

- alphanumerischen Daten,

- Spezialtexten (Graphiken u.ä.) oder

- Referenzen auf beliebige Dateien

bestehen. Die Deskriptoren müssen bereits während der Datenaufnahme aus den Texten extrahiert oder separat eingegeben worden sein. Der Beginn einer neuen Informationseinheit wird in den Rohdaten durch eine Anweisung (`.tex`) gekennzeichnet. Die Deskriptoren werden durch den Befehl `.des` eingeleitet. Fig. 5-1 zeigt einen Ausschnitt aus den Rohdaten der Artikel-Datenbank (vgl. Abschnitt 1.1).

Die Rohdaten müssen nicht den ganzen Text enthalten, es genügt eine *Referenz* auf einen Text in der Form:

    .inc *textref*

wobei *textref* der Name der Datei mit dem Text ist.

Natürlich ist es jedem Benutzer freigestellt, die Rohdaten in dieser Form - als Folge von Kontrollbefehlen, Texten und Deskriptoren - einzugeben. Diese Art der direkten Datenaufnahme ist jedoch *umständlich, aufwendig* und *fehleranfällig.*

Es soll ein Konzept erarbeitet werden, welches ausser einem minimalen Komfort bei der Datenaufnahme auch noch die Möglichkeit bietet, Schlüsselwörter ohne zweimaliges Schreiben automatisch als *Text und Deskriptor* aufzunehmen[1]. Damit wird zumindest ansatzweise eine Lösung für die halbautomatische Deskriptorenauswahl angestrebt (vgl. Abschnitt 2.2 und [CROF-83]). Die Rohdaten werden durch ein Programm *(Aufnahmeprogramm)*

```
 .tex
OUTPUT
1982
1/82
35
39
Dezentralisierung mit Lokalnetzwerken
Koch A.
Zusammenfassung der gängigen Methoden bei lokalen Netzwerken.
Erklärung der Vorteile von Bus und Ring.
 .des
bus
ring
network
summary
```

Fig. 5-1. Ausschnitt aus den Rohdaten

erzeugt werden, welches dem Benutzer während der Datenaufnahme und Manipulation eine bessere Sicht seiner Eingabedaten gewährt als die sequentielle, mit Kontrollbefehlen durchsetzte Form der Rohdaten. Um diese Aufgabe zu erfüllen, muss das Aufnahmeprogramm die Struktur der aufzunehmenden Daten und die Art der Aufnahme kennen. Die Beschreibung geschieht mittels *Profilen*, *Masken* und *Befehlen*.

5.1.2 Konzept

Das Konzept der Datenaufnahme auf der Basis von Profil-, Masken- und Befehlsdefinitionen beruht auf zwei Grundgedanken:

- Die *Beschreibung* der Struktur der Informationseinheiten wird von der eigentlichen Aufnahme *getrennt.*

- Für die Aufnahme wird ein Maskenkonzept entworfen, wobei die Maskenskelette auf einfachste Art zu definieren sind. Mühsame Feldpositionsberechnungen sind zu vermeiden.

- Dem Benutzer soll weiterhin die Möglichkeit offenstehen, seine eigenen Programme zur Datenaufnahme und -wiedergabe zu verwenden und ins allgemeine Datenaufnahme- und Manipulationskonzept zu integrieren.

Das Aufnahmekonzept sieht deshalb einen zweistufigen Beschreibungsprozess vor:

1. In einer ersten Stufe wird in einem Profil beschrieben, auf welche Art die einzelnen Teile einer Informationseinheit aufgenommen werden.

2. In einer zweiten Stufe werden die im Profil referenzierten Aufnahmearten definiert.

Wir unterscheiden zwei Arten der Datenaufnahme:

1. Aufnahme mit Masken (`.mas`-Befehl).

Die Datenaufnahme erfolgt mit Masken, die sich aus Maskenskeletten mit
Eingabefeldern zusammensetzen. Die Skelette sind in Dateien enthalten und
bestehen aus Kommentaren, Feldnamen, Feldbegrenzern und Leerzeichen. Die
Kontrolle der Maskendefinitionen sowie die Steuerung der Aufnahme obliegt
ganz dem Profilprogramm.

2. Aufnahme mit Befehlen (`.cmd`-Befehl).

Beliebige (private) Programme werden für die Datenaufnahme und die
Ableitung von Deskriptoren verwendet. Sie übernehmen die gesamte Kontrolle
der Eingabe und ihre Interpretation. *PIZZA* definiert somit nur die
Schnittstelle; die (von privaten Programmen) aufgenommenen Daten bleiben
unverändert.

5.1.3 *Profildefinition*

Wie bereits erwähnt, erfolgt die Beschreibung der Struktur der Informationseinheiten in einem *Profil.* Es enthält eine Kopie der Kontrollangaben
der Rohdaten-Datei. Ausserdem wird darin angegeben, *wie* ein Text mit seinen
Deskriptoren aufzunehmen ist. Ein einfaches Profil hat folgende Form:

```
.tex
.mas   maske-1
.des
.mas   maske-2
```

wobei die Anweisung `.mas` besagt, dass die Aufnahme mit einer Maske
geschieht. Bei der Datenaufnahme mit diesem Profil wird dem Benutzer
jeweils zuerst *maske-1,* und dann *maske-2* präsentiert. Die im Profil
vorhandenen Kontrollanweisungen werden mit dem aufgenommenen Text
zusammengefügt und den Rohdaten angehängt. Im Profilkonzept sind auch
Referenzen auf Masken vorgesehen, die *sowohl* Text *als auch* Deskriptoren
aufnehmen. Das Profil wird dann noch einfacher, weil der Deskriptorenteil
weggelassen werden kann:

```
.tex
.mas   kombimaske
```

wobei *kombimaske* eine Maske ist, welche sowohl die Textaufnahme als auch die Aufnahme von Deskriptoren gestattet. Der `.des`-Befehl wird vom Aufnahmesystem generiert und in die Rohdatensequenz eingefügt.

Für die Beschreibung des Profils einer Informationseinheit sind somit nur wenige Kommandos notwendig:

`.tex`   zur Kennzeichnung des Textbeginns.

`.des`   zur Kennzeichnung des Beginns der Deskriptoren.

`.mas` *maskname*   gibt den Namen der *Maske* an, die zur Aufnahme verwendet werden soll (vgl. Unterabschnitt 5.1.4).

`.cmd` *cmdname*   gibt den Namen des *Befehls* an, der für die Aufnahme aufgerufen werden soll (vgl. Unterabschnitt 5.1.5).

`.inc` *filename*   gibt den Namen der *Datei* an, welche den Text enthält.

Die genaue Beschreibung dieser Kommandos kann im Handbuch (Anhang I) nachgelesen werden.

5.1.4 Datenaufnahme mit Masken

Die Definition von Masken ist derart gestaltet, dass der Benutzer die Maske *genau so* eingibt, wie er sie später bei der Datenaufnahme und Wiedergabe präsentiert haben möchte. Mit einigen wenigen Kontrollzeichen werden die Eingabefelder bezeichnet und gleichzeitig ihre Bedeutung festgelegt. Fig. 5-2 zeigt ein Beispiel eines Maskenskeletts. Die zwei möglichen Feldarten sind darin enthalten:

`<  >`   bezeichnet ein Feld, dessen Inhalt nur als Text aufgenommen werden soll.

`[  ]`   bezeichnet ein Feld, dessen Inhalt als Text *und* als Deskriptor aufgenommen werden soll.

Die Feldarten können mit einer der folgenden Feldtypenbezeichnungen kombiniert werden:

`c`   wenn der Inhalt des Feldes eine *Zeichenkette* ist.

`i`   wenn der Inhalt des Feldes eine *ganze Zahl* ist (bzw. sein muss).

`r`   wenn der Inhalt des Feldes eine *reelle Zahl* ist (bzw. sein muss).

Ein Gleichheitszeichen (=) nach dem Feldtyp bedeutet, dass es sich um einen Deskriptor mit einer Wertigkeit handelt. Der Inhalt des Feldes wird dann nicht als Deskriptor, sondern als Wert aufgenommen; als Deskriptor wird die Zeichenkette *vor* dem Feld aus der Maske extrahiert. Beispiel: In Fig. 5-2 wird der Feldnamen `Datum` als Deskriptor erkannt und mit dem eingegebenen Wert als Wertigkeit gespeichert.

```
            Zeitschriften und Artikel
            Datum                 [i=  ]

Zeitschrift  <c                                        >
Jahrgang     <i > Ausgabe <c           > Seite <i   >-<i  >
Titel        <c                                        >
Autor        [c=                                        ]
Autor        [c=                                        ]

Text <c                                                 >
     <c                                                 >

Desc [c                          ]  [c                  ]
     [c                          ]  [c                  ]
```

Fig. 5-2. Beispiel eines Maskenskeletts

Die einzelnen Eingabefelder innerhalb der Maske werden mit einem speziellen Feldeditor-Programm bearbeitet. Es handelt sich dabei um ein Programm, welches alle Editorfunktionen (*löschen, einfügen, verschieben* des Cursors usw.) auf beliebige Felder innerhalb des *reellen* Bildschirms ausführt. Alle Stellen auf dem Bildschirm, die dem Feldeditor nicht als Eingabefelder bekannt gegeben werden, können nicht überschrieben werden.

Zugunsten dieser einfachen Definitionsart wurde auf verschiedene Möglichkeiten bei der Darstellung von Feldern verzichtet. Es sind dies beispielsweise:

- blinkende Felder,

- helle / dunkle Felder,

- invers leuchtende Felder,

- unterstrichene Felder,

- Felder, die nur für die Eingabe von ja/nein Antworten geeignet sind.

Hinweise:

- In ein und derselben Datenbank können beliebig viele verschiedene Masken und Profile verwendet werden.

- Die Ausgabe von Texten am Bildschirm erfolgt mit den gleichen Masken wie ihre Aufnahme.

- Die Ausgabe von Deskriptoren, die nicht mit einer kombinierten Maske aufgenommen wurden, erfolgt ohne Maske.

5.1.5 Datenaufnahme mit Befehlen

Der .cmd-Befehl erlaubt, ganze oder Teile von Informationseinheiten mit privaten Programmen aufzunehmen. Der Aufnahmeteil[2] von *PIZZA* erwartet nach Aufruf des im .cmd-Befehl angegebenen Programms als Rückgabe zwei Dateien, welche die aufgenommenen Texte beziehungsweise Deskriptoren enthalten. Der Inhalt der beiden Dateien wird zu einer Informationseinheit ergänzt und den Rohdaten angefügt.

Der .cmd-Befehl gibt dem Benutzer die Möglichkeit, Texte aufzunehmen, die

- er alleine nach der Aufnahme auf Deskriptoren untersucht,

- nicht dem Standard entsprechen, der durch die Maskenprogramme abgedeckt wird,

- Spezialzeichen enthalten (andere Zeichensätze, graphische Darstellungen).

In der Regel wird das Programm zur Aufnahme *nicht* identisch sein mit dem Programm zur Wiedergabe während einer Abfrage und demjenigen zum Erstellen eines Ausdrucks auf dem Drucker. Beispielsweise kann die Aufnahme mit dem regulären Editor vorgenommen werden, die Wiedergabe am Schirm mit dem *head*-Befehl von *UNIX* [UNIX-80] - er zeigt die ersten zehn Zeilen einer Datei auf dem Schirm - und das Drucken mit einem privaten Druckprogramm. Dieses Bedürfnis wird abgedeckt, indem der Benutzer im .cmd-Befehl lediglich den *Hauptnamen* seines Programmes angibt. Es werden dann drei Programme mit diesem Namen und einem entsprechenden Suffix zur näheren Bezeichnung des Verwendungszwecks erwartet:

name.inp ist das Programm, welches bei der Datenaufnahme aufgerufen wird,

name.dis besorgt die Ausgabe am Bildschirm,

name.prt ist für die Ausgabe auf einem Drucker verantwortlich.

name steht für den *Hauptnamen* der drei Programme.

Dieser Ansatz ist in verschiedener Hinsicht ungenügend:

---

2. Dasselbe gilt auch für den Manipulationsteil, der im nächsten Abschnitt besprochen wird.

- Die Wahl des Programms sollte nicht durch ein Suffix bestimmt werden, da der Name von Systemprogrammen (Beispiel: **e** für den Editor) nicht ohne weiteres (in **e.inp**) geändert werden kann.

- Die Wahl des Druckgerätes sollte flexibler gestaltet sein, so dass während der gleichen Abfrage verschiedene Druckgeräte angesteuert werden können.

Diese Flexibilität kann erreicht werden, wenn man von der Suffix-Notation absieht und die Geräte in einer Datei definiert. Als Befehl wird im Profil weiterhin **.cmd** *name* angegeben. Der Name wird in einer Datei gesucht, welche die dazugehörenden Programme spezifiziert.

Beispiel: UNIX:

Für

```
.cmd e
```

können die Einträge in der Definitionsdatei folgendermassen aussehen:

```
e  :  input   :  concept108  :  /bin/e
e  :  input   :  v3          :  /bin/ed
e  :  output  :  concept108  :  list
e  :  output  :  binder      :  lineprt
e  :  output  :  canon       :  /usr/bin/imp
```

Die Definitionsdatei enthält in der ersten Kolonne den Programmnamen, der im *IRS* verwendet wird, und in der zweiten den Verwendungszweck. In der dritten Kolonne wird die Terminalbezeichnung vermerkt und in der letzten der Programmname, wie er dem Betriebssystem bekannt ist. Diese Datei kann leicht verändert, oder durch neue Angaben ergänzt werden. Voraussetzung für die Verwendung der Definitionsdatei ist die Kenntnis des Terminaltyps während der Ein- und Ausgabe. In der Tat kann unter *UNIX* der Name des verwendeten Terminals in der Arbeitsumgebung[3] des Benutzers vermerkt werden.

---

3. *UNIX*-Spezialität: In der *UNIX*-Literatur findet man für die Arbeitsumgebung den Ausdruck *Environment*. Man versteht darunter eine Reihe von Variablen mit Informationen über den Benutzer. Sie werden zu Beginn einer Sitzung gesetzt und stehen allen Programmen während deren Ausführung zur Verfügung. Der Terminaltyp ist in einer Variable namens **TERM** gespeichert.

Der :**direct**-Befehl (vgl. Abschnitt 7.2 und Anhang I), der die Ausgabe auf eine Datei bewirkt, muss so erweitert werden, dass das Ausgabegerät spezifiziert werden kann.

5.2 Manipulationsteil

Der Manipulationsteil dient dazu, unter Verwendung des Profil- und Maskenkonzepts Texte und Deskriptoren

- anzufügen,

- zu ändern und

- zu löschen.

Anfügen: Beim Anfügen einer (neuen) Informationseinheit wird darauf geachtet, dass die Rohdatendatei ihre Maximallänge nicht überschreitet. Gegebenenfalls wird automatisch eine neue Datei eröffnet.

Ändern: Es werden lediglich die Rohdaten geändert. Erst nach erneutem *Laden* können die mutierten Daten abgefragt werden. Immerhin ist es möglich, zu ändernde Texte mit dem Abfrageteil auszuwählen und in einer Variablen zwischenzuspeichern. Der Manipulationsteil kann daraufhin angewiesen werden, alle in der Variablen enthaltenen Texte der Reihe nach zur Änderung vorzulegen. Die Verwendung von Variablen als Schnittstelle zwischen dem Abfrage- und dem Manipulationsteil beruht darauf, dass die gleichen Texte in beiden Teilen durch die gleiche Nummer referenziert werden.

Wenn ein Text in den Rohdaten geändert werden soll, entsteht folgendes Problem:

- Der Text kann *nicht* einfach am Ende der Rohdaten angefügt werden, da dann die Textnummer (bis zum nächsten Neuladen) nicht mehr mit der Nummer bei der Abfrage übereinstimmt.

- Der Text kann *nicht* an dieselbe Stelle in den Rohdaten zurückgeschrieben werden, da seine Länge vielleicht verändert wurde.

Es wäre naheliegend aber nicht sehr sinnvoll, den Text am Ende der Rohdaten anzufügen und sofort nach Verlassen des Manipulationsteils einen Ladevorgang zu erzwingen. Der Ladevorgang kann viel Zeit beanspruchen, während der keine Abfragen erlaubt sind. Die Verfügbarkeit der Datenbank wird dadurch stark eingeschränkt. Wird auf ein Neuladen verzichtet, so muss dafür gesorgt werden, dass die Textnummern nach Änderungen konsistent bleiben. Es wird wie folgt vorgegangen:

- Die Rohdaten, welche in der Datei *vor* dem zu ändernden Text stehen, werden durch die Änderung nicht tangiert.

- Die Rohdaten *nach* dem zu ändernden Text müssen (eventuell) verschoben werden. Sie werden deshalb temporär zwischengespeichert.

- Der zu ändernde Text selbst wird intern bearbeitet und an die gleiche Stelle zurückgeschrieben.

- Die zwischengespeicherten Rohdaten werden in die Datei zurückgeschrieben.

In Unterabschnitt 4.5.2 wurde darauf hingewiesen, dass die Rohdaten in kleinen Dateien mit einer maximalen Grösse von 500 Zeilen untergebracht sind. Der Aufwand für das zweimalige Kopieren von durchschnittlich weniger als 250 Zeilen ist vertretbar. Die dort erwähnte Datei namens *.index* enthält weiterhin die korrekten Textnummern und kann für die Suche in den Rohdaten ohne Änderung weiterverwendet werden.

Löschen: Beim Löschen eines Textes wird lediglich der Befehl `.tex` zu Beginn des Textes durch `.del` ersetzt (logisches Löschen). Das physische Löschen des Textes wird erst im Zusammenhang mit dem Reorganisations- und Ladevorgang vorgenommen, weil dadurch die Textnummern verändert werden. Bis zum Reorganisations- und Ladevorgang kann ein *gelöschter* Text wieder verfügbar gemacht werden, indem man manuell die entsprechende Kontrollanweisung `.del` durch `.tex` ersetzt. Der Eintrag in der *.index*-Datei wird durch das *logische* Löschen nicht tangiert.

5.3 Ladeteil

Die wichtigsten Vorgänge, welche während des Ladens einer *PIZZA*-Datenbank ausgeführt werden müssen, sind:

1. *Reorganisation I:* Kopieren aller Rohdaten auf Temporärdateien und Entfernen aller gelöschten Texte. Hier muss darauf geachtet werden, dass nur Dateien kopiert werden, die wirklich Rohdaten enthalten[4].

2. *Reorganisation II:* Aufteilen der vorhandenen Rohdaten auf Dateien mit weniger als 500 Zeilen, wobei jede Datei nur ganze Texte enthalten soll. Gleichzeitig wird die *.index*-Datei rekonstruiert.

3. *Laden I:* Löschen der alten Datenbank. Rohdaten einlesen. Texte von den Deskriptoren trennen. Texte definitiv abspeichern (*text*-Datei).

---

4. *UNIX*-Spezialität: Nach einem unvorhergesehenen Programmabbruch kann sich eine Datei namens `core` im Rohdatenverzeichnis befinden. Der Effekt eines Reorganisations- und Ladevorgangs ist dann verheerend: Sowohl die Rohdaten wie auch die Datenbank werden beschädigt.

Deskriptorentyp bestimmen. Deskriptoren für den Sortiervorgang aufbereiten und in einer temporären Datei unterbringen.

4. *Laden II:* Deskriptoren sortieren.

5. *Laden III:* Gleiche Deskriptoren ausscheiden. Verträglichkeit der Deskriptorentypen feststellen. Verknüpfungen erstellen (*orth*-Datei). *desc*-Datei erstellen.

Die einzelnen Schritte des Ladevorgangs werden in Abschnitt 6.3 analysiert und mit einem Verbesserungsvorschlag verglichen. Im folgenden werden Bemerkungen zu einigen besonders interessanten Vorgängen innerhalb des Ladeteils angebracht.

5.3.1 Reorganisation der Rohdaten

Die Methode der gesonderten Speicherung der Rohdaten und des Neuladens wurde aus verschiedenen Gründen gewählt (vergl. Abschnitt 3.2, Restriktionen). Ein Manipulationsteil und damit auch eine Reorganisation war zu Beginn des Projekts nicht vorgesehen. Die Einführung der Änderungsmöglichkeiten hat diverse Schwachstellen im Rohdatenkonzept aufgedeckt:

- Der ganze Ladevorgang braucht sehr viel Direktzugriffsspeicher, da die Rohdaten mehrmals kopiert werden müssen (vgl. Abschnitt 6.3).

- Es tritt eine Doppelspurigkeit bei der Adressspeicherung auf: Sowohl für die Texte in der Datenbank als auch für die Texte in den Rohdaten muss ein Index erstellt werden, der den Zugriff via Textnummer beschleunigt[5]. Die beiden Verzeichnisse sind nicht gleich aufgebaut und können auch nicht durch dieselben Programme verwaltet werden.

- Die Praxis zeigt, dass der Manipulationsteil weit häufiger benutzt wird als erwartet.

In Abschnitt 6.2 wird deshalb ein Vorschlag zur Integration des Abfrage- und des Manipulationsteils angebracht.

---

5. Vgl. Abschnitt 4.2 und 4.5: *addr*-Datei und *.index*-Datei.

5.3.2 Sortieren der Deskriptoren

Allgemeines:

Alle Deskriptoren werden, nachdem sie von den Texten getrennt sind, zusammen mit ihren Wertigkeiten alphabetisch aufsteigend sortiert. Vor dem Sortiervorgang müssen die Deskriptoren aufbereitet werden:

- Alle Leerzeichen vor und nach dem Deskriptor werden entfernt.

- Alle Leerzeichen vor und nach dem Zuweisungssymbol ($i=$, $r=$, $c=$), sowie die Typensymbole vor dem Gleichheitszeichen (i, r, c) werden entfernt.

- Alle Umlaute (ä, ö, ü) werden durch ASCII-Zeichen ersetzt (ae, oe, ue).

- Die Wertigkeiten werden so organisiert, dass sie im gleichen Sortierdurchgang mit den Deskriptoren in aufsteigende Reihenfolge gebracht werden können. Dieses Problem wird nachfolgend gesondert behandelt.

Fig. 5-3 zeigt eine Anzahl unsortierter Deskriptoren nach dem Aufbereiten.

```
DATUM=13038.0120000000
QAP
QUALITY ASSURANCE PROGRAM
SOFTWARE
DESIGN
DATUM=13038.1060000000
AUTOR=CODD E F
SYSTEM R
RELATIONAL
INTEGRITY
DATUM=13038.2010000000
ADA
SCALING DOWN
SUBSET
PASCAL
```

Fig. 5-3. Sortierbare Deskriptoren (Artikel-Datenbank)

Sortieren der Wertigkeiten:

Bei der Vorbereitung des Sortiervorgangs müssen die drei verschiedenen Wertigkeitstypen unterschieden werden:

1. Die Wertigkeit ist alphabetisch.

Wenn ein Deskriptor über eine alphabetische Wertigkeit verfügt, so ist die Sortierfolge automatisch richtig, denn die Zeichenketten der Wertigkeiten *desselben* Deskriptors beginnen alle an *derselben* Stelle und werden korrekt von *vorne nach hinten* sortiert.

2.   Die Wertigkeit ist eine ganze Zahl.

In diesem Fall kann nicht einfach sortiert werden, denn alle Zahlen erscheinen nach Entfernen der Leerzeichen *linksbündig*. Ganze Zahlen könnten vor dem Sortieren rechtsbündig auf eine bestimmte Kolonne positioniert werden. Es wurde eine generelle Lösung vorgezogen, bei welcher alle reellen Zahlen gleich behandelt werden (siehe 3.).

3.   Die Wertigkeit ist eine reelle (oder eine ganze) Zahl.

Das Sortieren einer reellen Zahl der Form: (normalisierte Darstellung)

    `vm.mmmmmmmmmmvxx` *(z.B.: +8.2100000000+03 für 8210)*

    `v`   `Vorzeichen`
    `m`   `Mantisse`
    `x`   `Exponent (|x| ≤ 99)`

ist problematisch, denn weder die absolute Grösse der Mantisse, noch diejenige des Exponenten geben Auskunft über die absolute Grösse der Zahl selbst[6]. Durch eine Transformation der numerischen Werte kann erreicht werden, dass sich *alle* numerischen Werte wie Zeichenketten sortieren lassen. Bei der Transformation einer Zahl y werden drei Felder unterschieden:

---

6. Beispiele können leicht gefunden werden:

    `-1.0e+10 < +1.0e-10 obwohl +10  > -10`
    `+1.0e-10 > +2.0e-12 obwohl +1.0 < +2.0`

usw.

vxxxm.mmmmmmmmmmmmm *(z.B.: 13038.2100000000 für 8210)*

1. **Feld:** Vorzeichen v
   $v = 0$ wenn $y < 0$
   $v = 1$ wenn $y \geq 0$

2. **Feld:** Exponent x_n (x-neu) *immer positiv*
   $x_n = 100 - x$ wenn $m < 0$ ($|x| \leq 99$)
   $x_n = 200$ wenn $m = 0$
   $x_n = x + 300$ wenn $m > 0$ ($|x| \leq 99$)

3. **Feld:** Mantisse m *enthält die normalisierte Zahl y*

Diese Darstellung ergibt für alle Zahlen ASCII-Zeichenketten von konstanter Länge, die in der Tat für alle Wertigkeiten mit dem regulären Sortierprogramm bearbeitet werden können.

Intern werden deshalb im ganzen *IRS* Zeichenketten, ganze und reelle Zahlen *gleich* behandelt. Die Wertigkeiten müssen auch bei sortierter Ausgabe während der Abfrage nicht mehr neu geordnet werden, und die Suche nach einem bestimmten orthogonalen Element kann verbessert werden (vgl. :ask-Befehl in Anhang I).

5.3.3 Bestimmen der Deskriptorentypen und deren Verträglichkeit

Bestimmen der Deskriptorentypen:

In der Phase des Trennens von Texten und Deskriptoren (Phase: *Laden I*) wird der Typ des Deskriptors bestimmt und im temporär gespeicherten Deskriptor vermerkt. Eine Fehlermeldung erfolgt in dieser Phase nur, wenn der Wert nicht mit der Typenangabe übereinstimmt. Die möglichen Typen sind in Fig. 5-4 zusammengefasst (vgl. Abschnitt 4.3 und 4.4).

Verträglichkeit von Deskriptorentypen:

In der Phase nach dem Sortieren (Phase: *Laden III*) kann bestimmt werden, ob alle *gleichen* Deskriptoren auch die *gleichen* Wertigkeiten aufweisen. Der Typ des ersten einer Reihe von gleichen Deskriptoren wird sowohl im Deskriptorsatz als auch im orthogonalen Element gespeichert. Der Typ der folgenden (gleichen) Deskriptoren wird nur im entsprechenden orthogonalen Element vermerkt. Der Typen aller gleichen Deskriptoren werden miteinander verglichen. Wird eine Unverträglichkeit festgestellt, so wird die Markierung im Deskriptorsatz (und nur dort) auf **X** geändert. Wenn ein Deskriptor als **INT** (**REL**) bezeichnet wurde, und ein gleicher Deskriptor mit einem **REL-** (**INT-**) Wert gefunden wird, muss die Markierung im Deskriptorsatz (und nur dort)

Typen-Bezeichnung	Bedeutung	Beispiel
NONE	Es wurde keine Wertigkeit angegeben	Universität
CHR	Die Wertigkeit ist eine Zeichenkette	Name c= Müller G.
INT	Die Wertigkeit ist eine ganze Zahl	Alter i= 39
REL	Die Wertigkeit ist eine reelle Zahl	Grösse r= 1.78
X	Es wurden ungültige oder widersprüchliche Wertigkeiten eingegeben	Alter c= alt Alter i= 25 Grösse i= gross
NUM	Nur im Deskriptor: Wenn die orthogonalen Elemente sowohl reelle als auch ganze Zahlen enthalten	Höhe r= 3.8 Höhe i= 4

Fig. 5-4. Wertigkeitstypen

auf NUM geändert werden. Die Verträglichkeit der Deskriptorentypen ist in Fig. 5-5 zusammengefasst. Beim Auftreten von unverträglichen Wertigkeiten wird der Ladevorgang *nicht* abgebrochen. Die Verwendung eines Deskriptors mit einer ungültigen Wertigkeit in einer Abfrage verursacht eine Fehlermeldung.

Wertigkeit: Deskriptorsatz → ↓ Orth-Element	NONE	CHR	INT	REL
keine	NONE	CHR	INT	REL
c=	CHR	CHR	X	X
i=	INT	X	INT	NUM
r=	REL	X	NUM	REL

Fig. 5-5. Verträglichkeit von Wertigkeiten

5.4 Koordination mehrerer Benutzer

Gemäss der Aufgabenstellung (vgl. Abschnitt 3.2) müssen gleichzeitige Abfragen mehrerer Benutzer auf die gleiche Datenbank unterstützt werden. Manipulationen können nur von einem Benutzer auf einmal durchgeführt werden. Wegen der Trennung von Rohdaten und Abfragedaten werden abfragende Benutzer nicht gestört, wenn gleichzeitig Änderungen vorgenommen werden. Eine Friktion ist nicht ausgeschlossen, wenn bei den Manipulationen Variablen zur Identifikation der Texte verwendet werden. Die Werte der Variablen können durch entsprechende Zuweisungen in einer

Abfragesitzung geändert werden, woraus eine Störung des Manipulationsvorgangs resultieren kann. Dieser Fall ist jedoch selten und ein Schaden praktisch ausgeschlossen. Er wurde bei den weiteren Überlegungen nicht berücksichtigt.

Das zu implementierende Sperrkonzept muss den in Fig. 5-6 dargestellten Kriterien genügen. In Fig. 5-6 ist der Ladevorgang vom Reorganisationsvorgang getrennt dargestellt, weil diese Vorgänge auch unabhängig voneinander aufgerufen werden können. In der Darstellung bedeutet ein $\times$, dass die Vorgänge einander ausschliessen. Der (zeitlich) später begonnene Vorgang wird wieder abgebrochen. In *PIZZA* wurde auf die Implementation eines *Wiederversuchs-Konzepts (delay-retry)* verzichtet.

	Manipulieren	Reorganisieren	Laden	Abfragen
Manipulieren	$\times$	$\times$	$\times$	$\checkmark$
Reorganisieren	$\times$	$\times$	$\times$	$\checkmark$
Laden	$\times$	$\times$	$\times$	$\times$
Abfragen	$\checkmark$	$\checkmark$	$\times$	$\checkmark$

Fig. 5-6. Verträglichkeit der Teile von *PIZZA*

Bei der Implementation des Sperrkonzepts können keine einfachen Schalter *(switch, flag)* in der Form eines Zeichens, welches getestet und dann auf einen bestimmten Wert gesetzt wird, verwendet werden. Es würde dann die Gefahr bestehen, dass zwischen der Kontrolle und dem Betätigen des Schalters durch den einen Benutzer der Schalter durch einen anderen Benutzer verstellt wird.

Ein idealer Sperrmechanismus erlaubt das Sperren von minimal einem Byte. Die nachfolgende Betrachtung setzt einen solchen Mechanismus voraus.

In der Datenbank wird eine Datei namens *lock* eröffnet. Die Datei ist (momentan) 16 Byte[7] lang; sie kann bei Bedarf vergrössert werden. Die einzelnen Byte werden von den Benutzern entsprechend Fig. 5-7 beansprucht. Im einzelnen wird folgendermassen vorgegangen:

- *Abfragen:* Jeder neue Benutzer versucht, beim zweiten Byte beginnend, *ein* Byte zu sperren. Auf diese Art können keine Überschneidungen passieren, da *Suchen* und *Sperren* im gleichen Befehl vorgenommen werden. Das gesperrte Byte wird am Ende der Abfragesitzung wieder

---

7. Die Zahl 16 ist willkürlich gewählt. Die Anzahl Byte in der *lock*-Datei muss grösser sein als die maximale Anzahl gleichzeitiger Benutzer.

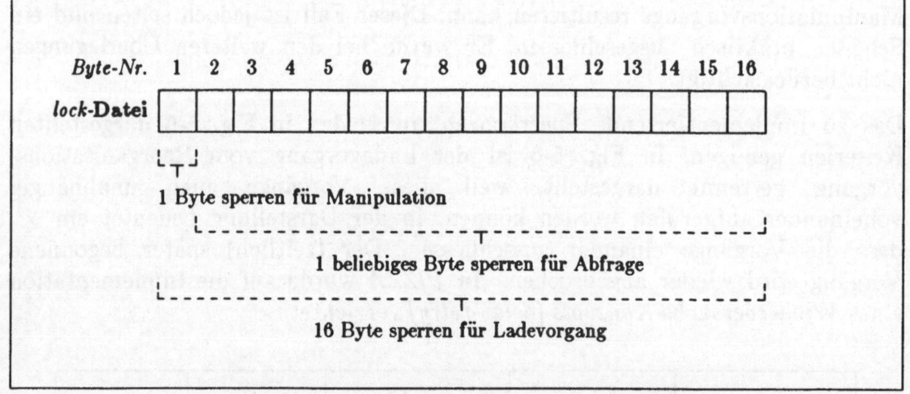

Fig. 5-7. Organisation der *lock*-Datei

freigegeben.

- *Reorganisieren und Laden:* Bei diesen Vorgängen wird versucht, die ganze *lock*-Datei (mit einem Befehl) zu sperren. Gelingt dies nicht, so ist jemand am Arbeiten und der Vorgang wird mit einer entsprechenden Meldung abgebrochen.

- *Manipulieren:* Für den Manipulationsvorgang ist das erste Byte reserviert. Es wird versucht dieses Byte zu sperren. Dadurch werden Abfragen nicht ausgeschlossen, sehr wohl aber weitere Manipulationsvorgänge.

Das beschriebene Konzept ist einfach, schnell und nicht speicherplatzintensiv. Sobald der Manipulations- in den Abfrageteil integriert wird, muss ein neues Konzept entwickelt werden (vgl. Abschnitt 6.4).

OS/MVS:

Unter OS/MVS wurde kein Sperrmechanismus implementiert. Die Zugriffssteuerung geschieht beim Allozieren der Dateien mit den Angaben SHR, wenn andere auch lesen dürfen, und OLD, wenn die Datei exklusiv beansprucht wird. Gleichzeitige Anfragen mehrerer Benutzer sind möglich, Anfragen während des Ladens der Datenbank sind ausgeschlossen.

UNIX:

Unter verschiedenen *UNIX*-Versionen ist ein *lock*-Mechanismus verfügbar, der genau den gestellten Anforderungen entspricht. Es wird eine Funktion lock aufgerufen, die unter Angabe des Dateinamens, der Position und der gewünschten Anzahl Byte die verlangte Sperrung vornimmt.

6. Erweiterung und Integration

Dieses Kapitel enthält eine theoretische Abhandlung über Weiterentwicklungsmöglichkeiten des Experimentiersystems, welches aufgrund des Anforderungskataloges in Abschnitt 3.2 erstellt wurde.

6.1 Erweiterung des Profilkonzepts

In diesem Abschnitt wird eine Erweiterung des Profilkonzepts vorgeschlagen. Die Rohdatenbeschreibungsmethode wird zu einer Sprache ausgebaut. Die Grundlage für diese Sprache ist die Programmiersprache Pascal[1]. Ziel der Erweiterung ist es, die unterschiedlichen Bedürfnisse der Benutzer bei der Datenaufnahme besser abzudecken, ohne dabei einfache Applikationen unnötig zu komplizieren. Die Entwicklung eines neuen Rohdatenkonzepts wurde durch die Erfahrung mit den bereits existierenden Möglichkeiten initialisiert. Die zwei bisher unterschiedenen Aufnahmearten (vgl. Abschnitt 5.1) werden im neuen Konzept beibehalten. Im folgenden werden Sprachkonstrukte beschrieben, die geeignet sind, vor allem das Maskenkonzept noch stärker zu unterstützen. Die Sprachkonstrukte werden dabei jeweils soweit erklärt, wie es für das Verständnis der Funktionsweise erforderlich ist. Anhang IV enthält ein Syntaxdiagramm für die wichtigsten Konstrukte.

6.1.1 Konzept

Als Grundlage des erweiterten Rohdatenkonzepts dient weiterhin das bereits implementierte Maskenkonzept:

- Eine Maske wird wie bisher in einer Datei durch Eingabe des Maskenskeletts beschrieben (vergleiche Abschnitt 5.1.4 und Anhang I).

In verschiedenen Anwendungen hat sich gezeigt, dass diese Art der Maskendefinition für schirmweise arbeitende Applikationen problemloser und schneller erlernbar ist als die (sprachliche) Beschreibung der einzelnen Felder einer Maske (Felddefinitionen). Fig. 6-1 zeigt ein Beispiel einer Definition von einer Inputzeile mit zwei Feldern auf der Basis von Felddefinitionen[2]. Das erste Feld enthält das Wort **Eingabe >**, beginnt auf Position (2,1) des Schirms, ist 10 Zeichen lang, erscheint in heller Schrift und kann nicht überschrieben

---

1. Die Auswahl der Sprache Pascal geschieht in Übereinstimmung mit den Betrachtungen in Abschnitt 2.6 (vgl. auch Abschnitt 1.1). Die vorgeschlagenen Konstrukte sind unabhängig von der für die Implementation verwendeten Programmiersprache.

2. Das Beispiel stammt aus einem PL/I-Programm, in welchem mit Hilfe des Softwarepakets *FS3270* der Universität Zürich eine schirmweise Verarbeitung gesteuert wird.

werden. Das zweite Feld beginnt auf Position (2,11), ist 70 Zeichen lang und kann überschrieben werden (Eingabefeld). Die Definition eines ganzen Schirmes mit 1920 Zeichen (24 Zeilen mit je 80 Zeichen) kann recht lange und unübersichtlich werden. Dafür bietet diese Methode mehr Möglichkeiten zur Beschreibung der Feldattribute (vgl. Unterabschnitt 5.1.4).

```
F.ROW (1) = 2;
F.COL (1) = 1;
F.SIZE(1) = 10;
F.ATTRIBUTE (1) = BRIGHT & PROTECTED;
F.DATA(1) = 'Eingabe > ';

F.ROW (2) = 2;
F.COL (2) = 11;
F.SIZE(2) = 70;
F.ATTRIBUTE (2) = NONE;
F.DATA(2) = '';
```

Fig. 6-1. Beispiel von zwei Felddefinitionen

● Die Erweiterung soll die Möglichkeit bieten, auf Inhalte einzelner Felder Bezug zu nehmen und den Ablauf der weiteren Aufnahme mit entsprechenden Befehlen zu steuern.

Das Rohdatenkonzept muss demzufolge auch *Bedingungsanweisungen* umfassen, die es ermöglichen, Aktionen in Abhängigkeit von einzelnen Feldwerten zu treffen. Dabei muss unterschieden werden, ob die Prüfung der Feldinhalte direkt nach Eingabe eines einzelnen Wertes oder erst nach Abschluss der Eingabe einer ganzen Maske durchgeführt wird. Soll ein Feld beispielsweise nur numerische Werte enthalten, so kann der Test sofort während oder direkt nach der Eingabe des *Feldes* erfolgen. Wenn eine bestimmte Maskensequenz in Abhängigkeit der Werte einzelner Felder gesteuert werden soll, kann die Prüfung erst nach Abschluss der *ganzen Maskeneingabe* durchgeführt werden. Fig. 6-2 zeigt ein Schema für die Steuerung von Aufnahmemasken für die Unfall-Datenbank (Abschnitt 1.1): Nach Aufnahme der Personaldaten werden allgemeine Unfall-Daten eingegeben, aufgrund derer entschieden wird, welche Maske für die Aufnahme der Unfall-spezifischen Daten präsentiert werden muss. Die Diagnose wird für alle Unfälle auf die gleiche Art aufgenommen.

Das Profilkonzept beruht auf der Eingabe von Informationseinheiten. Eine Profilbeschreibung kann sich (wie bisher) auf eine oder mehrere Informationseinheiten beziehen, wobei neu auch mehrere Informationseinheiten *gleichzeitig* bearbeitet werden können. Die Ausgabe auf die Rohdaten-Datei

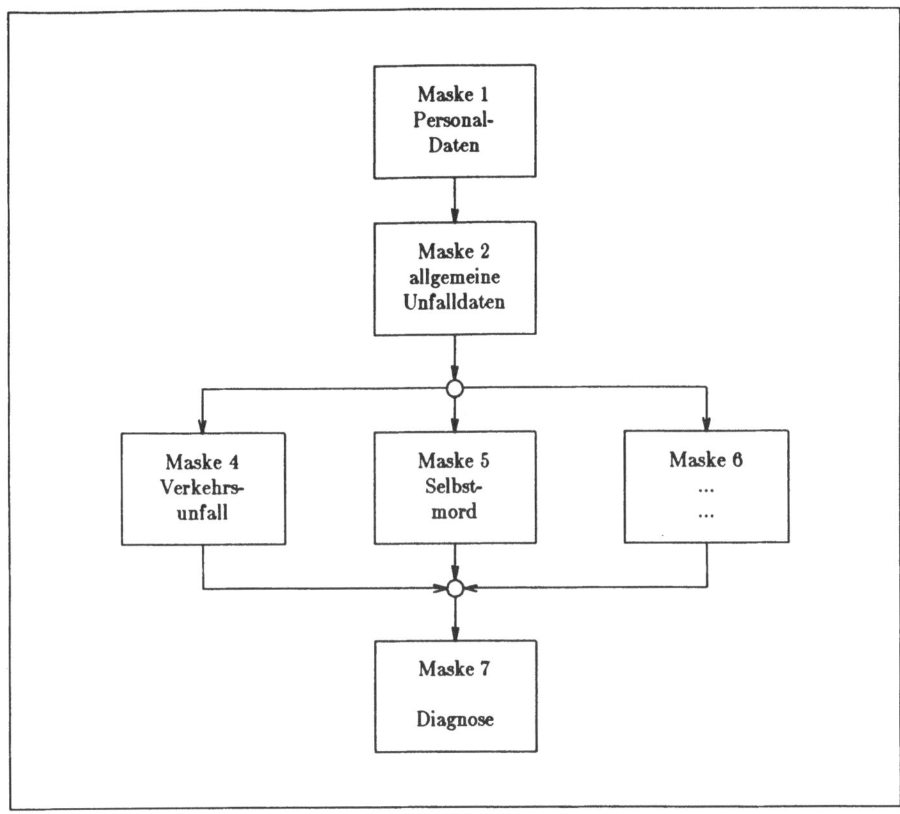

Fig. 6-2. Maskensteuerung: Beispiel aus einer Anwendung

erfolgt für die Texte und Deskriptoren jeder Informationseinheit getrennt und hintereinander. Sie kann durch einen Befehl im Profil-Programm gesteuert werden, geschieht bei Abschluss des Programms jedoch automatisch.

6.1.2 Masken

Eine Maske ist eine besondere Art von Datensatz (Pascal: *Record*). Wie ein Record besteht sie aus einer beliebigen Anzahl *Felder* gleichen oder unterschiedlichen Typs. Die Felddefinitionen können auch auf ähnliche Art wie beim Record vorgenommen werden, indem die einzelnen Felder in der Maskenvereinbarung aufgezählt werden. Wir sprechen dann von einer *Recordmaske.* Im Unterschied zum regulären (Pascal-) Record können die Felddefinitionen in einer separaten Datei als *Maske* eingegeben werden. Im Vereinbarungsteil des Records erfolgt dann lediglich eine Referenz auf die

Maskendatei. Diese Art von Maskenvereinbarung wird hier als *Referenzmaske* bezeichnet. Ein weiterer Unterschied zu den regulären Records besteht darin, dass die Maskenvereinbarung über einen *ausführbaren* Teil verfügt, in welchem Konsistenzbedingungen[3] definiert werden können. Die Einhaltung dieser Bedingungen wird nach jeder Eingabe erzwungen oder soweit wie möglich automatisch ausgeführt. In ähnlicher Art funktioniert der *Bereichstyp* in Pascal. Diese Art der Konsistenzerzwingung ist für unsere Zwecke ungenügend: Der Bereich kann nur in der Form eines Intervalls bei der Vereinbarung ganzzahliger Typen angegeben werden. Verletzungen des Bereichs bei Eingabe oder Zuweisung von Zahlen führen zu Programmabbruch und können nicht innerhalb des Programms abgefangen werden.

6.1.3 Vereinbarung von Recordmasken

Die Typen-Vereinbarung einer Recordmaske hat folgende Form:

```
type Typ-Name =  maskrecord
                     einfache Feldliste;
                     Konsistenzteil
              end;
```

Die *Variablenvereinbarungen* in der *einfachen Feldliste* unterscheiden sich von den Vereinbarungen von Pascalvariablen durch den Zusatz des *Info-Typs*; sie haben die Form:

> *Feldname : Standardtyp Info-Typ [Feldtyp]*;

Feldname bezeichnet den Namen des Feldes. Anstelle von *Standardtyp* wird der Typ der Variablen (**integer, real, char** usw.) angegeben. *Info-Typ* kann drei Werte annehmen:

text   wenn es sich um einen Eingabewert handelt, der *nur* im Text erscheinen soll.

desc   wenn es sich um einen Eingabewert handelt, der *zusätzlich* zu seinem Erscheinen im Text als Deskriptor aufgenommen werden soll.

---

3. Der Begriff *Konsistenz* wird enger gefasst als im Zusammenhang mit Datenbanken: Er bezieht sich hier auf die innere Widerspruchsfreiheit von Informationseinheiten.

`value`   wenn es sich um einen Eingabewert handelt, der *zusätzlich* zu seinem Erscheinen im Text als *Wert* eines Deskriptors aufgenommen werden soll. In diesem Fall wird der Feldname zum Deskriptor.

Bei dieser Art der Maskendefinition kann der Benutzer nur in beschränktem Mass auf die Gestaltung des Schirmes einwirken. Die einzelnen Felder werden untereinander auf dem Schirm dargestellt. Als zusätzliche Angabe kann nach dem *Info-Typ* ein *Feldtyp* wie `blink, bright` oder `inverse` angefügt werden.

6.1.4 Vereinbarung von Referenzmasken

Die Vereinbarung einer Maske, die in einer Maskendatei definiert wurde, geschieht mit einer Anweisung der Form:

```
type Typ-Name =  maskref
                    Maskenfilereferenz;
                    Konsistenzteil
           end;
```

Die *Maskenfilereferenz* hat immer die Form:

```
Ref-Name : file of maskfields
```

Ref-Name ist der Name einer Datei, die eine Maskendefinition enthalten muss.

6.1.5 Konsistenzteil

Der Konsistenzteil der Maskenvereinbarung beginnt mit dem Schlüsselwort `consist` und enthält Bedingungen, die erfüllt sein müssen, damit die Maske angenommen wird. Die Bedingungen haben die Form eines beliebigen *Vergleichsausdrucks* und werden durch das Schlüsselwort `assert` gekennzeichnet. Sie dürfen als Operanden nur Feldnamen, Feldreferenzen und/oder Konstanten enthalten. Sie werden bei jeder Eingabe und/oder Änderung eines Feldes der Maske *einzeln* und der Reihe nach erzwungen. Ausdrücke die mehrere Felder referenzieren, werden erst nach Eingabe aller Felder oder nach Abschluss der ganzen Maske erzwungen. Die folgende Bedingung besagt beispielsweise, dass die Annahme der Maske verweigert werden soll, wenn das dritte Eingabefeld der Maske einen Wert hat, der grösser ist als derjenige im vierten Eingabefeld.

```
consist assert field [3]↑ < field [4]↑;
```

Das Zeichen ↑ *(Pointer, Zeiger)* besagt, dass im Maskenfeld nicht der Wert selbst, sondern ein Zeiger auf den Wert gespeichert ist. Im Konsistenzteil können auch *Zuweisungen* vorgenommen werden, etwa in der Form:

```
consist field [5]↑ := field [2]↑ / 100 * 6.5;
```

Diese Zuweisungsanweisung wird den Wert des fünften Feldes nach jeder Veränderung des zweiten Feldes automatisch auf 6.5% des Wertes von Feld 2 setzen. Eine Zuweisungsanweisung besteht aus einer Feldreferenz gefolgt vom Zuweisungssymbol und einem beliebigen arithmetischen Ausdruck, der als Operanden jedoch nur Feldreferenzen und/oder Konstanten enthalten darf.

Falls ein Compiler für die Rohdatensprache zur Verfügung steht, können die Konsistenzbedingungen bereits zur Übersetzungszeit weitgehend auf allfällige Widersprüche geprüft werden. Während der Ausführung erfolgt eine Überprüfung aller Bedingungen mit den aktuellen Werten. Die Prüfungen sind nicht trivial.

Beispiel 1.[4]

```
      consist begin
1         assert field [1]↑ > 0;
2         assert field [2]↑ > 0;
3         assert field [3]↑ > 0;
4         field [3]↑ := field [1]↑ + field [2]↑
      end
```

Die Anweisungen 1 bis 3 enthalten Bedingungen, Anweisung 4 enthält eine Zuweisung. Die Zuweisung löst die Kontrolle der Bedingungen für Feld 3 aus, da dieses Feld in der Zuweisung verändert wird. Sie funktioniert selbst jedoch *nicht* als Bedingung. Wenn also zur Ausführungszeit die Summe in Feld 3 nach Eingabe von Feld 1 und Feld 2 absichtlich verändert wird, muss jede positive Zahl akzeptiert werden. Anweisung 4 besagt lediglich, dass *jedesmal* nach Veränderung von Feld 1 oder Feld 2 (rechte Seite der Zuweisung) die Summe berechnet und in Feld 3 gezeigt werden soll. Natürlich kann zusätzlich die Bedingung

```
5         assert field [3]↑ = field [2]↑ + field [1]↑;
```

---

4. Die Numerierung der Anweisungen in den folgenden Beispielen erfolgt zwecks besserem Verständnis, sie hat keine syntaktische Bedeutung.

definiert werden, die besagt, dass die Summe bei jeder Veränderung von Feld 1, 2 *oder* 3 geprüft werden soll.

Was passiert nun, wenn als 3. Anweisung

```
3        assert field [3]↑ <= 0;
```

angegeben wird? Diese Bedingung muss bei der Ausführung der Zuweisung (4) kontrolliert werden und wird in jedem Fall eine Fehlermeldung zur Folge haben, da Feld 1 und 2 grösser als 0 sein müssen. Solange Anweisung 5 *nicht* angegeben wird, *kann* diese Meldung durch Überschreiben der Summe in Feld 3 zum Verschwinden gebracht werden. Die Ausführung der Anweisung 4 führt zwar immer zu einer Meldung, jedoch nicht unbedingt zu einem Widerspruch. Eine eigentliche Inkonsistenz tritt erst durch Definition der Anweisung 5 (als Bedingung) auf.

Beispiel 2: Der Beitrag für die Arbeitslosenversicherung (ALV) beträgt zur Zeit 0.6% des Bruttolohns, ist jedoch nur bis zu einem Maximallohn von Fr. 5800.- zu berechnen und kann somit maximal je Fr. 17.40 für Arbeitgeber und Arbeitnehmer betragen. Diese Bedingungen können wie folgt formuliert werden:

```
consist begin
    assert field [1]↑ > 0;                     { Bruttolohn              }
    assert field [3]↑ > 0;                     { ALV                     }
    assert field [3]↑ <= (0.006 * 5800); { Arbeitnehmerbeitrag }
    assert field [4]↑ > 0;                     { Differenz               }
    field [3]↑ := 0.006 * field [1]↑;    { Berechnung              }
    field [4]↑ := field [1]↑-field [3]↑ { Nettolohn               }
end
```

In diesem Fall wird, falls die ALV die Maximalgrenze übersteigt, eine Meldung ausgegeben. Durch Verwendung einer **if**-Anweisung kann die Ausführung verbessert werden:

```
if field [1]↑ > 5800
then field [3]↑ := 0.006 * 5800
else field [3]↑ := 0.006 * field [1]↑;
```

6.1.6 Feldreferenzen

Die Referenzierung eines einzelnen Maskenfeldes kann auf zwei Arten erfolgen:

1. Durch Angabe des Feld- (beziehungsweise Variablen-) Namens.

2. Durch Angabe der absoluten Feldadresse (Feldnummer).

Feldnamen: Auf alle Felder, die in einer Recordmaske vereinbart werden, kann über ihren Namen zugegriffen werden. Für Felder einer Referenzmaske wird so weit wie möglich versucht, einen Namen aus der Maskendatei zu eruieren. In der Regel wird die vor dem Eingabefeld angegebene Bezeichnung als Name gewählt. Wo der Feldname im Programm nicht eindeutig bestimmbar ist, weil beispielsweise mehrere Masken desselben Typs vereinbart wurden, muss er durch den Maskennamen qualifiziert werden:

Beispiel:

```
type masktype = maskrecord
                    Datum    : string value;
                    Name     : string value;
                    Vorname  : string text;
                    Betrag   : integer text;
                    consist assert name <> ''
                end;
var Rechnung   : masktype;
    Zahlung    : masktype;

begin
    ...
    Rechnung.Datum := date;
    ...
end.
```

Im gezeigten Beispiel wird der Variablen **Datum** in der Maske **Rechnung** das aktuelle Datum zugewiesen.

Feldnummern: Die Implementation der Masken ist derart vorzunehmen, dass die Adressen der Eingabefelder automatisch in einem Adressarray mit dem Namen[5] **field** gespeichert werden (Fig. 6-3). Die Felder der Maske werden dabei von links nach rechts und von oben nach unten durchnumeriert. Die

---

5. Der Name **field** ist geschützt. Der Benutzer darf keine Variable mit diesem Namen deklarieren.

Referenz des Eingabefeldes erfolgt über dieses automatisch mitgeführte Adressfeld.

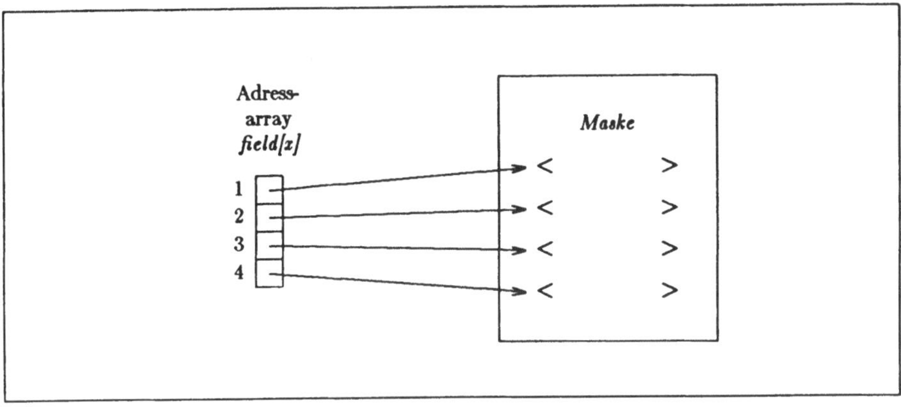

Fig. 6-3. Feldreferenzierung über ein Adressfeld

Da für jede Maske ein solches Adressfeld eröffnet wird, muss die Feldangabe durch den Maskennamen qualifiziert werden, wo dieser nicht eindeutig feststeht[6].

Zunächst wirkt die absolute Feldadressierung durch die Ordnungsnummern der Felder störend. Sie erschwert die Modifikation von Maskendefinitionen. Durch Verwendung von Pascal-Konstanten und/oder eines Preprocessors kann dieser Schönheitsfehler behoben werden. Ein Programm mit absoluten Feldadressierungen kann wie folgt aussehen:

---

6. Der Maskenname steht beispielsweise im **consist**-Teil der Maskenvereinbarung oder nach einer entsprechenden Pascal-**with**-Anweisung eindeutig fest.

```
program aufnahme (input, output);
const
    datum = 1;   { Feld 1 -> Datum   }
    firma = 3;   { Feld 2 -> Firma   }
type m = maskrecord
             datum : string;
             name  : string;
             firma : string;
             ...
         end;
var rechnung :  m;
    ...
begin
    ...
    rechnung.field [datum]↑ := date;
    rechnung.field [firma]↑ := 'Universitaet';
    ...
end.
```

Bei Verwendung eines Preprocessors kann die ganze Zeichenkette **field [1]**↑ durch **datum** ersetzt werden:

```
#define      datum = Rechnung.field [1]↑
```

Im gezeigten Beispiel wird eine Preprocessor-Anweisung durch ein #-Symbol gekennzeichnet. Der Befehl **define** ersetzt im Programm vor dessen Ausführung die Zeichenkette **datum** durch **Rechnung.field[1]**↑. Die Referenzierung des Datums im Programm erfolgt dann durch die Anweisung:

```
datum := date;
```

Die Art der Feldadressierung kann erweitert werden, indem der Adressarray nicht nur die Adresse des Eingabefeldes in der Maske enthält, sondern auch noch auf eine Beschreibung der Attribute des Feldes zeigt. Eine Referenzierung der Daten des Feldes - beispielsweise des dritten - einer Maske sieht dann so aus:

```
field [3]↑.data := 'Herr';
```

Die Attribute des Feldes werden angesprochen durch:

```
field [3]↑.attrib := blink;
```

wobei das Attribut **blink** besagt, dass das dritte Eingabefeld von nun an blinken soll.

6.1.7 Arbeit mit Masken

Jede Maske wird vom Programm wie ein Bereitschaftszeichen (Prompter) behandelt. Der Befehl zum Zeigen und Entgegennehmen einer Maske heisst

```
prompt (Eingabedatei, Maskenname);
```

wobei *Eingabedatei* in der Regel die Datei **input** ist, und *Maskenname* eine Variable vom Typ **maskrecord** oder **maskref** sein muss. Vor der Ausgabe einer Maske wird der Schirm jeweils gelöscht, die Ausgabe beginnt immer auf Position (1,1) des Schirmes. Auf diese Art können die Positionen der Felder schon während der Übersetzung des Programms berechnet werden. Als Abschluss der Eingabe eines einzelnen Feldes, gilt jede Cursorbewegung nach ausserhalb des Feldes (durch die Tasten: *return* oder *line-feed*). Die Konsistenzbedingungen auf Feldbasis werden dann überprüft. Die Eingabe einer ganzen Maske wird durch Eingabe einer Kontrollsequenz wie *escape-s* oder *ctrl-d* abgeschlossen.

Die Ausgabe einer Maske auf eine Informationseinheit wird durch den Befehl

```
maskout (Infoname, Maskenname);
```

wobei *Infoname* für den Namen der Infomationseinheit und *Maskenname* für den Namen der Maske steht.

Für die Bearbeitung einer Maske als Ganzes und ihrer Felder im einzelnen sind folgende Funktionen vorgesehen:

maskindex (*Feldname*, **string**) ist eine Standardfunktion, welche ein Feld einer Maske nach dem Vorkommen einer bestimmten Zeichenkette absucht. Als Rückgabewert erhält man die Position der gesuchten Zeichenkette im Feld, beziehungsweise 0, wenn die Zeichenkette nicht vorhanden ist.

masktype (*Feldname*) ist eine Standardfunktion, für die Bestimmung des *Info-Typs* eines Maskenfeldes.

maskmax (*Maskenname*) ist eine Standardfunktion, welche die Anzahl Felder einer Maske, oder den höchstmöglichen Index im **field**-*array* angibt.

6.1.8 Arbeit mit Informationseinheiten

Die Vereinbarung einer Informationseinheit lautet:

```
var Infoname :    info;
```

wobei *Infoname* für den Namen einer (oder mehrerer) Variablen steht; mit
`info` wird der neu einzuführende Standardtyp bezeichnet. Variablen vom Typ
`info` können als Pufferspeicher spezieller Art angesehen werden. Sie verfügen
über einen variabel grossen Speicherplatz für die Aufnahme *einer* Informationseinheit. Die Speicherung des Textes und der Deskriptoren erfolgt
getrennt. Je nach verfügbarem internen Speicher wird man diesen Pufferspeicher in zwei externen temporären Dateien unterbringen müssen.

Das Öffnen einer `info`-Variable erfolgt mit der Anweisung:

```
open (Infoname, Filename);
```

wobei *Filename* eine beliebige Datei vom Pascal Standardtyp `text` bezeichnet.

Das Schliessen einer `info`-Variable erfolgt mit der Anweisung:

```
close (Infoname);
```

und hat die Ausgabe der Informationseinheit auf die entsprechende Rohdaten-
Datei zur Folge. Bei dieser Ausgabe werden Texte und Deskriptoren
hintereinander gestellt, und die nötigen Rohdatenbefehle wie `.tex, .mas` und
`.des` eingefügt. Der (interne) Pufferspeicher wird gelöscht.

6.1.9 Programmbeispiel

Für die Aufnahme von Adressen soll ein Profilprogramm geschrieben werden.
Dabei sind folgende Punkte zu beachten:

- Eine Informationseinheit besteht aus einer Adresse.

- Die Postleitzahl muss zwischen 1000 und 9999 liegen.

- Der Name muss ausgefüllt werden.

- Ein Feld `Kunde` sagt, ob die Person Kunde ist. Das Feld kann nur *j* für
  ja oder *n* für nein enthalten.

Es ergibt sich folgendes Programm:

```
program adressen (input, output, rohdat);

type adtyp = maskrecord
          Datum        : integer value;
          Kundennr     : integer value;
          Name         : string value;
          Strasse      : string text;
          Plz          : integer text;
          Ort          : string text;
          Kunde        : char value;
          Bemerkungen  : array [1..5] of string text;
          Merkmal      : array [1..10] of string desc

          consist begin
              assert (Datum > 8000) and (Datum < 9999);
              assert ((Plz > 1000) and (Plz < 9999)) or (Plz = 0);
              assert (Kunde = 'j') or (Kunde = 'n');
              assert Name <> ''
          end
     end;
     ...
var outinfo :    info;
    addr    :    adtyp;
    rohdat  :    file of text;
    ...
begin
     rewrite (rohdat, 'aaa'); { rohdaten auf File aaa }

     repeat
         { Maske initialisieren }
         for i := 1 to maskmax (addr) do field [i] := '';
         addr.Datum := date;
         addr.Plz := 0;

         { Informationseinheit öffnen }
         open (outinfo, rohdat);

         ok := false;
         repeat
             prompt (input, addr);

             { wurde mindestens ein Deskriptor angegeben? }
             for i := 1 to 10
             do if addr.Merkmal [i] <> '' then ok := true;
         until (addr.Datum <= date) and ok;

         { Informationseinheit schliessen }
         close (outinfo);

         page (input); { Schirm löschen }
         writeln;
         writeln;
         writeln;
         write ('Noch eine Adresse <j|n>? ');
         readln (reply);
     until reply = 'n';
end.
```

6.1.10 Vereinbarung von Aufnahmeprogrammen

Die Vereinbarung von externen Programmen zur Datenaufnahme ist analog
der Vereinbarung von externen Funktionen in Pascal:

```
command Cname (var Cmdinfo: info): integer external;
```

Cname steht anstelle des Programmnamens. Die Bezeichnung **external**
besagt, dass es sich um ein (beliebiges) externes Programm handelt. Die aufgenommenen Texte und Deskriptoren sind für weitere (interne) Verarbeitungen
nicht zugänglich und werden direkt in die angegebene Informationseinheit
(cmdinfo) kopiert. Der Aufruf des Befehls hat die Form:

```
Errcode := Cname (Cmdinfo);
```

wobei *Errcode* eine Variable vom Typ **integer** ist. Als Rückgabewert erhält
man 0 bei erfolgreicher Ausführung. *Cmdinfo* ist eine Variable vom Typ **info**.
Die **.cmd**-Anweisung mit dem Programmnamen *Cname* wird automatisch in
die Rohdaten eingefügt. Dadurch wird das gewünschte Programm mit dem
entsprechenden Suffix **.dis** bei der Abfrage aufgerufen.

6.2 Integration von Manipulations- und Abfrageteil

6.2.1 Konzept

Der Lösungansatz beruht auf folgenden Prämissen:

- Die Rohdaten enthalten wie bisher eine Folge von Informationseinheiten.

- Die Texte werden nicht mehr aus den Rohdaten in die Datenbank
  kopiert. Es wird lediglich eine Referenz auf den Text in der Datenbank
  gespeichert. Die Referenz enthält den Namen der Rohdaten-Datei,
  Adresse des Textes in der Datei und die Länge des Textes.

- Die Referenzen auf die orthogonalen Elemente werden wie bisher in der
  text-Datei gespeichert.

- Da die *text*-Datei dann (neu) nur noch Einträge von fixer Länge enthält,
  erübrigt sich sowohl die *addr*-Datei in der Datenbank, als auch die
  .index-Datei bei den Rohdaten.

- Der Inhalt von Variablen muss nach Änderungen nicht nachgeführt
  werden, da die Textnummern nicht ändern. Beim Reorganisieren
  müssen alle Variablen gelöscht oder nachgeführt werden.

- Die Deskriptoren müssen wie bisher doppelt gespeichert werden: Einmal in den Rohdaten bei der Aufnahme und einmal als *Zugriffspfad* in der Datenbank.

- Das Konzept beruht auf der Annahme, dass die Daten weiterhin periodisch reorganisiert werden müssen.

- Die Suche nach Deskriptoren oder nach Teilen von Deskriptoren darf durch Änderungen nicht wesentlich verlangsamt werden. Das heisst: Wo vor der Änderung ein schnelles Suchverfahren (beispielsweise ein binäres) verwendet werden konnte, muss dies auch nach der Änderung möglich sein.

- Die Störung abfragender Benutzer durch Änderungen soll so gering wie möglich sein.

Dieser Ansatz löst vorerst das Problem der Doppelspeicherung der Texte. Er bringt jedoch den Nachteil mit sich, dass die *gesamten* Rohdaten (weiterhin) auf dem Direktzugriffsspeicher belassen werden müssen, auch wenn keine Änderungen vorgenommen werden.

Bei der Analyse der Änderungsvorgänge können folgende Fälle unterschieden werden:

1. *Änderung im Text, ohne Veränderung der Länge des Textes:* Der Text kann an seinen ursprünglichen Platz zurückgeschrieben werden.

2. *Änderung im Text, mit Veränderung der Länge des Textes:* Die ganze Informationseinheit (Text und Deskriptoren) wird am Ende der entsprechenden Datei angefügt. Die Textreferenz in der Datenbank wird geändert.

3. *Löschen einer Informationseinheit:* Was den Text anbelangt, muss nur die Referenz in der Datenbank geändert werden. Bei den Deskriptoren wird unterschieden, ob ein Deskriptor durch den Löschvorgang ganz wegfällt, oder ob nur eine Referenz auf einen Deskriptor (ein orthogonales Element) gelöscht werden muss (vgl. Punkt 4).

4. *Löschen eines Deskriptors:* Das entsprechende orthogonale Element wird als *gelöscht* markiert. Wenn dieser Deskriptor sonst nicht mehr referenziert wird, kann der ganze Deskriptor als *gelöscht* markiert werden. Das physische Löschen wird bis zur Reorganisation aufgeschoben.

5. *Ändern einer Wertigkeit eines Deskriptors:* Alle orthogonalen Elemente dieses Deskriptors werden neu sortiert und *zusammen* am Ende der orthogonalen Datei angefügt. Alle Referenzen auf diese orthogonalen Elemente (in Deskriptoren, Texten und anderen orthogonalen Elementen) müssen geändert werden. Der Vorgang ist aufwendig.

6. *Ändern und Einfügen von Deskriptoren:* Wegen der sortierten Speicherung der Deskriptoren in variabel langen Datensätzen (vgl. Abschnitt 4.3 und 4.4), ist dieser Fall kompliziert. Er wird in den folgenden Unterabschnitten besprochen.

6.2.2 Ändern und Einfügen von Deskriptoren

Zum Verständnis der folgenden Unterabschnitte ist die Kenntnis der in Abschnitt 4.3 und 4.4 beschriebenen Datenorganisation erforderlich.

Es werden zwei Fälle unterschieden:

1. *Deskriptorbezogene Änderung:* Ein vorhandener Deskriptor soll für *alle* referenzierten Texte abgeändert werden, weil er beispielsweise fehlerhaft eingetippt wurde. Dieser Fall bedeutet das *Löschen* und *Einfügen eines* Deskriptors für *mehrere* Texte.

2. *Textbezogene Änderung:* Der Deskriptor soll nur für *einen* Text geändert werden, ohne den bisherigen Deskriptor und seine Referenzen zu anderen Texten zu berühren. Bei diesem Vorgang muss ein neuer Deskriptor eingefügt, und *eine* alte Referenz gelöscht werden. Im Fall, dass der Deskriptor nur durch den einen Text referenziert wird, ist analog zu Fall 1 vorzugehen.

Das Ändern eines Deskriptors setzt sich auf jeden Fall aus den Vorgängen *Löschen und Einfügen* zusammen. Das Einfügen eines *neuen* Deskriptors wird deshalb nicht gesondert behandelt.

Die Änderungen können je nach ihrer Art *nur* die Deskriptorendatei, oder *alle* Dateien (*desc-*, *orth-* und *text-*Datei) betreffen. Wir werden deshalb die Erklärung der Details auf die *Dateien* beziehen. Für das Verständnis dieser Zusammenhänge ist es wichtig, dass man sich die Verknüpfungen, wie sie in Fig. 4-9 dargestellt wurden, nochmals vor Augen führt.

6.2.3 Änderungen der desc-Datei

Da die Sortierfolge für einen geänderten Deskriptor nicht mehr gewahrt ist, kann dieser Deskriptor nicht einfach an alter Stelle geändert werden, auch wenn seine Länge unverändert bleibt. Der alte Deskriptor wird *markiert* und verliert seine orthogonalen Elemente. Er bleibt jedoch in der Datei, um den binären Suchvorgang nicht zu stören[7]. Der geänderte Deskriptor muss an

---

7. Der Suchvorgang würde vor allem dann temporär gestört, wenn man den Deskriptor entfernen und den Rest der Datei nach links schieben würde. Während dem Verschieben dürfte kein Suchvorgang stattfinden. Alle Referenzen in den orthogonalen Elementen der verschobenen Deskriptoren müssten nachgeführt werden.

anderem Ort untergebracht werden. Es ergeben sich dafür die folgenden Möglichkeiten:

1. *Streng sequentielle Methode:* Die neuen (geänderten) Deskriptoren werden in einer separaten Datei untergebracht oder hinter dem letzten Eintrag in der Deskriptorendatei angefügt. In den neuen Deskriptoren kann *nur* sequentiell gesucht werden.

Die Speicherung in einer separaten Datei bringt keine wesentlichen Vorteile. Wir gehen deshalb im weiteren davon aus, dass sich der Überlaufbereich für neue Deskriptoren am Ende der Deskriptorendatei befindet. Im ersten Satz der Deskriptorendatei ist ohnehin vermerkt, an welcher Adresse sich der letzte reguläre Eintrag befindet (vgl. 4.3.2). Es ergibt sich eine Organisation, wie in Fig. 6-4.

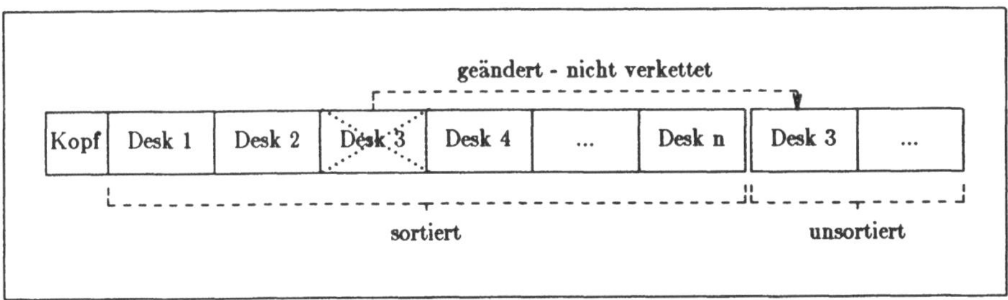

Fig. 6-4. Deskriptorendatei

Im alphabetisch sortierten Teil der Datei wird weiterhin binär gesucht. Der Überlaufbereich muss sequentiell abgesucht werden. Natürlich könnten die Deskriptoren im Überlaufbereich jeweils sortiert werden, was jedoch zusätzliche Änderungen bei den orthogonalen Elementen zur Folge hätte und die Suche nur unwesentlich beschleunigen würde. Der Aufwand des Suchens im Überlaufbereich sollte vor allem dann vermieden werden, wenn von vorneherein feststeht, dass die Suche erfolglos bleibt (vgl. Möglichkeit 5).

2. *Verkettung:* Die Deskriptoren im Überlaufbereich werden mit den alphabetischen Vorgängern in der Deskriptorendatei verkettet (Beispiel: Fig. 6-5).

Vorteil: Der Vorteil dieser Methode liegt in einem schnelleren Zugriff auf die Deskriptoren im Überlaufbereich und einer guten Verträglichkeit mit dem verwendeten Suchverfahren, welches ohnehin so konstruiert werden musste, dass die Suche immer beim Eintrag *vor* dem gesuchten Deskriptor endet. Ein allfälliger *Treffer* im Überlaufbereich wird auf jeden Fall gefunden. Überflüssiges sequentielles Suchen im Überlaufbereich wird vermieden.

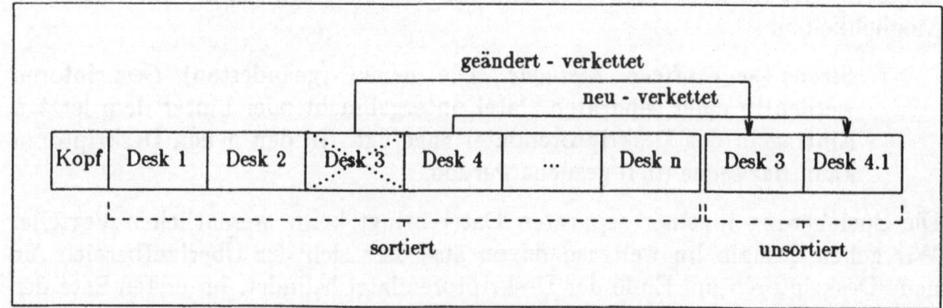

Fig. 6-5. Verkettete Organisation

Nachteil: Der Platzverbrauch für unproduktive Daten steigt weiter an, wenn in den Deskriptorensätzen Platz für eine Verkettungsadresse reserviert wird[8]. Dieser Nachteil kann wie folgt umgangen werden (Fig. 6-6): An der Stelle, an welcher der neue Deskriptor eingefügt werden sollte, wird ein Deskriptor *markiert* und anstelle seiner Verkettung zu den orthogonalen Elementen die Verkettung zum Überlaufbereich installiert. Beide Deskriptoren, der markierte und der neue, werden im Überlaufbereich untergebracht und mit den entsprechenden orthogonalen Elementen verkettet. Der Suchalgorithmus muss dann lediglich berücksichtigen, dass im Überlaufbereich jeweils *zwei* benachbarte Deskriptoren zu lesen sind.

3. *Gestreute Organisation:* Der Überlaufbereich wird gestreut organisiert. Für die Adressberechnung werden nur die ersten Buchstaben des Deskriptors (zum Beispiel die ersten vier) verwendet.

Vorteil: Der Zugriff im Überlaufbereich ist schnell, wenn die zur Adressberechnung notwendigen Buchstaben bekannt sind.

Nachteil: Um den sequentiellen Zugriff im Überlaufbereich zu ermöglichen, müssen die gestreut gespeicherten Datensätze verkettet werden. Diese Verkettung bedingt eine neue Deskriptoren-Satzart. Die Verkettung kann vermieden werden, indem der Überlaufbereich auf einen Wert initialisiert wird, der in den Deskriptoren garantiert nicht vorkommt[9]. Der gestreut organisierte

---

8. Obwohl die Adresse für die Verkettung nur 4 Byte lange ist, fällt sie ins Gewicht. Der Platzverbrauch für nicht-produktive Daten innerhalb eines Deskriptorsatzes steigt damit von 14 auf 18 Byte (vgl. Unterabschnitt 4.4.2).

9. Der Wert '0000 1010' (**newline**) eignet sich hierfür besonders, da er ohnehin in den Deskriptoren nicht vorkommen darf (vgl. Abschnitt 8.2).

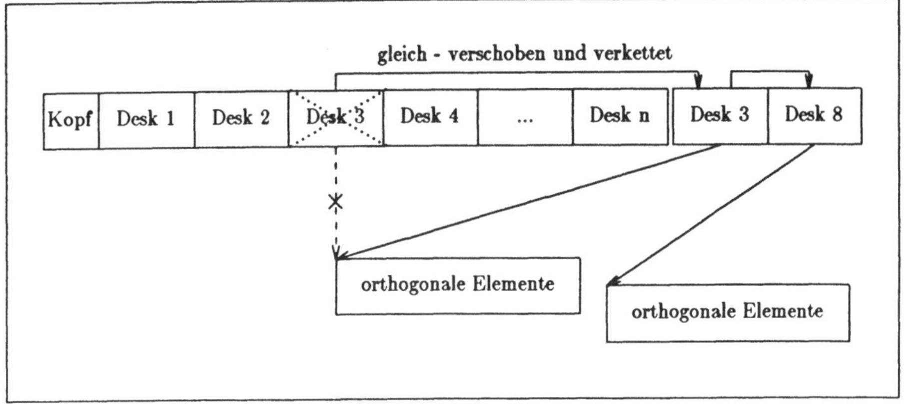

Fig. 6-6. Verkettete Organisation (modifiziert)

Bereich kann dann sequentiell verarbeitet werden[10], wobei man alle Zeichen mit dem Initialwert überspringt. Ein weiterer Nachteil liegt darin, dass der Platz für den Überlaufbereich von vorneherein festgelegt (unter UNIX allerdings *nicht* notwendigerweise reserviert) werden muss. Für den gestreut organisierten Bereich selbst muss eine Strategie zur Behandlung von Doppelbelegungen, eventuell eine Überlauforganisation, bestimmt werden.

4. *Verkettung mit den orthogonalen Elementen:* Der neue Deskriptor wird mit seinem alphabetischen Vorgänger über die Kette der *orthogonalen Elemente* verbunden (Fig. 6-7).

Vorteil: Im alphabetischen Vorgänger genügt ein Bit, um anzuzeigen, dass an dieser Stelle weitere Deskriptoren vorhanden sind. Es ist nicht schwierig, die Kette der orthogonalen Elemente zu verlängern.

Nachteil: Die Deskriptoren werden mit den orthogonalen Elementen vermischt. Dem Suchprogramm muss dann auch der Zugriff zu den orthogonalen Elementen gestattet werden (vgl. Abschnitt 7.5). Die Reorganisation wird komplizierter.

---

10. Diese Methode wird dadurch ein wenig begünstigt, dass in der Programmiersprache C mit *einer* Leseoperation eine beliebige Anzahl Byte gelesen werden kann. Im günstigsten Fall, wird der gesamte Überlaufbereich mit einer Operation gelesen und als Ganzes nach Deskriptoren abgesucht.

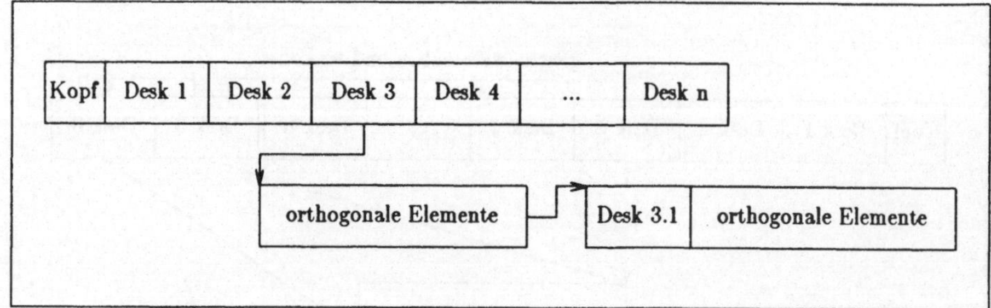

Fig. 6-7. Verkettete Organisation (orthogonale Elemente)

5. *Kombination:* Der Überlaufbereich ist sequentiell und ohne Verkettung organisiert (Methode 1). In einer separaten kleinen Datei wird eine Art Hash-Organisation aufgebaut: Aus den ersten Buchstaben des neuen Deskriptors wird eine Adresse berechnet. Das entsprechende Bit an der Adresse in der Hash-Datei wird auf den Wert 1 gesetzt[11] (Fig. 6-8). Mit hoher Wahrscheinlichkeit kann dann für jeden gesuchten Deskriptor herausgefunden werden, ob er sich im Überlaufbereich befindet.

Vorteil: Diese Methode vereinigt die Vorteile der sequentiellen Organisation mit den Vorteilen der gestreuten Organisation unter Ausschluss der Nachteile. Für den Filter braucht man keine Strategie zur Vermeidung von Doppelbelegungen, da er ja nur Auskunft über die *Chance* eines *Treffers* gibt und nichts über den Deskriptor selbst aussagt. Der Platzbedarf für diesen Filter ist konstant und äusserst gering. Für einen Filter mit 1000 Plätzen braucht man lediglich 125 Byte. Die Filter-Datei kann zu Beginn der Abfragesitzung eingelesen und dann intern behandelt werden. Eine Datenbank, in welcher noch *keine* Änderungen vorgenommen wurden, wird sofort erkannt. Zur Berechnung der Hash-Adresse kann einer der bekannten Algorithmen verwendet werden ([KNU3-73]).

Diese letzte Möglichkeit ist vielversprechend und leicht zu implementieren.

---

11. Auf ähnliche Weise funktioniert der *Bloom Filter*, welcher in [GREM-82] beschrieben wird. Wir sprechen deshalb auch hier von einem *Filter*.

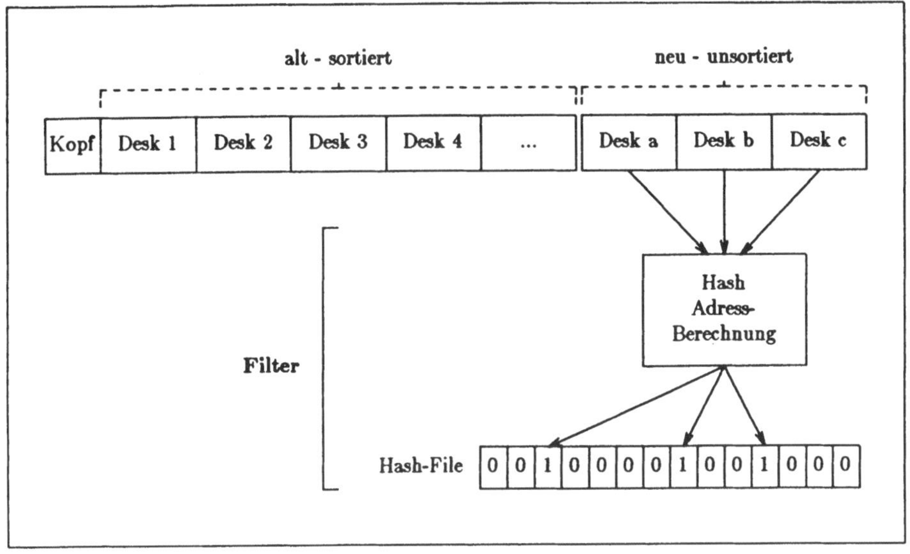

Fig. 6-8. Gestreut mit Filter

6.2.4 Änderung der orth-Datei

Es sind wiederum verschiedene Fälle zu unterscheiden:

- Im Fall des Neueinfügens eines Deskriptors im Zusammenhang mit *einem* Text, treten keine Schwierigkeiten auf. Das neue orthogonale Element wird am Ende der *orth*-Datei angefügt.

- Wenn ein Deskriptor für *alle* damit verbundenen Texte geändert wird, muss lediglich die Deskriptorreferenz in der Kette der orthogonalen Elemente geändert werden, da der Deskriptor jetzt neu am Ende der *desc*-Datei steht.

- Schwierigkeiten entstehen, wenn durch die Änderung eine *neue* Referenz (ein neues orthogonales Element) zu einem bereits *vorhandenen* Deskriptor geschaffen wird. Dieser Fall wird näher untersucht.

Die *orth*-Datei ist bekanntlich (vgl. Abschnitt 4.4) als verkettete Liste organisiert. Zunächst scheint es sinnvoll, die Kette so zu lassen, wie sie ist, und das neue Element am Ende der Kette (logisch) und am Ende der Datei (physisch) anzufügen. Dieses Vorgehen minimiert zwar die Anzahl Änderungen in der *orth*-Datei, zerstört jedoch die auf minimale Zugriffe beim Lesen ausgelegte Struktur dieser Datei. Sie verunmöglicht ausserdem binäres Suchen in den Wertigkeiten der Deskriptoren.

Aus diesen Gründen werden *alle* orthogonalen Elemente des betreffenden Deskriptors ans *Ende* der Datei kopiert, und alle Referenzen auf die orthogonalen Elemente nachgeführt. Zu diesem Zweck müssen alle Referenzen des Deskriptors mit all ihren Textreferenzen untersucht werden. Das Programm für diese Untersuchung hat folgende Form:

```
    ...
for alle Referenzen des Deskriptors do begin  { vertikal }
    repeat
        eine Referenz nach links { horizontal }
    until Referenz = Text { bis zum Text }
    repeat
        ganz rechts beginnen { alte Referenz suchen }
    until Referenz = alte Referenz;
    Referenz := neue Referenz; { korrigieren }
end;
    ...
```

Gemäss Fig. 4-9 ist das Verfolgen der Verkettung orthogonaler Elemente nur in Vorwärtsrichtung möglich. Das gezeigte Programmfragment enthält die entsprechenden **repeat**-Anweisungen, die deswegen notwendig werden.

Der Aufwand des Nachführens der Referenzen kann auch auf den Zeitpunkt der Reorganisation verschoben werden. Man lässt dann die *alten* orthogonalen Elemente in der (logischen) Kette und benutzt sie als Verbindungsstücke zu den neuen, gültigen Referenzen am Ende der Datei. Die Deskriptorreferenz in den *alten* Elementen wird gelöscht.

6.2.5 Änderungen in der text-Datei

Die Änderungen in der *text*-Datei sind leicht durchzuführen. Bei der Änderung eines *Textes* muss lediglich die Textreferenz geändert werden. Die Texte enthalten keine direkten Referenzen auf Deskriptoren. Die übrigen Referenzen werden automatisch im Rahmen der Korrektur der orthogonalen Elemente berichtigt.

6.2.6 Ladevorgang und Reorganisation

Nach der Implementation des integrierten Modifikationskonzepts erübrigt sich wiederholtes Neuladen. Der Reorganisationsteil muss einige der Aufgaben des (bisherigen) Ladeprogramms übernehmen. Der reorganisierte Rohdatenbestand ist jetzt identisch mit der Datenbank selbst, da die Texte nicht mehr kopiert werden. Unabhängig von der gewählten Variante (Unterabschnitt 6.2.3), lässt sich der Reorganisationsvorgang in folgende Teilaufgaben gliedern:

1. Mischen des Überlaufbereichs mit den bereits sortierten Deskriptoren.

2. Korrektur der (absoluten) Deskriptorreferenzen in den orthogonalen Elementen.

3. Reorganisation der orthogonalen Elemente durch Entfernen der Lücken.

4. Korrektur der Referenzen auf orthogonale Elemente in Texten und anderen orthogonalen Elementen.

Das Verhalten des Reorganisationsvorgangs wird im nächsten Abschnitt analysiert und mit dem bisherigen Reorganisations- und Ladevorgang verglichen.

6.3 Analyse des Ladevorgangs

6.3.1 Allgemeines

In der folgenden Analyse wird angenommen, dass die Ausführungszeit des Ladevorgangs hautpsächlich von der Anzahl Ein- und Ausgabe-Operationen abhängt. Es werden folgende Symbole verwendet:

$O(...)$ Die Ausführungszeit ist eine Funktion O^{12} der in der Klammer angegebenen Variablen.

T Totale Anzahl Zeilen in allen Texten.

t Anzahl Texte.

d Anzahl Deskriptoren.

d_η Anzahl neue Deskriptoren.

e Anzahl orthogonale Elemente.

---

12. Wie in Abschnitt 2.6 steht O auch hier für *Ordnung*. Die *O-Notaion* wird in der Literatur über Algorithmen erklärt, beispielsweise in [AHO-83]. Sie wird verwendet, um das Zeitverhalten eines Algorithmus' in Abhängigkeit der ausgeführten Operationen auszudrücken.

6.3.2 Analyse des bisherigen Ladeteils

Die folgende Aufzählung enthält Schätzwerte für die einzelnen Phasen des Ladevorgangs. Die aufgezählten Phasen entsprechen denjenigen in Abschnitt 5.3. Es wird davon ausgegangen, dass das Kopieren einer Textzeile gleichviel Zeit beansprucht wie das Kopieren eines Deskriptors.

1. Die Phase des Umkopierens der Rohdaten ergibt für das Lesen und Schreiben aller Texte mit allen Deskriptoren:

$$O(2(T + d + (e - d))) = O(2(T + e))$$

2. Für das Entfernen der mit .del gekennzeichneten Texte und das Verschieben wird die gleiche Zeit beansprucht wie für Phase 1, also:

$$O(2(T + e))$$

3. Beim Einlesen der Texte müssen zum dritten Mal alle Rohdaten kopiert werden. Dabei werden die Texte von den Deskriptoren getrennt und mit Kontrollsätzen versehen. Pro Text wird ein Satz mehr geschrieben als in Phase 1 und 2. Dieser Satz wird hier vernachlässigt. Für den ganzen Vorgang wird wiederum

$$O(2(T + e))$$

benötigt.

4. Das verwendete *UNIX*-Sortierprogramm beruht auf einem *Quicksort*-Verfahren. Die verbrauchte Zeit verhält sich im Durchschnitt mit unsortierten Daten wie[13]

$$O(e \log_2 e)$$

5. Die Trennung der orthogonalen Elemente von den Deskriptoren nimmt am meisten Zeit in Anspruch. Für jedes orthogonale Element muss der Kontrollsatz des entsprechenden Textes gelesen und zurückgeschrieben werden. Für alle orthogonalen Elemente eines Deskriptors wird der Deskriptor einmal gelesen und geschrieben. Wir erhalten:

$$O(2te + 2e + d) = O(2e(t + 1) + d)$$

Die Summe aller Operationen ergibt:

$$O(2(T+e) + 2(T+e) + 2(T+e) + e \log_2 e + 2e(t+1)+d) =$$
$$O(e(6T + 8 + \log_2 e + 2t) + d)$$

---

13. vergleiche hierzu [HORO-76].

Nach Vereinfachen des Ausdrucks und Weglassen der Konstanten bleibt:

$$O(e \times T + d)$$

Der gesamte Ladevorgang hängt in hohem Mass von den orthogonalen Elementen und von der Anzahl Zeilen in den Texten ab. Beides - sowohl e als auch T - sind Variablen, deren Wert mit wachsendem Datenbestand schneller zunimmt als beispielsweise die Anzahl Deskriptoren.

6.3.3 Analyse des Reorganisationsvorgangs nach Integration

Die einzelnen Phasen werden wie folgt eingeschätzt:

1. Der Sortiervorgang umfasst *nur* die neu angefügten Deskriptoren und wird mit dem *Quicksort*-Verfahren durchgeführt. Die Anzahl Operationen verhält sich dann wie:

   $$O(d_\eta \log_2 d_\eta)$$

   Der Mischvorgang beansprucht

   $$O(2d)$$

   Operationen; er ist direkt abhängig von der Anzahl Deskriptoren.

2. Die Korrektur der absoluten Deskriptor-Referenzen in den orthogonalen Elementen erfordert einen Durchgang durch die Deskriptoren *und* die orthogonalen Elemente, was an sich

   $$O(d + e)$$

   ergäbe. Da jedoch alle orthogonalen Elemente *eines* Deskriptors nebeneinander stehen (vertikale Organisation) und auch mit einer Leseoperation eingelesen werden, reduziert sich der Zeitaufwand auf:

   $$O(2d)$$

3. Die Reorganisation der orthogonalen Elemente ist ein *Garbage-Collection*-Problem[14]. Man will alle Elemente in der Datei nach *links* verschieben, so dass alle *Lücken* verschwinden. Die Lücken erkennt man daran, dass die dort gespeicherten orthogonalen Elemente keine Referenzen auf Deskriptoren enthalten. Wie bei Phase 2 genügt auch hier *ein* Durchgang. Es können wiederum alle orthogonalen Elemente *eines* Deskriptors *gleichzeitig* behandelt werden, was den Zeitverbrauch auf maximal

---

14. vgl. hierzu [HORO-76]

$$O(2d)$$

begrenzt. Während diesem Durchgang wird eine Liste mit allen korrigierten Referenzen erstellt. Diese Liste enthält für alle geänderten Adressen einen Korrekturfaktor. Beispiel: Bei Adresse 20 wurden 10 Byte gelöscht, also müssen alle alten Adressen, die grösser als 20 sind, um 10 reduziert werden. In der Liste werden somit die Zahlen 20/10 eingetragen.

4. Die in Phase 3 erstellte Korrekturliste wird hier verwendet, um die Referenzen auf die orthogonalen Elemente in den *Kontrollsätzen der Texte* zu korrigieren. Auch hier genügt ein Durchgang. Wir erhalten:

$$O(2t)$$

Gesamthaft ergibt sich für den Reorganisationsvorgang ein viel günstigeres Bild als für das Neuladen. Lässt man den kleinen Sortiervorgang weg, so erhält man als Summe:

$$O(2d + 2d + 2d + 2t) = O(6d + 2t)$$

Vereinfacht resultiert daraus:

$$O(d + t)$$

Wir stellen fest, dass *keine* Abhängigkeit von der *Länge* der Texte (T) mehr besteht. Die Anzahl der orthogonalen Elementen hat gleichfalls *keinen* direkten Einfluss auf die Rechenzeit. Das Einfügen von neuen orthogonalen Elementen wird während dem Änderungsvorgang vorgenommen. Es fällt dort viel weniger ins Gewicht.

Die Implementation des Manipulations- und Reorganisationsteils ist aus Effizienzgründen empfehlenswert.

6.4 Kontrolle konkurrierender Zugriffe

6.4.1 Konzept

In diesem Abschnitt wird ein Konzept vorgeschlagen, welches ermöglicht

- mit minimalem Aufwand und minimalen Sperrungen

- ein höchstmögliches Mass an gleichzeitigen Zugriffen zu garantieren.

Im bisherigen Konzept zur Koordination mehrerer Benutzer (Abschnitt 5.4) wird die *ganze Datenbank* als sperrbare Einheit betrachtet. Nach der Integration von Abfrage und Manipulationsteil würden gemäss diesem Konzept Manipulationen oder Reorganisationen *alle* anderen Tätigkeiten ausschliessen.

Das hier vorgeschlagene Konzept zur Kontrolle konkurrierender Zugriffe
beruht auf den Ausführungen in Abschnitt 2.7. Es verwendet die Methode des
Zwei-Phasen-Sperrens (2PL), hat als Körnung *eine Informationseinheit*
beziehungsweise einen Deskriptor und ist wegen des uniformen Aufbaus der
Transaktionen *verklemmungsfrei.*

Wenn wir als *Transaktionen* im Sinne des 2PL-Konzepts

- die Änderung eines Deskriptors oder

- die Änderung eines Textes

betrachten, so ergeben sich die folgenden möglichen Störungen:

- Gleichzeitiges Ändern desselben Deskriptors durch mehrere Benutzer

- Gleichzeitiges Ändern desselben Textes durch mehrere Benutzer

- Gleichzeitiges Ändern von *gemeinsamen* orthogonalen Elementen (im
  Schnittpunkt zwischen horizontalen[15] und vertikalen Verknüpfungen)
  durch mehrere Benutzer

6.4.2 Änderung der Deskriptoren

Vorgehen streng nach 2PL-Konzept: Es wird jeweils nur genau so viel gesperrt,
wie gerade gebraucht wird. Die Freigabe findet erst *nach* abgeschlossener
Manipulation statt. Bei der Änderung eines Deskriptors ergeben sich die
folgenden Schritte[16]:

1. Sperren des zu ändernden Deskriptors

2. Sperren des Platzes am Ende der *desc*-Datei für den neuen (geänderten)
   Deskriptor

3. Kopieren und ändern des Deskriptors

4. Sperren der Kontrollsätze aller Texte, die durch diesen Deskriptor
   angesprochen werden

5. Sperren des Platzes am Ende der *orth*-Datei für die neuen (geänderten)
   orthogonalen Elemente

6. Anfügen der neuen orthogonalen Elemente, Vermerk im Deskriptor

---

15. Die Bezeichnungen *horizontal* und *vertikal* beziehen sich auf Fig. 4-9.

16. Dieses Vorgehen entspricht in etwa dem Vorgehen der *two-phase-commit*-Logik (vgl.
    [BERN-81]).

7.　Freigabe der Sperrungen in der *desc*-Datei

8.　Ändern aller horizontalen Referenzen auf die orthogonalen Elemente

9.　Markieren des alten Deskriptors und der dazugehörenden orthogonalen Elemente

10.　Freigabe der restlichen Sperrungen

Durch die Sperrung des Deskriptors und aller angesprochenen Texte erübrigt sich eine explizite Sperrung der (alten) orthogonalen Elemente. Bei allen Änderungen müssen die alten Werte aufbewahrt werden, so dass jederzeit der alte Zustand wieder hergestellt *(Backout)* werden kann. Dies ist der Fall, wenn beim Sperren der Texte eine Konkurrenzsituation auftritt. Der Platz am Ende der *desc-* und der *orth-*Datei darf jedoch auch bei einem Backout nur dann freigegeben werden, wenn nicht bereits ein weiterer Manipulationsvorgang stattfand, für den schon der Platz *hinter* diesem neuen Deskriptor reserviert wurde. In einem solchen Fall (*Backout* - ohne Freigabe des Platzes am Ende der Datei) bleiben der Deskriptor und die orthogonalen Elemente als *Leichen* bis zur nächsten Reorganisation erhalten.

Vorgehen nicht streng nach 2PL-Konzept: Konkurrenzsituationen mit nachfolgendem Backout entstehen immer, wenn Änderungen an Deskriptoren vorgenommen werden, die auf gemeinsame Texte zugreifen. Man kann deshalb die Meinung vertreten, dass es sinnvoll ist, *alle* Sperrungen *vor* Beginn der Änderung vorzunehmen. Man blockiert zwar dadurch gleichzeitige Änderungen der Texte während dieser Zeit, erspart sich jedoch die Speicherung der Datei-Differenzen für allfällige Backout-Tätigkeiten.

6.4.3 Änderung der Texte

Bei der Änderung von Texten wird analog der Änderung von Deskriptoren vorgegangen:

1.　Alle Texte, die zusammen mit dem zu ändernden Text in einer Datei stehen, müssen für Manipulationen gesperrt werden

2.　Datei kopieren und bearbeiten (Abfragen auf alten Daten)

3.　Sperren der betroffenen Texte für Abfragen

4.　Datei zurückkopieren

5.　Freigabe aller Sperrungen

6.4.4 Abfragen während den Änderungen

Bei näherem Betrachten fällt auf, dass nach dem beschriebenen Konzept eigentlich keine Fehler bei der Abfrage entstehen können. In jedem Moment enthalten *alle* referenzierbaren Objekte gültige Referenzen. Dadurch, dass alte Deskriptoren und orthogonale Elemente nur markiert und nicht verändert werden, und dies erst, wenn die neuen Objekte bereits verkettet sind, erhält man immer korrekte Antworten, auch wenn sie nicht immer dem neuesten Stand entsprechen. Um die Abfragen während den Änderungen so weit wie möglich zu gestatten, dürfen deshalb ausser in den drei folgenden Fällen keine expliziten Sperrungen in den Dateien selbst vorgenommen werden:

1. Sperrung am Ende der *desc*-Datei

2. Sperrung am Ende der *orth*-Datei

3. Sperrung vor dem Zurückschreiben der Texte und dem Ändern der Referenzen in den Kontrollrecords.

Für die Texte und Deskriptoren muss ein Konzept aufgebaut werden, um festzustellen, welche Deskriptoren und Texte geändert werden, *ohne* die Abfrage zu behindern[17]. Die einfachste Lösung besteht darin, zwei Dateien zu eröffnen, in welchen für jeden Text und jeden Deskriptor *ein Sperrbyte* zur Verfügung steht. Diese Organisation erfordert viel Speicherplatz.

Analog zu [GREM-82] kann man auch hier mit einem Filterkonzept arbeiten. Im Gegensatz zu dem früher erwähnten Filter, muss jedoch hier ein Byte[18] (statt einem Bit) als Einheit gewählt werden. Wir schlagen vor, für Texte und Deskriptoren je eine *lock*-Datei mit einer bestimmten Anzahl Byte (z.B. 1000 Byte) zu eröffnen. Aus dem Deskriptor (dem ganzen!) beziehungsweise aus der Textnummer wird mit einem Hash-Algorithmus eine Adresse in dieser Datei berechnet und gesperrt. Durch das Sperren in einer *getrennten* Datei, wird die Abfrage nicht behindert, gleichzeitiges Ändern desselben Objekts jedoch ausgeschlossen. Die Verwendung eines Hash-Verfahrens bringt es mit sich, dass vielleicht einmal ein Deskriptor oder ein Text als *in Änderung begriffen* vermutet wird, obwohl er es nicht ist. Der Vorteil liegt jedoch darin, dass man nur kleine Dateien von konstanter Länge für die Sperrkontrolle benötigt.

---

17. *UNIX*-Spezialität: Der unter *UNIX* verfügbare *lock*-Befehl erlaubt keine Unterscheidung zwischen *Lese-* und *Schreibsperren*. Auf gesperrten Byte ist *jeder* Zugriff anderer Programme - zum Lesen *und* zum Schreiben - ausgeschlossen.

18. *UNIX*-Spezialität: Ein Byte ist die kleinste sperrbare Einheit in der von uns verwendeten *UNIX*-Version.

Das Filter-Konzept kann noch erweitert werden: Vor der ersten Verarbeitung initialisiert man alle Positionen der beiden Filter-Dateien auf einen bestimmten Wert, beispielsweise auf 0. Solange ein Zeichen gesperrt ist, wird sein Inhalt auf 1 gesetzt. Wenn nun während der Änderung ein Systemunterbruch passiert, kann durch Kontrolle beim Aufstarten festgestellt werden, ob eine Änderung im Gang war, und vielleicht auch welche Objekte vom Absturz betroffen waren.

6.4.5 Schlussbetrachtung

Im Hinblick auf eine allfällige Änderung der Organisation der *desc*-Datei unter Verwendung von *B-Bäumen* ist darauf hinzuweisen, dass dann ein wesentlich komplizierteres Sperrkonzept eingeführt werden muss. Jede Änderung eines Deskriptors kann eine im voraus nicht bestimmbare Anzahl Knoten betreffen. Im Minimum muss dann ein ganzer Knoten, im Maximum ein ganzer Teilbaum während der Änderung auch für Abfragen gesperrt werden. Jede Änderung eines Deskriptors zieht ausserdem das Nachführen sämtlicher Referenzen aller indirekt betroffenen Deskriptoren in den orthogonalen Elementen nach sich. Die Komplexität des notwendigen Sperrkonzeptes bringt es mit sich, dass ein Systemunterbruch während der gesamten Änderungsphase weitreichende Folgen haben kann. Im Gegensatz zum implementierten und zum vorgeschlagenen Konzept, lässt sich der *kritische Moment* der nicht konsistenten Datenbank bei einer Verwirklichung des *B-Baum*-Konzepts nicht auf wenige Zuweisungen beschränken.

7. Datenabfrage

Das folgende Kapitel ist praktischer Art. Die Ausführungen stützen weitgehend auf die *UNIX*-Version des verwendeten Experimentiersystems *PIZZA* ab. Wie in Kapitel 5 gilt auch hier, dass alle angegebenen Befehle als Anregungen für *IRS* gedacht sind, die in ihrem Konzept dem Experimentiersystem ähnlich sind.

7.1 Allgemeines

Es wird generell unterschieden zwischen *IRS* mit boolescher Abfragetechnik und *IRS* nicht-boolescher Art. Es gilt als allgemein umstritten, ob ein Abfragekonzept auf der Basis von *booleschen Ausdrücken* sinnvoll ist oder nicht. Wir finden in der Literatur vor allem negative Aussagen, wie beispielsweise [MORR-83]:

> *Research has shown that Boolean search logic may not be the most effective or efficient method of retrieval. The inadequacy of Boolean query formulation has been referred by [WILL-71], [DILL-80] and [SALT-71]. They show how difficult it is for the user to compose a query which will retrieve the required documents.*

Immerhin funktionieren die meisten kommerziell verfügbaren Systeme auf der Basis einer mehr oder weniger elegant implementierten booleschen Logik[1]; das hat seine Gründe:

- Systeme auf der Basis von booleschen Ausdrücken können leicht und effizient auf den heute erhältlichen Rechenanlagen implementiert werden.

- Es ist wenig Information über das Verhalten von nicht-booleschen Systemen bei grossen Datenmengen bekannt. Die meisten Versuche wurden mit idealen Testdatenbanken durchgeführt. Für kleine Datenbanken lohnt sich der zusätzliche Aufwand für ein nicht-boolesches System kaum.

- Die nicht-booleschen *IRS* beanspruchen durchwegs viel Speicherplatz und einen schnelleren Speicherzugriff. Auf Mikroanlagen ist Speicherplatz und vor allem Rechenleistung in der gewünschten

---

1. Vielfach wird die boolesche Charakteristik der Abfrage versteckt, indem gesuchte Deskriptoren in vorbereitete Felder eigegeben werden, und automatisch ein *and*-Operator zwischen den Eingaben angenommen wird.

Grössenordnung nicht immer verfügbar.

Das Problem der Daten*abfrage* ist das kleinere von zwei Problemen. Die *IRS*-gerechte Daten*aufnahme* bereitet viel grössere Schwierigkeiten. Man kann sich bei einem Teil der vor allem in der Forschung verfügbaren *IRS* des Eindrucks eines Missverhältnisses nicht erwehren, wenn man die rudimentäre Art der Datenaufnahme mit der hochentwickelten Datenabfrage vergleicht. Die boolesche Logik bei der Abfrage entspricht etwa der verfügbaren Qualität der Aufnahme.

In diesem Buch kommen nur Abfragetechniken boolescher Art zur Sprache. Es bestehen keine Pläne zu untersuchen, ob es sich lohnt, die Abfragen *selbst* zu einem *Dialog* auszubauen, wie dies etwa in [CROF-83] verwirklicht wurde. Die Vorteile von Dialog-Abfragen sind zweifelhaft. In [GELL-83] werden verschiedene Abfragemodi miteinander verglichen und diskutiert. Die vorherrschende Meinung ist, dass es dem geübten Benutzer leichter fällt, seine Abfragen in der Form von einfachen Befehlen einzugeben.

Bei Systemen auf der Basis boolescher Logik wird es zu Recht als lästig empfunden, dass die zu suchenden Stichwörter und Merkmale *genau* mit den aufgenommenen Deskriptoren übereinstimmen müssen. Die Problematik des ungefähren Vergleichs von Zeichenketten wurde in Abschnitt 2.5 behandelt. Von den dort genannten Methoden ist gegenwärtig nur die Angabe von Metazeichen in Abfragen implementiert. Für den Vergleich ähnlicher Zeichenketten, den Anschluss eines Thesaurus' und den Deskriptoreneditor wurden Vorschläge ausgearbeitet; sie kommen in Kapitel 9 zur Sprache.

In den folgenden Abschnitten werden die einzelnen Teile des Abfragesystems von *PIZZA* besprochen.

7.2 Abfragesprache

7.2.1 Konzept

Das Experimentiersystem, mit der Zielsetzung als kleines *IRS*, beruht auf boolescher Abfragetechnik, erlaubt jedoch den Anschluss anderer Techniken.

Die Abfragesprache ist die Schnittstelle zwischen dem Abfragesystem und dem Benutzer. Sie ist darauf ausgelegt, dass einfache Abfragen mit möglichst wenig (Lern- und Eingabe-) Aufwand getätigt werden können. Ohne besondere Angaben kann ein Stichwort (Deskriptor) eingegeben werden. Als Antwort werden die gefundenen Texte gezeigt. Ein einzelner Deskriptor kann auch aus mehreren Wörtern bestehen; er kann also Leerstellen beinhalten. In herkömmlichen Programmiersprachen werden in solchen Fällen Hochkommata (oder andere Sonderzeichen) verwendet, um Beginn und Ende der Zeichenkette zu markieren. Wir wollten auf diese Notation verzichten. Leerstellen müssen deshalb auf zwei verschiedene Arten behandelt werden: Innerhalb von Merkmalen müssen die Leerstellen in die Abfrage einbezogen werden; sie gehören zum Merkmal. Vor und nach Operatoren und Schlüsselwörtern müssen Leerstellen ignoriert werden. Durch die Zulassung von Leerstellen in Merkmalen kann nicht mehr nach dem ersten Symbol erkannt werden, ob es sich bei der Eingabe um einen Deskriptorausdruck oder um einen Befehl handelt. Damit die Abfragesprache mit Vorausschauen von einem Symbol (*one symbol look ahead*, vgl. [WIRT-77]) abgearbeitet werden kann, mussten Befehle, Variablen und Funktionen durch ein Sonderzeichen gekennzeichnet werden[2].

Mehrere Operanden (Deskriptoren, Merkmale) werden durch Operatoren zu booleschen Ausdrücken verknüpft, wobei jeder *Operand* stellvertretend für eine *Textmenge* zu betrachten ist. Bei der Eingabe von Merkmalen können Metazeichen[3] anstelle von unbekannten oder nicht signifikanten Zeichen in Deskriptoren verwendet werden. Die Verwendung von Metazeichen wird im Handbuch (Anhang I) erklärt. Sie dient der Ausweitung der Abfrage. Probleme mit Vor- und Nachsilben und unterschiedlichen Schreibweisen (*c*, *k*, *ck* u.ä.) können damit weitgehend und auf sehr einfache Weise gelöst werden. Die Wirkung von Metazeichen ist recht grob, und es braucht einiges an Erfahrung und Phantasie, um die Folgen ihrer Anwendung richtig einzuschätzen.

7.2.2 Befehle

Die im folgenden skizzierte Abfragesprache ist ein Beispiel für eine ausgesprochen einfache Sprache. Der Abfrageteil des Experimentiersystems erlaubt die Eingabe von Deskriptorausdrücken. Als Antwort werden die gefundenen Texte am Bildschirm gezeigt.

Beispiel (Artikel-Datenbank): `datum > 8401 & database & pascal`

Es werden als Antwort alle Artikel gezeigt, die nach Januar 1984 aufgenommen wurden und mit `database` und `pascal` in Verbindung stehen.

Die Abfragemöglichkeit der einfachen Eingabe von Deskriptoren oder Deskriptorteilen wird durch eine Abfragesprache ergänzt. Sie umfasst vier Befehle, die im Anhang I eingehend beschrieben sind. Anhang III enthält das Syntaxdiagramm der Befehle.

---

2. *Befehle* werden durch einen Doppelpunkt, *Variablen* und *Funktionen* durch ein Prozentzeichen gekennzeichnet.

3. In *PIZZA* sind bei der Angabe von Deskriptoren die gleichen Metazeichen wie bei Eingaben im *UNIX*-Shell erlaubt.

1. *ask-Befehl*

Der *ask*-Befehl wird für Abfragen aller Art verwendet. Der Befehl erlaubt das Abrufen von Deskriptoren, Textnummern, sowie der Anzahl der gefundenen Texte. Es können Minima, Maxima, Durchschnitte und Summen von Deskriptorwertigkeiten berechnet werden. Mit diesem Befehl kann man auch Texte nach der Wertigkeit eines Deskriptors sortieren.

Beispiel: `:ask text sort(autor) of datum > 8401 & database & pascal`

Mit dieser Abfrage werden die im vorangegangenen Beispiel gefundenen Texte vor der Ausgabe alphabetisch aufsteigend nach Autoren sortiert.

2. *assign-Befehl*

Der *assign*-Befehl wird für die Zuweisung von Textmengen an Variablen verwendet.

Beispiel: `:assign %neudb datum > 8401 & database & pascal`

Die im ersten Beispiel gefundenen Texte werden in diesem Beispiel nicht direkt am Terminal ausgegeben sondern einer Variablen `%neudb` zugewiesen.

3. *direct-Befehl*

Der *direct*-Befehl wird für die Umleitung der Ausgabe auf eine *Datei* anstelle des Terminals verwendet. Die in den Dateien zwischengespeicherten Texte können auf beliebigen Geräten (Zeilendrucker, Korrespondenzdrucker) ausgegeben werden[4].

Beispiel: `:direct`*file*`p.out`

Dieser Befehl leitet die Ausgaben aller folgenden Befehle auf die Datei `p.out` um. Die Umleitung wird durch den Befehl `:direct tty` aufgehoben.

4. *set-Befehl*

Mit dem *set*-Befehl werden Optionen gesetzt und zurückgesetzt. Zum Beispiel kann mit dem Befehl `:set nowait` das Warten nach der Ausgabe eines Textes sowie die Verwendung von Masken unterdrückt werden, wenn von einem Zeilenterminal aus mit dem Abfragesystem gearbeitet wird.

---

4. Dies Ausgabe nimmt ein spezielles Druckprogramm vor, welches in der Regel vom Hauptmenü (vgl. Anhang I) aus gestartet wird.

7.3 Compiler

Die Abfragesprache wird durch ein *Compiler-Interpreter-System (CIS)* bearbeitet (Fig. 7-1) (vgl. Abschnitt 3.6 und 3.7).

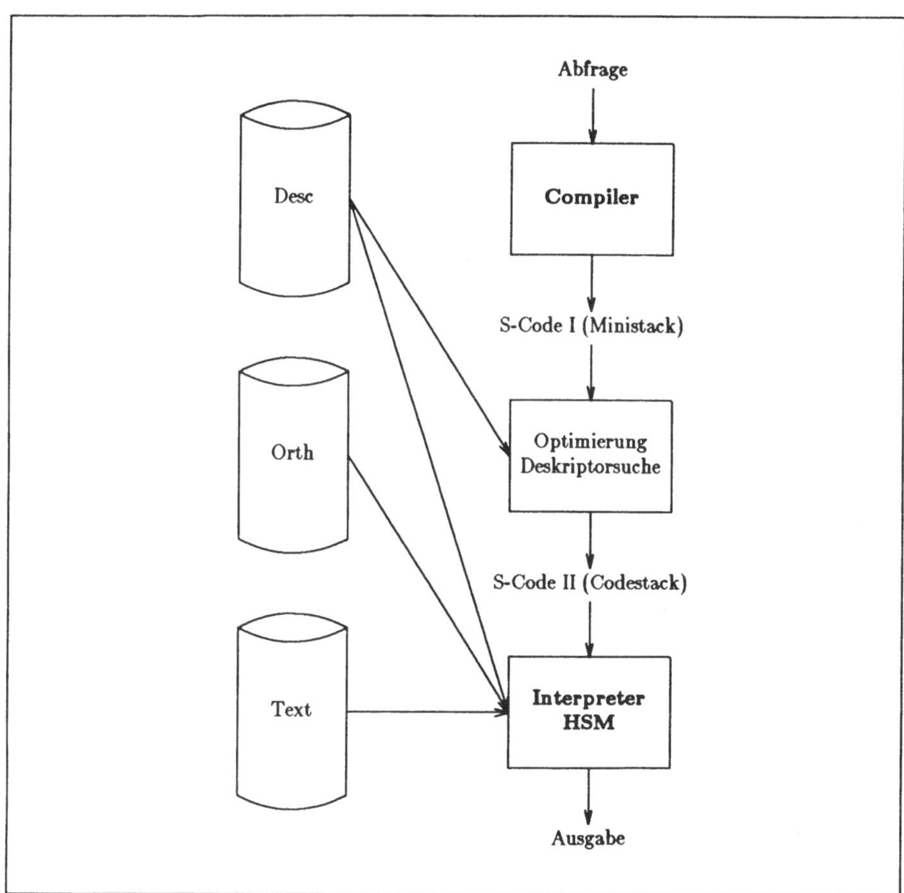

Fig. 7-1. Aufteilung der Verarbeitung

Der Compiler arbeitet nach der *recursive descent*-Technik. Er setzt die Abfragesprache in eine Zwischensprache *(S-Code-I)* um. Dieser Code ist bereits auf die interpretative Verarbeitung durch die *Hypothetische Stack-Maschine (HSM)* ausgelegt, enthält jedoch noch immer die symbolischen Deskriptoren. Nach der Deskriptorensuche werden die Deskriptornamen durch Adressen ersetzt. Es entsteht der *S-Code-II,* welcher durch die *HSM* abgearbeitet wird.

Der Compiler löst *keine* Referenzen auf Deskriptoren oder Texte auf. Er braucht somit auch keinen *Zugriff* zur Datenbank. Dieser Punkt ist vor allem bei der Planung eines verteilten *PIZZA*-Systems zu berücksichtigen, denn der Compiler muss nicht auf der selben Maschine sein wie die Datenbank. Weiterhin eröffnet sich dadurch die Möglichkeit, ständig wiederkehrende Abfragen in (bereits übersetztem) *S-Code-I* anstatt in Klartext abzuspeichern.

7.4 S-Code-I

Anhang II enthält in Abschnitt 6.2 eine Tabelle mit allen *S-Code*-Befehlen. Wir wollen hier lediglich die Funktionsweise zeigen und beschränken uns deshalb auf ein Beispiel und die Erläuterung der wichtigsten Befehle[5]:

Beispiel:

    Abfrage:

```
(qbe | rel*) & autor = zloo*
```

    S-Code-I Befehle:

```
S_LDD QBE
S_LDD REL*
S_OR
S_LDCD AUTOR
S_LDCC ZLO*
S_EQL
S_AND
S_END
```

Im gezeigten Beispiel bedeutet **S_LDD QBE**, dass alle Texte, die den Deskriptor **QBE** referenzieren, auf den Arbeitsstapel der *HSM* geladen werden müssen (vgl. Abschnitt 7.7). Bevor dies geschehen kann, werden alle angegebenen Deskriptoren gesucht und in den *S-Code-I* Befehlen durch eine absolute Adresse ersetzt. Zeichenketten, die im Text zu suchen sind, werden erst bei der Ausführung des **LDTS**-Befehls in der *text*-Datei gesucht.

Einige *S-Code-I*-Befehle sind in Fig. 7-2 zusammengefasst.

---

5. Das **S** zu Beginn der Befehle im folgenden Beispiel steht für *S-Code* und wurde in der erwähnten Tabelle weggelassen. Es erscheint jedoch bei Abfragen, wenn die *Trace*-Option gesetzt ist.

Bezeichnung	Bedeutung
S_LDD	Lade alle Texte, die den als Parameter angegebenen Deskriptor referenzieren. Der angegebene Deskriptor kann noch Metazeichen enthalten und somit mehrere Deskriptoren umfassen.
S_LDTS	Lade alle Texte, welche die als Parameter angegebene Zeichenkette beinhalten. Die angegebene Zeichenkette wird nicht auf Metazeichen untersucht, sondern genau so verglichen, wie sie angegeben wurde.
S_LDTN	Lade den Text, mit der als Parameter angegebenen Textnummer.
S_LDV	Lade die Variable, mit dem als Parameter angegebenen Namen.
S_STV	Speichere die Variable, mit dem als Parameter angegebenen Namen.
S_LDCD	Lade alle Texte, die den als Parameter angegebenen Deskriptor referenzieren. Lade die Texte jedoch nur, wenn der Deskriptor einen bestimmten Wert hat. Der Wert (als Konstante) und der Vergleichsoperator werden als Folgebefehle angegeben. Der Deskriptor kann noch Metazeichen enthalten und somit mehrere Deskriptoren umfassen.
S_LDCC	Als Parameter dieses Befehls ist die Konstante anzugeben, welche mit dem Wert des vorher geladenen Deskriptors verglichen werden soll.
S_EQL	Dieser Befehl, wie auch die anderen Vergleichsbefehle erscheinen nach einem S_LDCD und einem S_LDCC-Befehl. S_EQL verlangt, dass der Wert des Deskriptors gleich der Konstanten ist.

Fig. 7-2. Einige *S-Code-I*-Befehle

Da der vom Compiler generierte Code noch immer die unveränderten
Zeichenketten mit den Metazeichen umfasst, entspricht jeder *Lade*-Befehl
(LDD, LDCD, LDCC usw.) genau *einem* eingebenen Deskriptor. Die Anzahl
Befehle ist in der Regel klein, in der Source-Dokumentation ist deshalb im
Zusammenhang mit *S-Code-I* die Rede vom **Ministack.**

7.5 Optimierung der Suche

Das Programm zur Optimierung der Suche hat die Aufgabe, alle Deskriptoren
in *einem*, höchstens *zwei* Suchvorgängen zu finden. Es gelangen zwei Suchverfahren zur Anwendung:

- *Sequentielle Suche*

- *Binäre Suche*

Diese beiden Verfahren dienen der Lokalisierung des Deskriptors oder der
Deskriptoren in der Datei. Algorithmen zum *lokalen* Vergleich von Zeichenketten wurden in Abschnitt 2.7 vorgestellt. Die Anwendung letzterer in *PIZZA*
wird in Abschnitt 8.1 diskutiert.

7.5.1 Sequentielle Suche

Überall, wo nichts über den Anfang eines Deskriptors bekannt ist, muss *die
ganze* Deskriptoren-Datei sequentiell nach diesen Deskriptor-Fragmenten
abgesucht werden. *Alle* in einer Abfrage vorkommenden Deskriptoren können
in einem Suchdurchlauf gefunden werden.

Beispiel (Artikel-Datenbank):

```
*simulation*  |  *random*
```

Bei dieser Abfrage werden alle Deskriptoren auf das Vorkommen der
Zeichenketten **simulation** und **random** geprüft. Das Verfahren braucht für
jeden Deskriptor in der Datei *einen* Zugriff und n Vergleiche des gelesenen
Deskriptors, wobei n die Anzahl Deskriptoren im Ausdruck ist (hier: $n = 2$).

7.5.2 Binäre Suche

Das binäre Suchverfahren kommt überall zur Anwendung, wo mindestens *ein*
Buchstabe am Anfang eines gesuchten Deskriptors bekannt ist. Das
Suchverfahren wurde erweitert, so dass mehrere Deskriptoren, von welchen
mindestens der Anfangsbuchstabe bekannt ist, in einem binären Suchlauf
gefunden werden können. Das Vorgehen wird in Abschnitt 8.2 und 8.3 im
Detail erklärt.

7.5.3 Kombinierte Suche

Was soll getan werden, wenn sowohl Deskriptoren *mit* als auch solche *ohne*
Metazeichen am Anfang abgefragt werden? Intuitiv würde man wahrscheinlich
alle Deskriptoren gleichzeitig in *einem sequentiellen Durchlauf* ermitteln; man
würde auf die binäre Suche verzichten.

Bei näherem Betrachten kommen jedoch Zweifel auf. Der Verdacht wird durch eine Untersuchung erhärtet, dass es sich auf jeden Fall lohnt, die binär suchbaren Deskriptoren auch wirklich binär zu suchen. Dazu eine Überschlagsrechnung mit folgender Ausgangslage:

Ausgangslage:

Deskriptoren in der Datei:	30000
Deskriptoren gesucht, ohne Metazeichen:	5
Deskriptoren gesucht, mit Metazeichen:	1

Verwendete Symbole:

Zugriffszeit für einen Deskriptor:	Z
Zeit für einen (String-)Vergleich:	V
Zeit für sequentielle Suche von n Deskriptoren:	$S_s(n)$
Zeit für binäre Suche von n Deskriptoren:	$S_b(n)$
Zeitdifferenz (sequentielle Suche):	ΔS_s

Es ergeben sich folgende Gleichungen:

$$(1) \qquad S_b(5) = (log_2\, 30000 \times 5) \times (Z + V)$$

$$(2) \qquad S_b(5) = 75 \times (Z + V)$$

$$(3) \qquad S_s(1) = 30000 \times (Z + V)$$

$$(4) \qquad S_s(6) = 180000 \times V + 30000 \times Z$$

$$(5) \qquad \Delta S_s = S_s(6) - S_s(1) = 150000 \times V$$

$$(6) \qquad \Delta S_s > S_b(5)$$

Gleichung (1) und (2) zeigen den Zeitverbrauch für die binäre Suche von fünf Deskriptoren. Aus Gleichung (3) geht der Zeitverbrauch für die sequentielle Suche eines Deskriptors hervor, aus Gleichung (4) die Zeit für die sequentielle Suche von sechs Deskriptoren. Die Zeitdifferenz wird in Gleichung (5) angegeben. Der Binärzugriff lohnt sich, wenn Ungleichung (6) erfüllt ist. Das Beispiel wurde absichtlich so gewählt, dass der Zusammenhang trivial erscheint. Auf dem ONYX-Rechner ist es durchaus möglich, dass 75 Zugriffe weniger Zeit beanspruchen, als 150000 Stringvergleiche[6].

---

6. Diese Zahlen beruhen auf der Annahme, dass sowohl bei der binären wie auch bei der sequentiellen Suche immer alle Deskriptoren verglichen werden müssen. Für die sequentielle Suche nach dem Verfahren von Aho und Corasick (Unterabschnitt 2.6.4) sowie für das in Abschnitt 8.3 beschriebene binäre Suchverfahren trifft diese Annahme nicht zu.

Eine einfache Untersuchung auf der ONYX-Anlage hat gezeigt, dass unser Verdacht bereits bei einer kleinen Testdatenbank berechtigt ist (Fig. 7-3). Das Resultat ist natürlich stark von der Hardware abhängig. Je kleiner die Differenz zwischen der *Zeit für einen Zugriff* und der *Zeit für einen Stringvergleich* ist, desto eher lohnt sich der Binärzugriff.

Such- Verfahren	Meta- Zeichen	Anzahl Deskriptoren	CPU-Zeit in Sekunden
binär	nein	3	1.1
sequentiell	ja	1	20.3
sequentiell	ja	3	27.5

Fig. 7-3. Suchverfahren, Zeitvergleich

7.6 S-Code-II

Nach der Deskriptorensuche enthalten die *S-Code*-Befehle Byte-Adressen in der *orth*-Datei (nicht in der *desc*-Datei!). Wenn für einen mit Metazeichen eingegebenen Deskriptor bei der Suche *mehrere* Deskriptoren gefunden wurden, so werden diese Deskriptoren jetzt als *einzelne* Referenzen aufgeführt und durch *or*-Operationen verbunden.

Beispiel (Artikel-Datenbank):

> *Abfrage:* `(qbe | rel*) & autor = zloo*`

In dieser Abfrage führte der Deskriptor `rel*` auf zwei verschiedene Deskriptoren in der Datei, nämlich `relational` und `reliability`. Die *S-Code-II* Befehle sehen deshalb so aus:

```
S_LDD 20993
S_LDD 21411
S_LDD 22000
S_OR
S_OR
S_LDCX 597 201 ZLO*
S_AND
S_TEXT
S_END
```

Zuerst werden alle Texte des Deskriptors `qbe` geladen, wobei `qbe` auf ein orthogonales Element mit der Adresse 20993 zeigt. Darauf folgen `relational` mit der Adresse 21411 und schliesslich `reliability` mit der Adresse 22000.

Die erste **S_OR**-Operation bezieht sich auf die Textmengen der beiden letzten Deskriptoren. Die zweite **S_OR**-Operation vereinigt das Resultat mit der Textmenge des ersten Deskriptors. Es folgt die Ladeoperation für den Deskriptor **autor** mit der Adresse 597. Die *HSM* wird jedoch nur diejenigen Texte laden, welche im orthogonalen Element des Deskriptors **autor** den Wert **ZLO*** aufweisen. Mit einer **S_AND**-Operation wird der Duchschnitt der Textmengen aus den ersten Berechnungen und aus der letzten Ladeoperation berechnet.

7.7 Hypothetische Stack Maschine (HSM)

7.7.1 Konzept

Die Grundeinheit aller Abfragen ist eine Textmenge. Die meisten Abfragen haben etwa folgende Bedeutung:

- Zeige die *Textmenge*, welche ein bestimmtes Kriterium erfüllt.

- Speichere die *Textmenge*, welche ein bestimmtes Kriterium erfüllt, in einer Variablen ab.

- Zeige die Deskriptoren der *Textmenge*, welche ein bestimmtes Kriterium erfüllt.

Es liegt nahe, sich eine Maschine vorzustellen, die als Grundeinheit *Textmengen* bearbeiten kann. Wir legten unseren Überlegungen eine Maschine zugrunde, welche mit einem Stapel *(runtime stack)* arbeitet. Sie muss (mindestens) folgende Komponenten aufweisen (Fig. 7-4):

- Operationsstapel

Dieser Stapel ist das Kernstück der Maschine. Er dient der Speicherung der Textmengen während der Ausführung der *S-Code-II*-Operationen. Die grösse der Datenbank (maximale Anzahl Texte) wird durch die Stapelbreite bestimmt. Die Verschachtelung der booleschen Ausdrücke wird durch die maximal mögliche Stapeltiefe begrenzt.

- Stapel-Zeiger

Der Stapel-Zeiger zeigt immer auf das *oberste* (oder *aktuelle*) Element im Stapel. Er wird durch die einzelnen Befehle erhöht beziehungsweise erniedrigt.

- Befehlsspeicher

Im Befehlsspeicher befinden sich die Befehle zum Erstellen und Bearbeiten der Textmengen *(S-Code-II)*. Er dient als Schnittstelle zwischen dem Compiler und dem Interpreter.

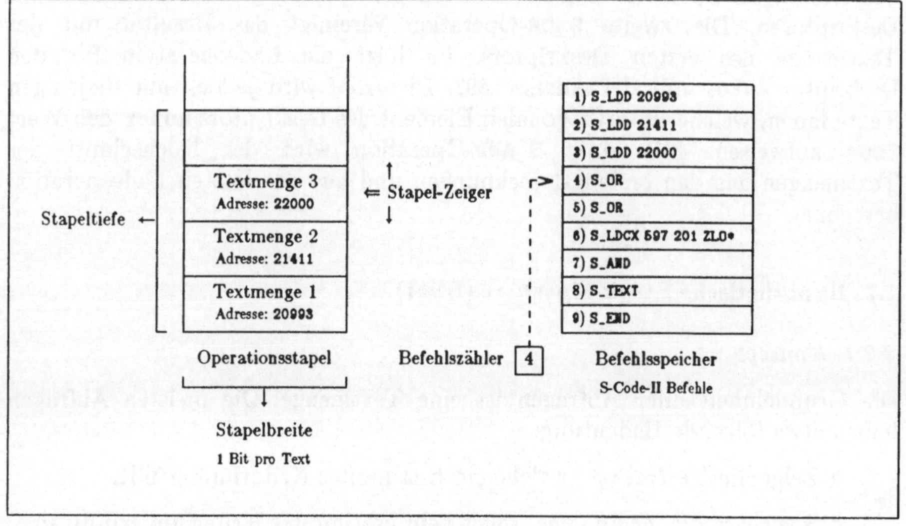

Fig. 7-4. Komponenten der *HSM*

● Befehlszähler

Der Befehlszähler zeigt jeweils den aktuellen Befehl an.

● Befehlssatz

Die Befehle des *S-Code-II* sind so definiert, dass sie sich immer auf das aktuelle und zum Teil auch auf das darunter liegende Element im Stapel beziehen.

Leider existiert keine Maschine mit einem entsprechend breiten (Hardware-) Stapel und einem mit dem *S-Code-II* vergleichbaren Befehlssatz. Die einzelnen Komponenten mussten deshalb auf den vorhandenen Anlagen simuliert werden. Der *PIZZA*-Interpreter besorgt diese Aufgabe; er wurde mit den notwendigen dynamischen Strukturen ausgestattet.

7.7.2 Realisierung

Bei der Simulation der *HSM* (Interpreter des *CIS*) wurde als *Stapel-Element* für die Darstellung der Textmengen eine *Bit-Kette (bitstring)* verwendet. Jedes Bit dieser Kette steht für einen Text und enthält den Wert 1 *(true)*, wenn der Text ausgewählt werden könnte, andernfalls den Wert 0 *(false)*.

Das *Laden* eines Deskriptors (Operation: **S_LDD**) bedeutet:

1. Verfolge die Kette der orthogonalen Elemente in vertikaler Richtung

2. Setze diejenigen Bit auf *true,* deren Nummer als Textnummer in den orthogonalen Elementen erscheint.

Das *Laden und Vergleichen* eines Deskriptors (Operation: **S_LDCD**) bedeutet dasselbe mit der Einschränkung, dass das entsprechende Bit nur auf *true* gesetzt wird, wenn der Vergleich der angegebenen Konstante mit dem im orthogonalen Element gespeicherten Wert *wahr* ist.

Eine einzelne Textnummer wird geladen, indem das Bit mit der entsprechenden Nummer auf *true* gesetzt wird.

Auf diese Art lassen sich alle *S-Code-II-Operationen* leicht implementieren[7]. Um die Verarbeitung einer beliebig grossen Textmenge in einem begrenzten Datenspeicher zu ermöglichen, kann eine der folgenden Varianten gewählt werden:

Variante 1: Unterteilung der Stapel-Elemente

Der Stapel wird in seiner Breite derart unterteilt, dass gleichzeitig nur beispielsweise 32000 Texte bearbeitet werden können (Fig. 7-5). In einer Datenbank mit 115000 Texten muss dann in vier Schritten vorgegangen werden:

```
Adressen         1 -  32000:    1. Schritt
Adressen     32001 -  64000:    2. Schritt
Adressen     64001 -  96000:    3. Schritt
Adressen     96001 - 115000:    4. Schritt
```

Dieses *Falten* der Textmenge verzögert die Ausführung stark, denn jede Operationsfolge muss so oft ausgeführt werden, wie der Stapel *verschoben* wird.

Variante 2: Dynamische Zuteilung des Stapels

Gemäss dem verfügbaren Platz und der Anzahl Texte in der Datenbank wird die mögliche *Tiefe* des Stapels berechnet und alloziert. Je mehr Texte abgesucht werden müssen und je weniger Platz verfügbar ist, desto *flacher* wird der Stapel. Je weniger Elemente der Stapel hat, desto weniger komplex

---

7. Der Vergleich von Bit-Ketten kann sowohl in PL/I als auch in C effizient durchgeführt werden.

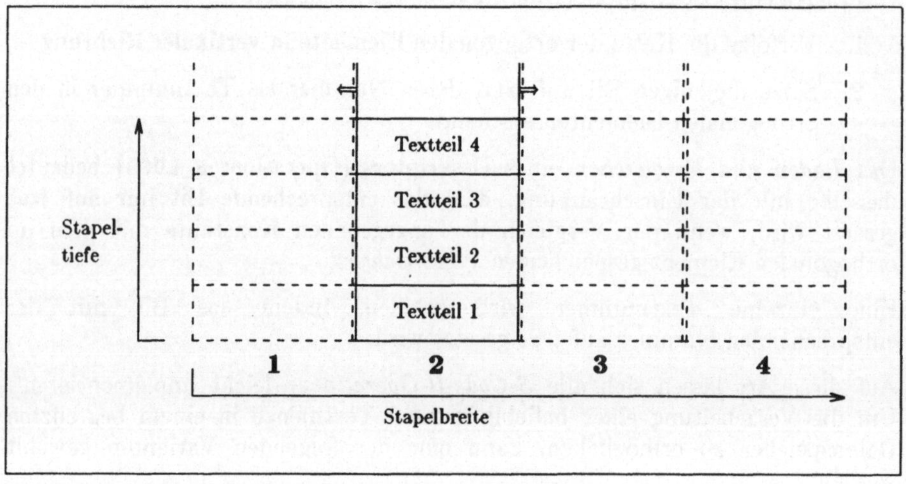

Fig. 7-5. Stapelaufteilung

(verschachtelt) dürfen die eingegeben Deskriptorenausdrücke sein.

Der Ausdruck a & (b & (c & d)) ergibt die in Fig. 7-6 gezeigten *S-Code-II*-Operationen, die ihrerseits die angegebenen Stapeltiefen zur Folge haben.

Operation	Deskriptor	Stapeltiefe
S_LDD	a	1
S_LDD	b	2
S_LDD	c	3
S_LDD	d	4
S_AND		3
S_AND		2
S_AND		1

Fig. 7-6. Stapeltiefe

Variante 3: Mathematische Umformung des Deskriptorausdrucks.

Durch Umformung des Deskriptorausdrucks kann die Anzahl der gebrauchten Stapelelemente vermindert werden. Im obigen Beispiel ist die Umformung offensichtlich:

Der Ausdruck

    `a & b & c & d`   *ohne Klammern*

führt zum selben Resultat, braucht jedoch nur zwei Stapelelemente. In der Tat kann *jeder* boolesche Ausdruck in eine sogenannte *Normalform* gebracht werden. Er benötigt dann maximal *drei* Stapelelemente. Die *konjunktive Normalform* besagt, dass in einem booleschen Ausdruck alle Teilausdrücke durch *and*-Operatoren miteinander verbunden sind, selbst jedoch nur noch *or* und *not*-Operatoren enthalten. Ein Algorithmus zur Umwandlung beliebiger boolescher Ausdrücke in eine Normalform unter Anwendung der *de Morgan*- und der *Distributiv*-Gesetze wird in [JEGE-74, S. 108-120] beschrieben.

OS/MVS:

In der *OS/MVS*-Version des Experimentiersystems wurde *Variante 1* gewählt. Die Begrenzung in dieser Version kam vor allem seitens der Programmiersprache: PL/I unterstützt nur Bit-Ketten bis zu einer Länge von 32767 Bit (4096 Byte)[8].

Der Befehlsspeicher hat die Form einer internen Tabelle von 4kByte Grösse.

UNIX:

Das Problem liegt hier bei dem während der Ausführung verfügbaren Speicherplatz (Problem des Betriebssystems). Der gesamte Datenbereich darf maximal 64kByte beanspruchen. Für den *runtime stack*, den Stapel, der die Bit-Ketten enthält, bleiben in der Regel nicht mehr als 20kByte. Bei einem Stapel von (nur) 5 Elementen ergibt sich eine maximale Datenbankgrösse von 32000 Texten. Für die *UNIX*-Version des Experimentiersystems wurde *Variante 2* vorgesehen und erweitert für den Fall, dass gar kein vernünftiger Stapel alloziert werden kann. Dies ist der Fall, wenn die Datenbank so gross ist, dass im verfügbaren Datenbereich weniger als drei ganze Stapelelemente alloziert werden können.

Die Option `single` im `:ask`-Befehl bewirkt, dass der Stapel umgangen wird. Jeder gefundene Deskriptor führt direkt zur Ausgabe der referenzierten Texte. Die Verarbeitung von booleschen Ausdrücken ist nicht mehr möglich. Mit der `single`-Option werden nur noch einzelne Deskriptoren (mit Metazeichen) bearbeitet. Die Ausgabe der Texte erfolgt in der Reihenfolge der zugegriffenen orthogonalen Elemente der gefundenen Deskriptoren und nicht nach

---

8. Es lassen sich wohl längere Bit-Ketten deklarieren, die Operationen *and*, *or* und *not* können jedoch nicht ausgeführt werden.

aufsteigenden Textnummern.

Die Berechnung der Stapelgrösse wird zu Beginn jeder Sitzung vorgenommen. Wenn die vorgeschlagene Integration von Abfrage- und Manipulationsteil verwirklicht wird, muss die Berechnung bei jedem Interpreteraufruf oder nach jeder Mutation (irgendeines Benutzers) vorgenommen werden.

Der Befehlsspeicher hat die Form einer internen Tabelle von 1kByte Grösse. Er muss allenfalls vergrössert werden, wenn Abfragen häufig sind, die wegen der Eingabe von Metazeichen viele Deskriptoren betreffen.

8. Algorithmen bei der Abfrage

Dieses Kapitel fasst die Algorithmen für den Vergleich und die Suche von Zeichenketten während der Abfrage zusammen. Am Ende des Kapitels sind noch einige Bemerkungen zur Arbeit mit Bit-Ketten angefügt. Die Beschreibung der Algorithmen enthält einige Details auf Bit oder Byte-Ebene, die jedoch durch den Algorithmus bedingt und nicht von einem bestimmten System abhängig sind.

8.1 Vergleich von Zeichenketten

Wir wollen die *Vorteile* der in Abschnitt 2.6 vorgestellten Algorithmen zum Vergleich von Zeichenketten zusammenfassen, um die verschiedenen Methoden dann im Hinblick auf eine Verwendung in *PIZZA* zu untersuchen:

SF: Keine Initialisierungszeit, geeignet wenn ein Muster am Anfang eines Textes gefunden werden muss.

KMP: Gutes Verhalten, wenn das Muster *irgendwo* im Text gesucht wird. Vermeidet Rückwärtsvergleichen.

BM: Ausgezeichnetes Verhalten, wenn das gesuchte Muster *nicht* gefunden wird. Einfache (aber längere) Initialisierung.

AC: Gutes Verhalten, wenn verschiedene untereinander *verwandte* Muster gesucht werden. Muster sind dann *verwandt,* wenn sie gemeinsame Teilzeichenketten aufweisen.

In *PIZZA* kommen folgende Suchsituationen vor:

Suchen eines Zeichenmusters in den Texten: Hier ist die Ausgangslage ideal für die Anwendung des *BM*-Algorithmus. Das gesuchte Muster wird nur *selten* gefunden, *eine* Initialisierung genügt für die Suche in der *ganzen text*-Datei. Da die Suche in den Texten nur für *ein* Muster auf einmal vorgenommen wird, ist die Implementation des *AC*-Algorithmus zwecklos.

Suchen eines Musters am Anfang jedes Deskriptors: Während der *Binärsuche* muss das gesuchte Muster immer am *Anfang* eines Deskriptors gefunden werden. Hier ist das einfache *SF*-Verfahren zu verwenden. Durch den *BM*- oder *KMP*-Algorithmus kann keine Zeit eingespart werden.

Suchen eines Musters irgendwo in den Deskriptoren (sequentielle Suche): Solange jeder Deskriptor für sich gelesen und untersucht wird, lohnt sich die Anwendung des *BM*- oder *KMP*-Verfahrens kaum. Es besteht jedoch die Möglichkeit, in den Deskriptoren *ohne* Rücksicht auf deren Struktur *fortlaufend* zu suchen. Möglichst lange Zeichenketten werden dann eingelesen und geprüft. Das Verhalten des *BM*-Algorithmus ist bei dieser Art der Suche ideal. Findet man das Muster, so muss lediglich die nächste Satzgrenze gesucht werden (vgl. Abschnitt 8.2) um festzustellen, in welchem *Teil* des Deskriptors man sich befindet.

Wir schlagen deshalb für das *sequentielle Suchen* in den Texten und in den Deskriptoren die *BM*-Methode vor. Eine Untersuchung für eine kleine Datenbank mit etwa 500 Deskriptoren, rechtfertigt diese Wahl[1]. Bei der Messung der Antwortzeiten, die in Fig. 8-1 zusammengestellt sind, wurde zuerst die *ganze Deskriptorendatei* eingelesen, was etwa 6 Sekunden beanspruchte. Die Vergleiche wurden dann im Hauptspeicher vorgenommen, wobei alle Deskriptoren, inklusive Kontrolldaten, wie *eine lange Zeichenkette* behandelt wurden.

Anzahl Deskrip-toren	Methode		
	SF	KMP	BM
3	12.3	12.7	9.8
16	31.4	27.0	19.0
31	49.5	46.0	29.7

Fig. 8-1. Sequentieller Zugriff: Zeitvergleich (Zeitangaben in sec)

8.2 Binärsuche in variabel langen Datensätzen

Das Prinzip der Binärsuche ist in der Literatur behandelt [KNU3-73]. Im Rahmen von *PIZZA* konnte es nicht in seiner klassischen Form angewendet werden. Binäres Suchen beruht auf drei Voraussetzungen:

1.   Alle Sätze in der Datei sind alphabetisch sortiert.

2.   Die Sätze sind aufsteigend lückenlos durchnumeriert.

3.   Jeder Satz kann über seine Satznummer zugegriffen werden.

Während die erste Forderung in der *desc*-Datei erfüllt ist, kann die zweite und dritte Forderung nicht erfüllt werden: Eine Adresse in einer UNIX-Datei ist *immer* eine Byte-Nummer. Alle Zeichen (Byte) einer Datei sind aufsteigend durchnumeriert. Da die Deskriptorsätze jedoch von variabler Länge sind, stimmt eine berechnete Byte-Adresse nicht unbedingt mit dem Anfang eines Satzes überein. Wie erkennt man das Satzende? Die einfachste Möglichkeit,

---

1. Die angegebenen Zahlen sind nicht statistisch abgesichert. Es handelt sich um eine nicht signifikante Auswahl von Deskriptoren.

das Satzende durch einen bestimmten Byte-Wert - beispielsweise **newline** - zu kennzeichnen, fällt vorerst weg, da die Sätze Binärdaten enthalten, für die alle Bitkombinationen zulässig sind. Eine andere Möglichkeit liegt in der Verwendung eines längeren Bitmusters als Kennmarke. Erstens wird dadurch jedoch lediglich die *Wahrscheinlichkeit* des Vorkommens *herabgesetzt,* und zweitens braucht diese Lösung zuviel Platz. Wir wählten deshalb folgende Variante der ersten Möglichkeit:

- Jeder Deskriptorsatz wird durch ein **newline**-Zeichen abgeschlossen.

- **newline**-Zeichen in den Binärdaten werden durch eine entsprechende Transformation vermieden.

8.2.1 Transformation von Binärdaten

Grundlage für die Transformation der Binärdaten ist die Erkenntnis, dass alle Binärdaten in Deskriptorsätzen und in den orthogonalen Elementen Adress-informationen sind. Adressen können nur positive Werte annehmen. Eine Datei unter *PIZZA* wird kaum je auch nur annähernd $2^{31}-1$ Zeichen enthalten. Wir verwenden deshalb die vordersten 4 Bit jedes (positiven) *long-integer*-Wertes für Kontrollinformationen. In jedem dieser 4 Bit wird registriert, ob in einem der vier Byte des *long*-Wertes ein **newline**-Wert gefunden wurde (Fig. 8-2). Wenn beispielsweise im hintersten Byte der Wert **00001010** (Dezimal 10) steht, wird dieser auf **11111111** gesetzt, und im vierten Bit durch eine 1 vermerkt, dass die Umwandlung vorgenommen wurde.

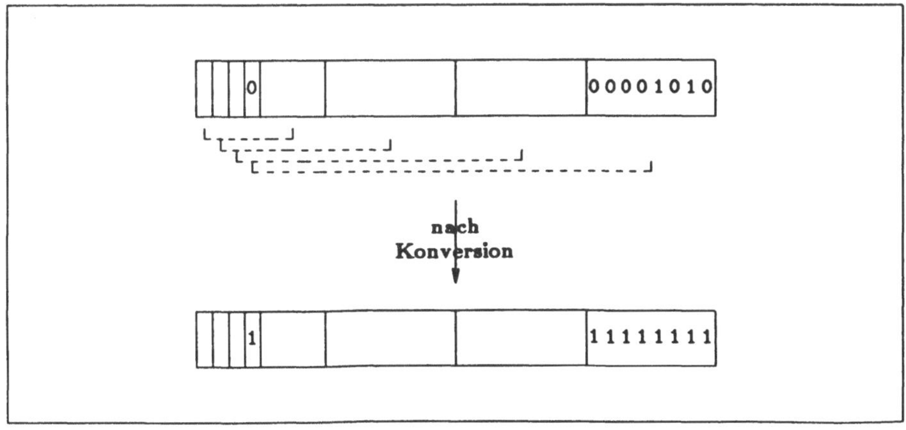

Fig. 8-2. Konversion in **x**-Format

Die Umwandlung der *long-integer*-Werte in dieses (wie wir es nennen) *x*-Format wird für alle Binärdaten der Deskriptorsätze und der orthogonalen

Elemente vorgenommen. Der Adressraum wird dadurch auf den Bereich zwischen 0 und $2^{28}-1$ beschränkt. Die in den orthogonalen Elementen gespeicherten Deskriptorwertigkeiten können beliebige Werte im Bereich zwischen -2^{31} und $+2^{31}-1$ annehmen. Sie dürfen nicht in x-Format umgewandelt werden, denn dadurch würde der Wertebereich verkleinert. Im Zusammenhang mit dem Sortiervorgang (Unterabschnitt 5.3.2) wurde jedoch darauf hingewiesen, dass alle numerischen Wertigkeiten umgewandelt werden müssen. Sie werden als ASCII-Zeichenketten gespeichert.

8.2.2 Rechtstrend bei der Binärsuche

Ausgehend von einer beliebigen Adresse in der Datei kann beim binären Suchen aufgrund der Konversion in das x-Format immer *das Ende* eines Satzes gefunden werden. Für den Vergleich mit dem gesuchten Zeichenmuster kann erst der *nächste (ganze)* Satz verwendet werden (Fig. 8-3).

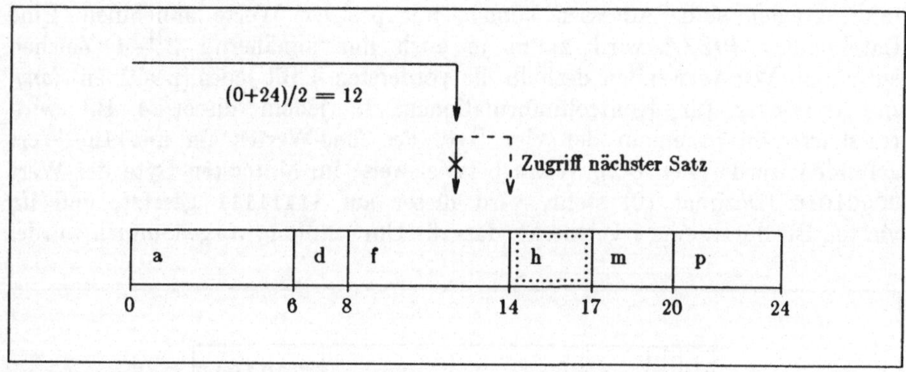

Fig. 8-3. Rechtstrend beim Binärsuchen

Probleme treten auf, weil dieser Algorithmus durch das Springen zum nächsten Record einen *Rechtstrend* erhält, der die korrekte Suche unter Umständen verhindert. Da als neue Grenze jeweils nicht der berechnete Mittelwert, sondern die (rechts davon) gefundene Satzadresse verwendet werden muss, kann der Algorithmus sogar in eine ewige Schleife geraten. In Fig. 8-4 wird beispielsweise zwischen Adresse 13 und 41 die Adresse 27 berechnet. Gesucht ist Satz *B*. Satz *C* beginnt auf Byte Nummer 33, *B* auf Nummer 20. Da nun für die weitere Suche zwischen 13 und 33 (nicht 27!) gemittelt wird, kann der Satz *B* nie gefunden werden.

In unserem Fall kommt dazu noch ein weiteres Problem: Wegen der möglichen Verwendung von Metazeichen in den Suchbegriffen muss dafür gesorgt werden, dass die Suche *immer links vor* dem ersten *möglichen* Deskriptor stehen bleibt.

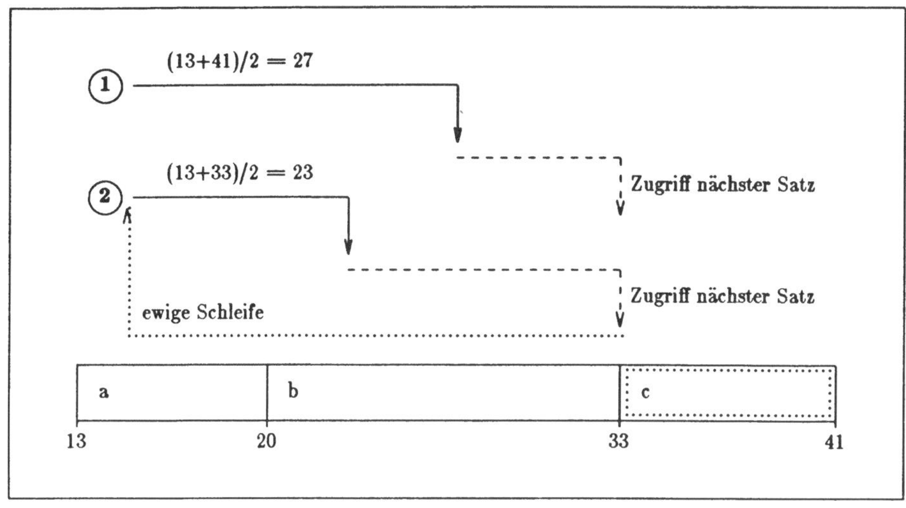

Fig. 8-4. Ewige Schleife beim Binärsuchen

Wird beispielsweise das Kriterium **access*** gesucht, und wir treffen mit der binären Suche auf den mittleren der drei Deskriptoren

```
access
access path ⇐
access time
```

so haben wir zwar mit **access path** einen Treffer erzielt, aber nicht den ersten möglichen. Um den Rechtstrend aufzuheben und den für die Lösung des zweiten Problems nötigen Linksdrall zu erhalten, wird die Suche abgebrochen, wenn die untere von der oberen Grenze des Suchintervalls *weniger als zwei maximale Satzlängen* entfernt ist. Es beginnt dann eine *sequentielle Suche* von der *unteren* (nicht von der mittleren!) Grenze an. Diese Grenze liegt auf jeden Fall am Anfang eines Satzes, der kleiner ist als der gesuchte, mit grosser Wahrscheinlichkeit sogar direkt vor dem gesuchten. Der Puffer für die Leseoperation wird so gewählt, dass er für mindestens zwei Sätze maximaler Länge Platz hat.

Dieser Algorithmus kann noch optimiert werden:

- durch die Wahl geeigneter Pufferungsstrategien

- durch Abweichung von der sturen Regel

$$neue\ Adresse = \frac{(untere\ Grenze + obere\ Grenze)}{2}$$

für die Berechnung der neuen mittleren Adresse.

Vorschlag: Die neu berechnete Adresse bezeichnet nicht (wie bis anhin) *den Beginn* der Leseoperation, sondern die Adresse des Zeichens, welches in *die Mitte* des Pufferspeichers zu liegen kommt. Von der Mitte des Pufferspeichers aus wird nach *links* gehend der *Beginn* - anstatt wie bisher das Ende - des gelesenen Satzes gesucht. Durch die Verwirklichung dieses Vorschlags würde auch der Mangel des implementierten Algorithmus' behoben, dass die *desc*-Datei mindestens zwei Sätze enthalten muss.

8.3 Rekursive Binärsuche

Das Vorgehen beim gleichzeitigen binären Suchen mehrerer Deskriptoren wird anhand eines Beispiels erläutert. Es gilt folgende willkürlich festgelegte Regel:

Wann immer rechts oder links von einer bestimmten Position noch ein Deskriptor vermutet wird, sucht man zuerst links.

Beispiel:
   Anfrage: a & e & (l | r | x)

Datei:

Byte-Adr.	0	1	2	3	4	5	6	7	8	9	10	11	12
desc-File	a	c	e	g	i	l	n	p	r	s	x	z	

Zur Überwachung der einzelnen Schritte dient eine Tabelle, in welcher für jeden gesuchten Deskriptor vermerkt ist, ob er

- im linken Teil des aktuellen Intervalls (Symbol: $<$),

- im rechten Teil des aktuellen Intervalls (Symbol: $>$),

- rechts vom aktuellen Intervall (Symbol: $\gg$),

vermutet wird. Ausserdem sind die Grenzen des bei jedem Schritt *nicht* berücksichtigten (rechten) Teils des Intervalls vermerkt. Beim ersten Schritt gilt die ganze Datei (Adressen 0–12) als aktuelles Intervall. Wir positionieren auf Adresse 0 + 12 / 2 = 6 (Fig. 8-5).

1. Sprung
↓

Byte-Adr.	0	1	2	3	4	5	6	7	8	9	10	11	12
desc-File	a	c	e	g	i	l	n	p	r	s	x	z	

Schritt	gesuchte Deskriptoren					Intervall	
	a	e	l	r	x		
1	<	<	<	>	>	6	12

Fig. 8-5. 1. Schritt

Der zweite Schritt führt (gemäss Regel) nach links auf Adresse **3** (Fig. 8-6).

2. Sprung   1. Sprung
↓   ↓

Byte-Adr.	0	1	2	3	4	5	6	7	8	9	10	11	12
desc-File	a	c	e	g	i	l							

Schritt	gesuchte Deskriptoren					Intervall	
	a	e	l	r	x		
1	<	<	<	>	>	6	12
2	<	<	>	≫	≫	3	6

Fig. 8-6. 2. Schritt

Beim dritten Schritt wird bei Adresse **2** gelesen. Wir finden dort den Deskriptor **e**. Der vierte Schritt führt zum Auffinden von Deskriptor **a** (Fig. 8-7).

Schritt	gesuchte Deskriptoren					Intervall	
	a	e	l	r	x		
1	<	<	<	>	>	6	12
2	<	<	>	≫	≫	3	6
3	<	√	≫	≫	≫	2	3
4	√	√	≫	≫	≫	1	2

Fig. 8-7. 3. und 4. Schritt

Wir gehen nun zurück bis Zeile 2 in der Tabelle. Auf dieser Zeile wurde Deskriptor 1 *unmittelbar rechts* vermutet. Aus der Tabelle entnehmen wir auch die Grenzen des neuen aktuellen Intervalls: 3 und 6. Die Suche wird in diesem Intervall für alle dort vermuteten Deskriptoren nach gleichem Schema fortgesetzt. In unserem Fall wird - sobald Deskriptor 1 gefunden oder als *nicht vorhanden* erkannt wurde - bis Schritt 1 zurückgegangen. Die Suche nach den Deskriptoren x und r geht von dort weiter im Intervall 6—12.

Man erkennt, dass es sich bei diesem Algorithmus um eine *rekursive mehrfach angewendete Form* des binären Suchverfahrens handelt.

8.4 Arbeit mit Vektoren boolescher Werte

8.4.1 Konzept

Im Abfrageteil des Experimentiersystems müssen fünf Operationen mit Vektoren boolescher Werte ausgeführt werden:

AND   Logische *und*-Operation. Alle Werte, die in beiden bearbeiteten Vektoren *true* sind, werden auch im Resultatvektor *true* gesetzt.

OR   Logische *oder*-Operation. Alle Werte, die in einem der beiden bearbeiteten Vektoren *true* sind, werden auch im Resultatvektor *true* gesetzt.

NOT   Inversion. Alle *true* Werte werden auf *false* gesetzt, und alle *false* Werte auf *true*.

SET(nr)   Die Position im bearbeiteten Vektor mit der angegebenen Nummer erhält den Wert *true*.

SETALL   Alle Werte im bearbeiteten Vektor erhalten den Wert *true*.

Die zu bearbeitenden Vektoren können in nicht-komprimierter oder komprimierter Form gespeichert werden. Für eine allfällige Kompression wird die Methode vorgeschlagen, welche bereits im Zusammenhang mit der Speicherung der orthogonalen Elemente (Abschnitt 4.4) erwähnt wurde:

Regeln:

1. In jeweils einem kurzen *integer*-Wert[2] wird die Anzahl aufeinanderfolgender gleicher boolescher Werte angegeben (Fig. 8-8).

2. Die allererste Angabe im komprimierten Vektor steht für eine Anzahl *false*-Werte. Der Wert wechselt bei jeder Längenangabe. Bei den Längenangaben brauchen somit keine Wertangaben zu stehen.

3. Die Angabe für den letzten komprimierten Wert kann weggelassen werden.

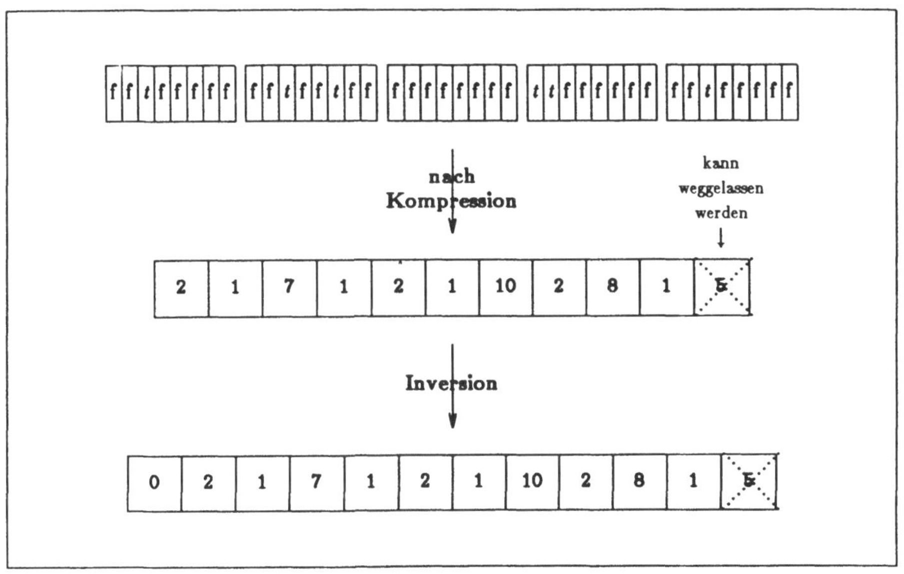

Fig. 8-8. Kompression und Inversion

---

2. Ein kurzer *integer*-Wert wird in der Regel in einem Speicher von zwei Byte dargestellt und hat den Wertebereich von -2^{15} bis 2^{15-1}.

Spezialfälle:

Wenn der erste Wert *true* ist, beginnt der komprimierte Vektor mit der Zahl 0 (für *keine false-Werte*). Sind mehr als $2^{15}-1$ gleiche Werte komprimiert darzustellen, so wird dies ebenfalls mit Hilfe eines 0-Wertes bewerkstelligt: 50000 aufeinanderfolgende *false-Werte* werden beispielsweise durch die Zahlenfolge 32767 0 17233 dargestellt.

Operationen:

AND, OR   Für die Bearbeitung von zwei Vektoren mit den Operationen **AND** und **OR** muss in einer Art Mischvorgang ein neuer komprimierter Vektor berechnet werden, der für jede Position das Resultat der Operation enthält.

NOT   Bei der Inversion des ganzen komprimierten Vektors wird dem Vektor die Zahl 0 vorangestellt.

SET(nr)   Zum Setzen eines einzelnen booleschen Wertes muss lediglich die entsprechende Position im komprimierten Vektor gesucht und - wenn nötig - auf *true* gesetzt werden.

SETALL   Nach der **SETALL**-Operation enthält der Vektor nur die Zahl 0, was bedeutet, dass der ganze Vektor den Wert *true* annimmt.

8.4.2 Realisierung

OS/MVS:

In der *OS/MVS* Version von *PIZZA* können die Operationen **AND**, **OR** und **NOT** mit je einer PL/I-Instruktion ausgeführt werden. Die Eleganz von Operationen der Art:

```
Stackelement_1 = Stackelement_1 & Stackelement_2;
Stackelement_1 = Stackelement_1 | Stackelement_2;
Stackelement_1 = ^ Stackelement_1;
```

hat uns dazu verleitet, keine Techniken zur Kompression von Bit-Vektoren und deren Bearbeitung zu implementieren. Die Operation **SET** ist als Prozedur implementiert. Für die Operation **SETALL** wird eine entsprechende Zuweisung vorgenommen.

UNIX:

In der Programmiersprache *C* müssen alle Bit-Vektoren byteweise bearbeitet werden. Alle Operationen sind in Prozeduren ausprogrammiert. Obwohl die verschiedenen Operationen somit nicht gleich elegant ausgeführt werden können wie in der *OS/MVS*-Version, wurde auf eine Kompression vorläufig verzichtet.

8.4.3 Diskussion

Durch eine Kompression wird die Ausführung der eingangs erwähnten Operationen verlangsamt. Ob die Kompression Platz einspart, hängt davon ab, wieviele Texte von einem Deskriptor durchschnittlich angesprochen werden, und wie diese Texte über die Datenbank verteilt sind. Im Extremfall referenziert ein Deskriptor die halbe Datenbank, und zwar genau jeden zweiten Text. Wir benötigen dann zur Speicherung des komprimierten Vektors 16 Mal soviel Platz wie für die Speicherung der booleschen Werte, wenn man annimmt, dass für die Speicherung eines kleinen *integer*-Wertes zwei Byte, für die Speicherung eines booleschen Wertes jedoch nur 1 Bit notwendig sind. Dieser Sachverhalt trifft im Normalfall nicht zu. Ein solcher Deskriptor hätte kaum noch diskriminierende Wirkung und würde deshalb ohnehin nicht verwendet. In den verschiedenen unter *PIZZA* gespeicherten Datenbanken liegt die Anzahl durch einen Deskriptor referenzierter Texte im Durchschnitt bei 2.6, was bedeutet, dass die gesamte Textmenge einer beliebig grossen Datenbank mit komprimierten Vektoren in der Grössenordnung von weniger als 14 Byte Länge dargestellt werden kann.

Für die in Unterabschnitt 4.4.3 erwähnte Bibliotheksdatenbank wurden folgende Werte errechnet:

```
Anzahl Deskriptoren      ~    20'000
Referenzen auf Texte     ~    2.6
Streuung (σ)             ~    14.7
```

Die Verteilung der Anzahl Referenzen pro Deskriptor ist in Fig. 8-9 dargestellt. Die Kurve erhärtet die Annahme, dass durch eine Kompression der einzelnen Elemente im Stapel *(runtime-stack)* viel Platz gespart werden könnte und das in Abschnitt 7.7 besprochene Problem des knappen Speicherplatzes im ONYX-System dadurch entschärft würde.

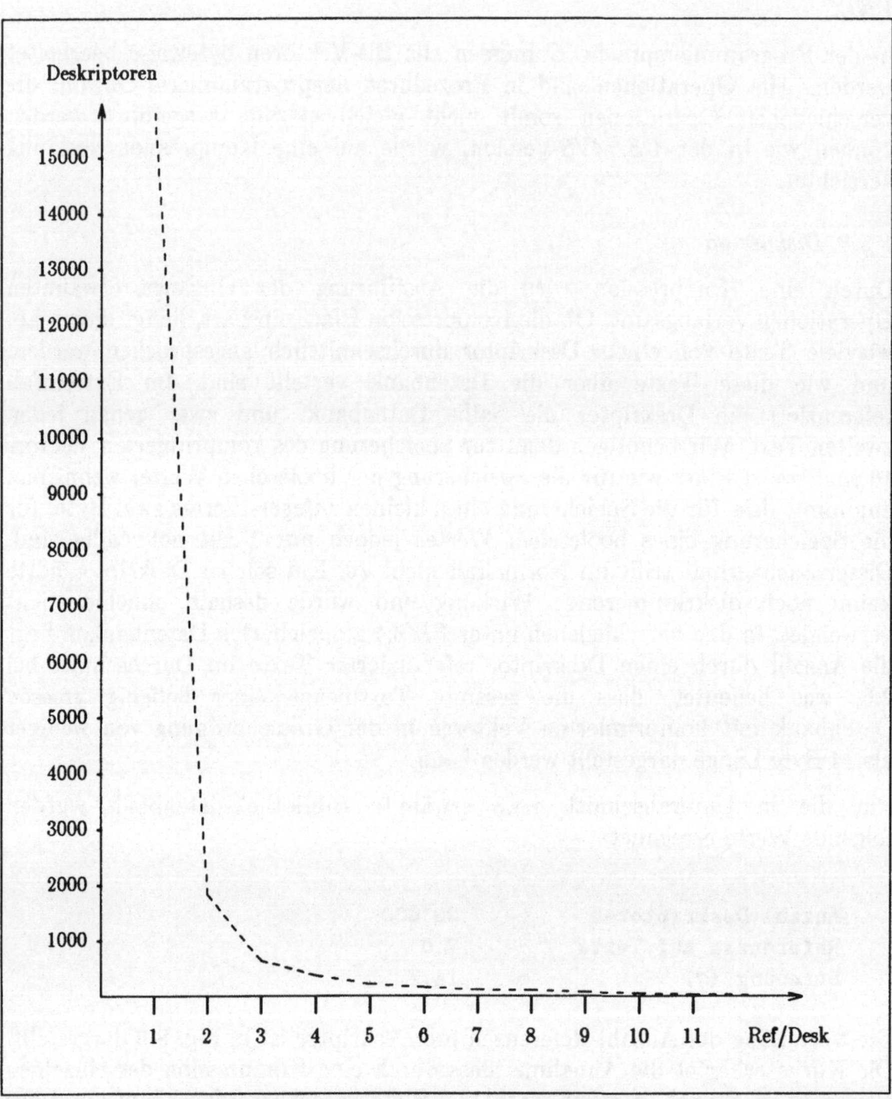

Fig. 8-9. Häufigkeitsverteilung

9. Verbesserung der Abfragewirkung

Das vorliegende Kapitel steht in Zusammenhang mit Kapitel 2: Einige der dort behandelten theoretischen Grundlagen werden hier wieder aufgegriffen und im Hinblick auf eine Implementation geprüft. Im folgenden kommen verschiedene Anregungen zur Verbesserung der Abfrage im Experimentiersystem *PIZZA* zur Sprache:

- Erkennen von ähnlichen Zeichenketten

- Deskriptoreneditor

- Gewichtungen von Text und Deskriptoren

- Erweiterungen der Abfragesprache

9.1 Erkennung physisch ähnlicher Zeichenketten

9.1.1 Möglichkeiten

Die Ermittlung physischer Ähnlichkeiten (similarity) soll helfen, unterschiedliche Eingaben gleicher Deskriptoren zu erkennen. Verschiedene heuristische Methoden zur Ermittlung physischer Ähnlichkeiten wurden bereits in Abschnitt 2.5 behandelt. Im folgenden Unterabschnitt wird die Realisierung der aufgezeigten Möglichkeiten im Rahmen des Experimentiersystems besprochen.

9.1.2 Realisierung

Bei der Realisierung werden drei Arten von Methoden zur Erkennung ähnlicher Zeichenketten unterschieden:

1. Methoden, die während dem Abfragen verwendet werden können, ohne dass die Daten bei der Aufnahme präpariert werden.

In diese erste Gruppe fällt die bereits implementierte Metazeichennotation[1]. Die Suche nach Deskriptoren wird durch die Verwendung von Metazeichen generell verlangsamt. Es gilt die Regel: Je weiter vorne im Deskriptor das erste Metazeichen steht, desto langsamer ist die Suche. Ein Metazeichen zu Beginn der Eingabe hat sequentielles Suchen zur Folge (vgl. Anschnitt 7.5).

2. Methoden, die während dem Abfragen verwendet werden können, für deren effiziente Anwendung die Deskriptoren jedoch bereits bei der

---

1. Vgl. Abschnitt 7.2 und Anhang I: Die im Experimentiersystem erlaubten Metazeichen entsprechen denjenigen, die bei Eingaben im *UNIX*-Shell verwendet werden können.

Aufnahme präpariert werden sollten.

In diese zweite Kategorie gehört beispielsweise die *Soundex*-methode (vgl. Abschnitt 2.5). Sie kann im Experimentiersystem wie folgt realisiert werden:

Berechnung: Die Berechnung des *Soundex*-Codes erfolgt für alle Deskriptoren bei der Datenaufnahme. Der berechnete Code wird zusammen mit dem Deskriptor gespeichert, wobei die erste Stelle des *Soundex*-Codes weggelassen wird, da sie mit der ersten Stelle des Deskriptors übereinstimmt.

Abfrage: Der Abfrageteil wird um die Standardfunktion `%soundex(descid)` erweitert. Der als Parameter angegebene Deskriptor (`descid`) darf keine Metazeichen enthalten. Er wird gemäss den in Unterabschnitt 2.5.1 angegebenen Regeln umgewandelt. Bei langen Deskriptoren müssen jedoch nicht alle Stellen eingegeben werden, da die Länge des *Soundex*-Codes ohnehin auf vier Stellen beschränkt ist. Die Standardfunktion kann in Deskriptorausdrücken wie ein normaler Deskriptor verwendet werden.

Zugriff: Der Zugriff auf einen *Soundex*-Code erfolgt binär auf das erste Zeichen des Deskriptors. Die Codes aller Deskriptoren mit dem entsprechenden Anfangsbuchstaben müssen (sequentiell) mit dem gewünschten Code verglichen werden. Vorsicht: die Sortierfolge der *Soundex*-Codes stimmt nicht mit derjenigen der Deskriptoren überein.

> 3. Methoden, die nur während der Aufnahme, beziehungsweise während dem Ladevorgang, zur Anwendung gelangen.

Zu dieser Gruppe gehören Verfahren zur Erkennung unterschiedlicher Eingaben als Folge von Fehlern. Einige wurden in Unterabschnitt 2.5.2 erläutert. Die Qualität der zu ladenden Deskriptoren kann verbessert werden, indem gemäss den aufgezählten Methoden eine Liste mit ähnlichen Deskriptoren erstellt wird. Die ausgedruckten Deskriptoren werden (manuell) kontrolliert und gegebenenfalls korrigiert.

9.2 Semantische Ähnlichkeit

9.2.1 Möglichkeiten

Bei der Eruierung semantischer Ähnlichkeiten *(equivalence)* ist vor allem die Verwendung von Thesauri von Bedeutung. In Abschnitt 2.4 wurden verschiedene Verwendungsarten aufgezählt. In diesem Abschnitt soll auf einige Aspekte, die bei der Realisierung im Experimentiersystem zu berücksichtigen sind, aufmerksam gemacht werden.

9.2.2 Realisierung

Bei der Implementation eines Thesaurus' in *PIZZA* ist zu beachten, dass die Deskriptorendatei *flach* organisiert ist. Sie zeigt ausser der alphabetischen (physischen) Folge keinerlei Beziehungen zwischen den Deskriptoren auf. Beim Entwurf dieser Datei wurde bewusst auf die Speicherung von logischen Zusammenhängen durch zusätzliche Strukturierung der Deskriptoren verzichtet. Die Gründe sind unter anderem:

- Durch jede logische Strukturierung wird die Suche in der Deskriptorendatei verlangsamt (vgl. Anforderung 9 in Abschnitt 3.2).

- Verkettungen müssen für *alle* Deskriptoren *vorgesehen* werden, obwohl sie nur für die *wenigsten* spezifiziert werden.

- Die Existenz von Verkettungen in der Deskriptorendatei kompliziert die Datenaufnahme, die Manipulation und den Sperrmechanismus.

Ein Umfunktionieren der Deskriptorendatei in einen Thesaurus mit Strukturierungsfunktion kommt deshalb nicht in Frage. Ein Thesaurus kann nur völlig losgelöst von der bisherigen Datenorganisation verwirklicht werden. Er muss der Deskriptorendatei als *Filter* vorgelagert sein. Ist dies der Fall, spielt es keine Rolle mehr, *wie* die Thesaurusdatei *selbst* organisiert ist, und wie sie unterhalten wird. Die Verbindung zu den Deskriptoren geschieht entweder über eine Adresse in der *orth*-Datei oder über den Deskriptor selbst. Die explizite Speicherung von Adressen in der Thesaurusdatei hat eine aufwendige Manipulation nach jedem Neuladen zur Folge und kostet mehr Speicherplatz in der Thesaurusdatei, verkürzt jedoch die Zugriffszeit auf die Dokumente, da die Suche in der Deskriptorendatei umgangen werden kann. Wird der Deskriptor selbst als Schnittstelle benutzt, kann der Thesaurus ganz unabhängig von der restlichen Datenbank behandelt werden, jeder Deskriptor muss jedoch (genauso unabhängig) zweimal aufgesucht werden: einmal in der Thesaurus- und ein zweites Mal in der Deskriptorendatei.

Konklusion: Die zwangsweise Verwendung eines Thesaurus' beim Laden **und** Abfragen und die Reduktion des Eintrages in der Deskriptorendatei auf einen Standardeintrag ist nicht empfehlenswert. Die Flexibilität der dynamischen Anpassung der Anzahl Deskriptoren an die aktuellen Bedürfnisse des Benutzers geht damit verloren. Der Thesaurus soll *fakultativ* und *nur* während der Abfrage benutzen werden.

Abfrage: Der Abfrageteil wird um die Standardfunktion `%thesaur(descid)` erweitert, wobei `descid` ein einzelner Deskriptor oder ein beliebiger Deskriptorausdruck mit booleschen Operatoren und mit Metazeichen sein kann.

Beispiel: [2] Die Eingabe:

```
%thesaur( Gesicht & Verletzung )
```

wird in die Abfrage umgewandelt:

```
(Gesicht | Nase | Ohr | ... | Stirn) & \
(Verletzung | Schürfung | Schnitt | ... | Prellung)
```

Vorsicht: Diese Abfrage ist *nicht identisch* mit:

```
%thesaur( Gesicht ) & Verletzung
```

denn im zweiten Fall wird der Deskriptor **Verletzung** nicht expandiert. Der Thesaurus enthält beliebige Deskriptoren, die nicht in der Deskriptorendatei vorkommen müssen. Je nach Auslegung funktioniert der Thesaurus als Instrument zur Bestimmung einer kanonischen Form, als Expansionshilfe zum Eruieren aller (logisch) untergeordneten Deskriptoren oder als Synonymwörterbuch. Im Thesaurus selbst sind Eintragungen mit Metazeichen zugelassen. Dadurch können Schreibweisen entschärft werden.

Um dem Benutzer die Übersicht zu erleichtern, wird die Abfrage nach der Expansion durch den Thesaurus am Bildschirm gezeigt.

Übersetzung: Das Programm zur Suche in der Thesaurusdatei muss nach dem Compilieren aufgerufen werden. Im *S-Code-I* werden zwei neue Befehle eingeführt:

```
S_THS      Thesaurus-Start
S_THE      Thesaurus-Ende
```

Wenn in der Eingabe **%thesaur** auftaucht, wird als *S-Code-I*-Befehl **S_THS** generiert. **S_THE** wird eingefügt, sobald die abschliessende rechte Klammer behandelt wird. Der *Ausdruck in der Klammer* kann wie ein regulärer Deskriptorausdruck behandelt werden. Diese Befehlsfolge im generierten Code erlaubt dem Thesaurus-Suchprogramm - analog der Suche in der Deskriptorendatei - *alle* vorkommenden Deskriptoren in einem, maximal in zwei Suchvor-

---

2. Die Beispiele in diesem Abschnitt beziehen sich auf die in Abschnitt 1.1 skizzierte Unfall-Datenbank.

gängen aufzufinden. Das Thesaurus-Suchprogramm gelangt vor der Optimierung zur Ausführung. Die Originalausdrücke werden für die weitere Verarbeitung durch die im Thesaurus gefundenen Wörter ersetzt, die ihrerseits durch den *or*-Operator miteinander verbunden werden. Das Befehlspaar `S_THS/S_THE` wird entfernt.

Zugriff: Bei der Organisation der Thesaurusdatei ist darauf zu achten, dass eine der effizienten Suchmethoden zum Auffinden eines angegebenen Suchbegriffes verwendet werden kann. In einem (ersten) Vorgang können dann alle eingegebenen Begriffe gesucht werden. In einem zweiten Vorgang wird den Verkettungen nachgefahren und eine allfällige Expansion ausgeführt. Logisch ist der Thesaurus als Baumstruktur aufgebaut, physisch in der Regel als alphabetisch sortierte Liste.

Weitere Möglichkeiten: Die Kombination und Verschachtelung der Standardfunktionen `%soundex()` und `%thesaur()` in einer Eingabe ist erlaubt. Der Thesaurus muss dann so organisiert werden, dass in der Thesaurusdatei auch nach einem *Soundex*-Code gesucht werden kann. Dies ist nicht weiter schwierig, denn ein Eintrag im Thesaurus ist analog einem Eintrag in der Deskriptorendatei aufgebaut und kann somit leicht um den *Soundex*-Code erweitert werden. Die einzelne oder kombinierte Verwendung der beiden Standardfunktionen `%soundex()` und `%thesaur()` erhöht die Ausbeute einer Abfrage bei mindestens gleichbleibender Präzision.

9.3 Deskriptoreneditor

9.3.1 Möglichkeiten

Die Qualität der Antwort kann verbessert werden, wenn der Benutzer die Möglichkeit hat, *alle* Deskriptoren der gefundenen Texte zu editieren. Der im folgenden skizzierte Vorgang der manuellen Rückkoppelung lehnt sich an das in Abschnitt 2.3 besprochene Verfahren der automatischen Rückkoppelung in Volltext-*IRS* an.

Nach erfolgter Suche wird dem Benutzer eine Liste der in die Abfrage involvierten Deskriptoren präsentiert. Dabei wird unterschieden zwischen *Primärdeskriptoren* und *Sekundärdeskriptoren.* Unter Primärdeskriptoren wollen wir Deskriptoren verstehen, die in der Abfrage explizit erwähnt wurden. Sekundärdeskriptoren sind Deskriptoren, welche im Zusammenhang mit den selektierten Dokumenten vorkommen, aber nicht in der Abfrage angegeben wurden. Durch die Ausgabe einer Deskriptorenliste soll dem Benutzer die Gelegenheit gegeben werden, Sekundärdeskriptoren aus der Liste auszuwählen und in die Abfrage einzubeziehen.

9.3.2 Realisierung

Die Liste der Deskriptoren, welche nach der Abfrage ausgegeben wird, kann durch folgende Angaben ergänzt werden:

a. *Häufigkeit:* Diese Zahl gibt an, wie oft ein Deskriptor in der gesamten Datenbank vorkommt.

b. *Relevanzfaktor (RF)* oder *inverse document frequency (IDF)*: Beide Verhältniszahen wurden in Abschnitt 2.2 definiert.

c. Die Angabe, ob es sich bei dem Deskriptor um einen *Primär-* oder einen *Sekundärdeskriptor* handelt.

Bei der Weiterverarbeitung der Deskriptoren wird eine der folgenden Möglichkeiten gewählt:

1. Neuformulierung der ganzen Abfrage und Neueingabe:

   Einer oder mehrere der Sekundärdeskriptoren werden in die Abfrage einbezogen. Die Abfrage wird neu formuliert und eingegeben.

2. Eingabe einer vereinfachten Abfrage, die nur die Ordnungsnummern der Deskriptoren in der präsentierten Liste enthält.

   Die Deskriptoren werden durchnumeriert. Die Nummer kann in der folgenden Abfrage anstelle des Deskriptors verwendet werden.

   Analog der `%text()`-Funktion wird die Standardfunktion `%desc(#nummer)` für die Eingabe der Deskriptorennummer verwendet.

3. Bezeichnen der ausgewählten Deskriptoren in der Liste:

   In der präsentierten Deskriptorenliste ist Platz für eine Eingabe, ob ein Deskriptor durch ein logisches *and, or* oder *not* mit dem Rest der Abfrage verbunden werden soll. Die Struktur der *neuen* Abfrage ist allerdings vorgegeben:

```
:ask count text of %lastqry \
& (Deskriptoren mit &) \
& ^(Deskriptoren mit ^) \
| (Deskriptoren mit |)
```

In dieser generierten Abfrage wird *zuerst* der Durchschnitt der bereits gefundenen Textmenge mit den Textmengen aller Deskriptoren, die in der Liste mi mit & oder mit ^ bezeichnet wurden, berechnet. Nachher wird diese Menge mit der Menge aller Texte der mit | bezeichneten Deskriptoren vereinigt. Wenn der Benutzer eine andere Evaluationsfolge wünscht, muss er die Abfrage neu eingeben.

Abfrage: Um die Deskriptorenliste zu erhalten, wird der (erweiterte) *ask*-Befehl verwendet:

$$
\texttt{:ask desclist [order (}
\left\{
\begin{array}{l}
\texttt{alphabetic} \\
\texttt{frequency} \\
\texttt{primary} \\
\texttt{relevance}
\end{array}
\right\}
\texttt{)] of ...}
$$

In der Klammer nach dem Schlüsselwort **order** kann angegeben werden, auf welche Art die Deskriptoren vor der Ausgabe sortiert werden sollen.

9.4 Gewichtung

9.4.1 Möglichkeiten

Für *PIZZA* sind automatische und halbautomatische Rückkoppelungsverfahren die auf einer objektiven Gewichtung der Texte oder Deskriptoren beruhen nicht implementierbar, da sie auf der Analyse der ganzen Dokumente (Volltext-*IRS*) basieren (vgl. Abschnitt 2.2 und 2.3). Eine manuelle Gewichtung von Texten und Deskriptoren ist jedoch auch in Nicht-Volltext-*IRS* möglich. Das Gewicht widerspiegelt dann eine Bewertung der gelesenen Texte und/oder der eingegebenen Deskriptoren. Ihr haftet der Mangel der Subjektivität an; ganz im Gegensatz zu den Rückkoppelungsmethoden, welche auf einer (objektiven) Textanalyse beruhen. Eine allfällige Verbesserung und Neuformulierung der Abfrage ist bei der manuellen Gewichtung Sache des Benutzers.

9.4.2 Gewichtung von Texten

Die Gewichtung von ganzen Texten kann vorgenommen werden, indem ein Deskriptor **weight** oder **gewicht** eingeführt wird. Dem Deskriptor werden im Zeitpunkt der Datenaufnahme Werte - beispielsweise - zwischen 1 und 10 zugeteilt, wobei der Wert 10 für einen sehr wichtigen Text steht. Die Textausgabe kann nach Wichtigkeit (aufsteigend) sortiert und auf die wichtigsten Texte beschränkt werden.

Beispiel: [3]

```
:ask text sort(gewicht) of ... & sort < 5
```

Nachdem das Gewicht als Wertigkeit eines regulären Deskriptors gespeichert ist, kann auch nach Minima, Maxima und Durchschnittswerte gefragt werden. Die Gewichtung kann durch Verwendung *mehrerer* Deskriptoren (mit Wertigkeiten) verfeinert werden, zum Beispiel:

```
Lesbarkeit
Relevanz
Länge
```

9.4.3 Gewichtung von Deskriptoren

Auf ähnliche Art wie die Gewichtung von Texten, kann eine Gewichtung der Deskriptoren selbst vorgenommen werden. Die *Note,* welche ein Deskriptor in Form einer Wertigkeit erhält, sagt aus, wie wichtig dieser Deskriptor im Zusammenhang mit dem Text eingestuft wird. Das Gewicht wird als *(integer-)* Wertigkeit eingegeben. Die Arbeit mit gewichteten Deskriptoren, ohne zusätzliche Unterstützung durch das *IRS,* ist mühsam: Bei jeder Abfrage müssen alle Primär- und Sekundärdeskriptoren auf ihr Gewicht untersucht, und gegebenenfalls der Abfrage beigefügt werden. Um diese Arbeit zu erleichtern, kann die in Abschnitt 9.3 vorgeschlagene Deskriptorenliste durch eine Masszahl ergänzt werden, die auf dem Gewicht beruht. Der Relevanzfaktor *RF* wird so abgeändert, dass anstelle der Auftretenshäufigkeiten die Summen der Gewichte für den entsprechenden Deskriptor in die Formel eingesetzt werden. Die Definition für RF_{iq} in der Abfrage A_q ist dann gegeben als (vgl. Abschnitt 2.2):

$$RF_{iq} = \frac{\sum Gewichte\ von\ Deskriptor\ D_i\ in\ der\ Abfrage\ A_q}{\sum Gewichte\ von\ Deskriptor\ D_i\ in\ der\ Datenbank} \tag{2}$$

Der Wert für *RF* liegt zwischen 0 und 1. Je näher der Wert von *RF* bei 1 liegt, desto wichtiger ist der entsprechende Deskriptor. Die Abfrage wird durch Sekundärdeskriptoren modifiziert, die einen Wert für *RF* erreichen, der über einem willkürlich gewählten Grenzwert RF_g liegt, aber kleiner ist als 1. Wenn

---

3. Die Beispiele in diesem und dem folgenden Abschnitt beziehen sich auf die in Abschnitt 1.1 skizzierte Artikel-Datenbank.

der *RF* eines Sekundärdeskriptors den Wert 1 bereits erreicht, braucht der Deskriptor bei der Abfrage nicht zusätzlich eingegeben zu werden, da alle Dokumente mit diesem Deskriptor bereits selektiert wurden.

9.5 Kurzantworten

9.5.1 Möglichkeiten

Der Wunsch wird häufig geäussert, dass nicht das ganze Dokument, sondern nur ein Teil des Dokumentes, beispielsweise der Titel oder der Autor, selektiert werden soll. Die Erfüllung dieser Forderung auf der Basis der Ausgabe gekürzter Dokumente ist problematisch: Sie setzt die Kenntnis der Struktur der Dokumente voraus. Grundsätzlich bestehen drei Möglichkeiten:

1. Strukturierung der Dokumente bei der Datenaufnahme.

2. Teilausgabe ohne Strukturierung.

3. Ausgabe aufgrund von Deskriptoren mit Wertigkeiten.

9.5.2 Realisierung

Die drei aufgezählten Möglichkeiten können auf folgende Art realisiert werden:

Variante 1: Strukturierung der Dokumente bei der Datenaufnahme:

Wenn die selektive Ausgabe aufgrund einer Strukturierung der Dokumente bei der Datenaufnahme vorgenommen werden soll, so muss das Masken-Konzept erweitert werden: In jeder Maske können diejenigen Felder bezeichnet werden, die bei einer gekürzten Ausgabe zu berücksichtigen sind. Der **:ask**-Befehl erkennt dann (neu) das Schlüsselwort **shorttext**. Die Eingabe:

```
:ask shorttext of simulation
```

hat die Selektion aller Dokumente im Zusammenhang mit dem Deskriptor **simulation** zur Folge. Am Bildschirm werden jedoch nur die in der Maske bezeichneten Zeilen gezeigt.

Variante 2: Angabe der Anzahl Zeilen, die von jedem Text gezeigt werden sollen.

Der **:ask**-Befehl wird modifiziert. Hinter dem Schlüsselwort **text** kann (neu) eine Zahl angegeben werden. Der Befehl:

```
:ask text(5) desc of simulation
```

zeigt die ersten fünf Zeilen jedes Textes, sowie alle Deskriptoren im

Zusammenhang mit dem Deskriptor **simulation**. Es ist denkbar, auch für das Auflisten von Deskriptoren (**:ask desc**-Befehl) dieselbe Notation einzuführen. **:ask desc(5)** bedeutet dann, dass die ersten oder wichtigsten fünf Deskriptoren jedes Dokumentes gelistet werden.

Das Hauptanliegen der Kurzausgabe wird durch diese Änderungen jedoch nur ungenügend erfüllt: Da jeder Text anders aussehen kann, und auch unterschiedliche Masken oder Programme für seine Darstellung verlangt sein können, ist die Angabe von *Zeilen* problematisch. Sie setzt eine bestimmte Struktur eines Textes voraus, die das *IRS* nicht kennen muss (vgl. Abschnitt 3.4).

Variante 3: Auflisten der Wertigkeiten von einzelnen Deskriptoren.

Der **:ask**-Befehl wird so abgeändert, dass hinter dem Schlüsselwort **desc** die Namen eines oder mehrerer Deskriptoren angegeben werden können. Es wird dann eine Liste der Wertigkeiten mit den dazugehörenden Textnummern erstellt. Beispiel:

```
:ask desc(titel,autor) sort(datum) of database
```

Dieser Befehl erstellt eine Liste aller Titel und Autoren im Zusammenhang mit dem Deskriptor **database** sortiert nach dem Datum der Eingabe. Voraussetzung für diese Lösungsvariante wie auch für Variante 1 ist, dass man bereits bei der Datenaufnahme ungefähr weiss, welche Listen man benötigen wird. Die Ausgabe einer Liste am Terminal erfolgt zeilenweise, da eine durch Masken gesteuerte Ausgabe nicht mehr möglich ist. Anspruchsvollere Formatieraufgaben sind durch entsprechende Zusatzprogramme zu lösen.

9.6 Abschätzen der Abfragewirkung

9.6.1 Möglichkeit

Bei kleineren Datenmengen kann der Benutzer oft schon entscheiden, ob die Resultate seinen Erwartungen entsprechen, wenn er weiss wieviele Texte gefunden wurden. Die Antwort des **:ask count**-Befehls wird erweitert, indem für jeden Deskriptor der Abfrage die angesprochene Textmenge angegeben wird. Die Verbesserung der Auskunft liegt somit darin, dass ein Mengengerüst der einzelnen Abfrageteile erstellt wird.

9.6.2 Realisation

Die Realisation der Ausgabe eines Mengengerüsts der Abfrage beruht auf einer Erweiterung des `:ask count`-Befehls. Die bisher ausgegebene Anzahl Dokumente, welche auf die Abfrage zutreffen wird (neu) ergänzt durch die Anzahl Dokumente, die jeden Teilbereich einer Abfrage erfüllen. Die Abfrage:

```
:ask count of simulation & autor=zloof*
```

führt beispielsweise zur Antwort:

```
9 & 3 ⇒ 0
```

Aufgrund der gezeigten Zahlen lässt sich erkennen, dass das Resultat ungenügend ist, denn es wird kein Text selektiert, der beide Kriterien erfüllt. Aus der Antwort ist jedoch ersichtlich, dass beide eingegebenen Merkmale in der Datenbank vorhanden sind. Man wird versuchen, die Abfrage anders zu formulieren. Da auch die Abfrage:

```
:ask count of s* & autor=zloof*
```

```
80 & 3 ⇒ 0
```

zu keiner besseren Antwort führt, muss es daran liegen, dass der erwähnte Autor nichts über `simulation` geschrieben hat. In der Tat hat dieser Autor sich vor allem auf dem Gebiet der Datenbanken profiliert:

```
:ask count of database & autor=zloof*
```

```
49 & 3 ⇒ 2
```

Wir erhalten hier zusätzlich die Auskunft, dass es offenbar genau einen Artikel von diesem Autor geben muss, der nichts mit `database` zu tun hat, oder der falsch eingestuft wurde.

Die Implementation der erweiterten `count`-Auskunft ist einfach und lohnend. Die benötigte Information ist bereits in den Deskriptorsätzen gespeichert.

10. Verteiltes *PIZZA*

10.1 Allgemeines

Die Problematik des Verteilens von Datenbeständen wird in der Datenbank-Literatur ausgiebig behandelt ([DATE-83] und [ZEHN-83]). Die Gründe, welche zu einer Dezentralisierung der Datenbestände führen können, sind vielfältig:

1. *Technische Gründe:*

   - Die Datenmenge oder die Anzahl Transaktionen übersteigt die Kapazität des verwendeten Rechners.

   - Durch die Verteilung kann die Kapazität der Rechner in kleineren Stufen dem Umfang der Daten angepasst werden.

   - Aus Gründen der Datensicherung soll mit mehreren (kleineren) Datenbanken auf verschiedenen Anlagen gearbeitet werden.

2. *Betriebliche Gründe:*

   - Durch die Dezentralisierung kann die Struktur der Datenbank der Betriebsstruktur angepasst werden. Lokal autonome Teile des Unternehmens werden dadurch auch in der Verwaltung ihrer Daten autonom.

   - Da die lokal autonomen Teile des Betriebs vor allem auf die eigenen Daten zugreifen, ergibt sich aus der Dezentralisierung eine Reduktion der Antwortzeiten und der Datenübertragungskosten.

Im Zusammenhang mit *DBMS* werden mehrere Arten der Verteilung unterschieden:

- Nach der *Art* der Datenaufteilung: Unter dem Begriff der *data fragmentation* wird unterschieden, ob die Daten *aufgeteilt (partitioned)* oder in jede der autonomen Datenbanken *kopiert (replicated)* werden.

- Nach der *Transparenz* des Speicherungsortes *(location transparency):* Als transparent wird ein System dann bezeichnet, wenn sich der Benutzer bzw. die Benutzerprogramme *nicht* um den aktuellen Speicherungsort der Daten kümmern müssen. Man spricht von einem *kooperativen* System. Ein nicht-transparentes System wird auch als *föderativ* bezeichnet.

Im Zusammenhang mit *IRS* wird in der Literatur kaum von Verteilung gesprochen. Der Grund liegt darin, dass der Einsatz von *IRS* - im Vergleich zum Einsatz von *DBMS* - bei kleineren und weniger komplexen Datenbeständen (vgl. Kapitel 3 und 4) erfolgt. Für eine allgemeine Betrachtung der Probleme beim Verteilen von *IRS*-Datenbanken kann die Datenbank-Literatur herangezogen werden. Für die Organisation konkurrierender Zugriffe mehrerer Benutzer auf gemeinsame Ressourcen bei verteilten *IRS* müssen die gleichen Methoden wie bei verteilten *DBMS* angewendet werden (vgl. [DATE-83, S. 309] und [BERN-81]). In den folgenden Abschnitten werden wir die verschiedenen, nicht-transparenten Verteilungsmöglichkeiten des Experimentiersystems diskutieren. Es kommen drei Arten von Verteilungen zur Sprache:

1.   Verteilen von ganzen *IRS*-Datenbanken auf einer Maschine

2.   Verteilen von ganzen *IRS*-Datenbanken auf verschiedenen gleichartigen Maschinen

3.   Verteilen von Datenbankteilen auf verschiedenen auch nicht-gleichartigen Maschinen

Obwohl diese Besprechung in einigen Punkten auf die aktuelle Implementation von *PIZZA* und auf die Terminologie des Betriebssystems *UNIX* abstützt, sind die darin enthaltenen Ideen auch für den nicht-*UNIX*-orientierten Leser von Interesse.

Bei den weiteren Ausführungen setzen wir folgende Ausgangslage voraus: Jede *PIZZA*-Datenbank bildet eine in sich abgeschlossene Einheit und wird in einem eigenen Verzeichnis[1] verwaltet (Verzeichnis: *db-home* in Fig. 10-1). Die Rohdaten *(raw)*, die Daten für die Abfrage *(qry)*, die Profile *(prof)* und die Masken *(mask)* sind in entsprechenden Sub-Verzeichnissen untergebracht (Fig. 10-1). Ein Benutzer kann beliebig viele Datenbanken eröffnen, wobei für jede Datenbank wiederum die gleiche - in Fig. 10-1 gezeigte - Verzeichnisstruktur erstellt wird.

Für die Erstellung einer Verbindung zwischen ganzen Datenbanken (erste und zweite Variante der Verteilung) muss die Abfragesprache erweitert werden. Der hierfür vorgesehene Befehl heisst `:link` und wird in seinen Details - so weit notwendig - bei den verschiedenen Verteilungsvarianten besprochen. Die Verteilung von Datenbankteilen erfordert eine weitgehende Neustrukturierung der *IRS*-Software, die jedoch nicht unbedingt mit einer Erweiterung der Abfragesprache verbunden ist.

---

1.   *UNIX*-Terminologie: *directory*. Das ganze *UNIX*-Filesystem ist hierarchisch organisiert. Der Pfad, der von der obersten Hierarchiestufe zu durchlaufen ist, um zu einem bestimmten Verzeichnis oder zu einer bestimmten Datei zu gelangen, wird *path* genannt, der Name des Pfades entsprechend: *pathname*.

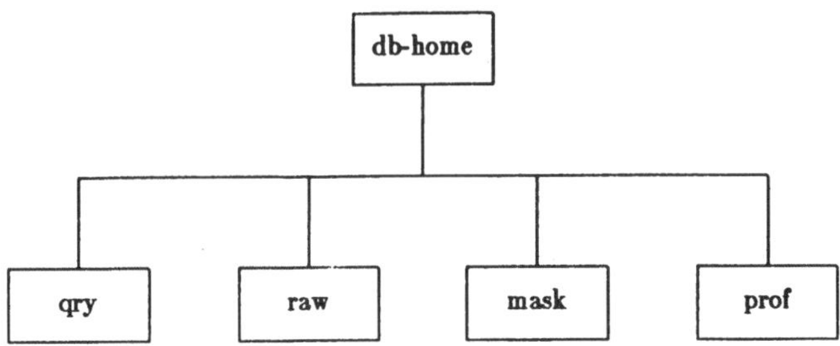

Fig. 10-1. Strukturierung einer PIZZA Datenbank

10.2 Verteilen auf einer Maschine

Man kann sich zu Recht fragen, warum ein Interesse vorhanden sein könnte, homogene *IR*-Datenbanken auf einer Rechenanlage zu verteilen. Bevor auf die einzelnen Realisierungsmöglichkeiten eingegangen wird, soll deshalb anhand eines Falles gezeigt werden, dass eine Verteilung dieser Art durchaus sinnvoll sein kann.

Auf Mikrorechnern ist es aus Effizienzgründen ratsam, grosse Datenbanken in kleinere, logisch konsistente Datenbanken (auf der gleichen Anlage) aufzuteilen. Bei *Artikeln, Diagnosen* o.ä. können beispielsweise alle während eines Kalenderjahres anfallenden Daten in einer separaten Datenbank gespeichert werden. Die Aufteilung des Datenbestandes kann jeweils am Ende des *folgenden* Jahres vorgenommen werden, damit in der neuesten Datenbank im Minimum die Daten eines *ganzen* Jahres verfügbar sind. Die Rohdaten der *alten* Datenbanken müssen nicht auf Platte gespeichert sein. Die Organisation der Datenbanken der verschiedenen Jahre, welche beispielsweise bei der Arbeit mit *PIZZA* entstehen würde, ist in Fig. 10-2 dargestellt. Die im *prof*-Verzeichnis gespeicherten Dateien müssen in den Datenbanken früherer Jahre nicht mehr vorhanden sein.

Um eine einzelne dieser Datenbanken abzufragen - beispielsweise die Datenbank von 1981 - kann *PIZZA* mit entsprechenden Parametern aufgerufen werden. Sollen mehrere Datenbanken gleichzeitig in eine Abfrage einbezogen werden, müssen die verschiedenen Datenbanken zu einer Einheit zusammengefasst werden.

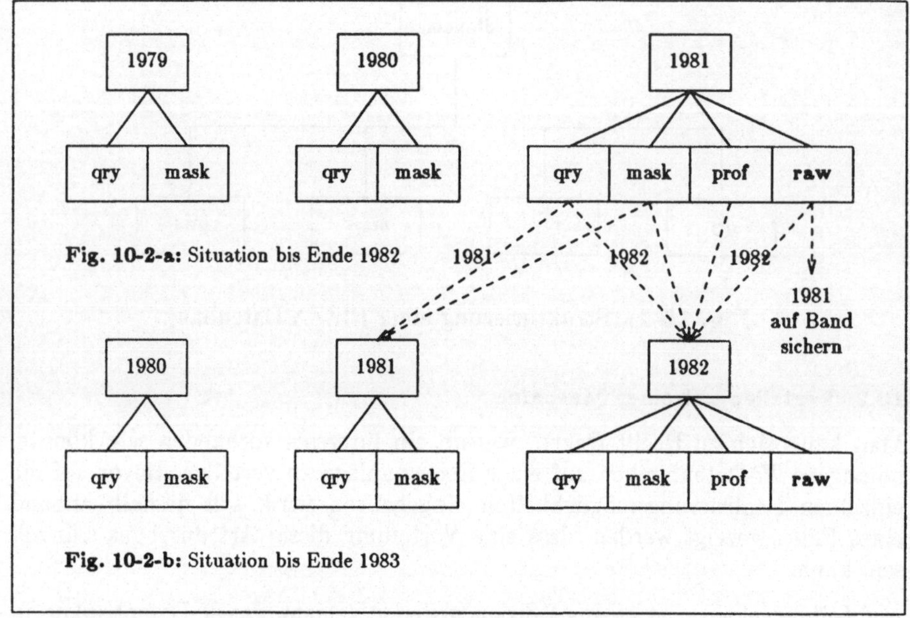

Fig. 10-2. Aufteilung von PIZZA-Datenbanken.

10.2.1 Realisierung

Verbindung zwischen den verteilten Datenbanken: Bei der Definition einer
PIZZA-Datenbank[2] wird eine Datei - nennen wir sie *link*-Datei - eröffnet, in
welcher die Namen der aktuellen Datenbanken eingetragen werden. Die Datei
befindet sich im Verzeichnis *qry* und kann somit für jede Datenbank
unterschiedliche Einträge enthalten. Beim Aufruf[3] des Abfragesystems von
PIZZA muss der Benutzer als Parameter seine Primärdatenbank angeben, das
ist diejenige Datenbank, mit welcher er zuerst Verbindung aufnehmen möchte.
Automatisch wird dann die entsprechende *link*-Datei eingelesen und die
Verbindungen zu den weiteren dort angegebenen Datenbanken hergestellt. Alle
Abfragen beziehen sich dann auf die in dieser Datei eingetragene(n)
Datenbank(en).

---

2. vgl. Anhang I: Befehl **p.mkpiz**.
3. vgl. Anhang I: Befehl **p.query**.

Vor Aufruf des Abfragesystems können Einträge in der *link*-Datei mit dem regulären Editor vorgenommen, verändert oder gelöscht werden.

Während der Abfrage kann mit dem `:link`-Befehl Verbindung zu anderen Datenbanken aufgenommen werden, deren Name dann ebenfalls in der *link*-Datei vermerkt wird. Der Befehl

`:link add` *pathname*

bewirkt einen solchen Eintrag, wobei *pathname* die absolute oder relative Position der gewünschten Datenbank in der (*UNIX*-)Datei-Hierarchie ist. Voraussetzung für die erfolgreiche Verbindungsaufnahme ist natürlich, dass der Benutzer über die notwendigen Zugriffsberechtigungen verfügt. Jede Verbindung zu einer der aktuellen Datenbanken kann durch den Befehl:

`:link drop` *pathname*

aufgehoben werden. Der entsprechende Eintrag in der *link*-Datei wird dann gelöscht. Mit dem Befehl:

`:link list`

werden die aktuellen Verbindungen aufgelistet.

10.2.2 Implementation

Die Implementation der Verbindungen zu anderen Datenbanken in das Experimentiersystem kann auf drei Arten vorgenommen werden:

Variante 1: Verbindung auf *CIS*-Ebene:

Bei dieser Variante wird die Intelligenz für die Suche in den einzelnen Datenbanken auf alle Programme des *Compiler-Interpreter-Systems (CIS)* verteilt, die auf eine der Datenbankdateien zugreifen. Für *eine* Abfrage werden alle Programme des *CIS* nur *einmal* aufgerufen.

Das Suchprogramm *(Optimizer)* muss alle Deskriptoren nacheinander in allen Datenbanken suchen. Das Konzept der *HSM* (vgl. Abschnitt 7.7) wird zu diesem Zweck derart abgeändert, dass der verwendete Stapel *in der Breite* mehrere Datenbanken umfassen kann. Für jede Datenbank merkt sich der Interpreter die Adresse, an welcher sich der erste Text dieser Datenbank im Stapel befindet (Fig. 10-3). Diese Basisadresse wird bei allen Berechnungen im Zusammenhang mit dieser Datenbank berücksichtigt.

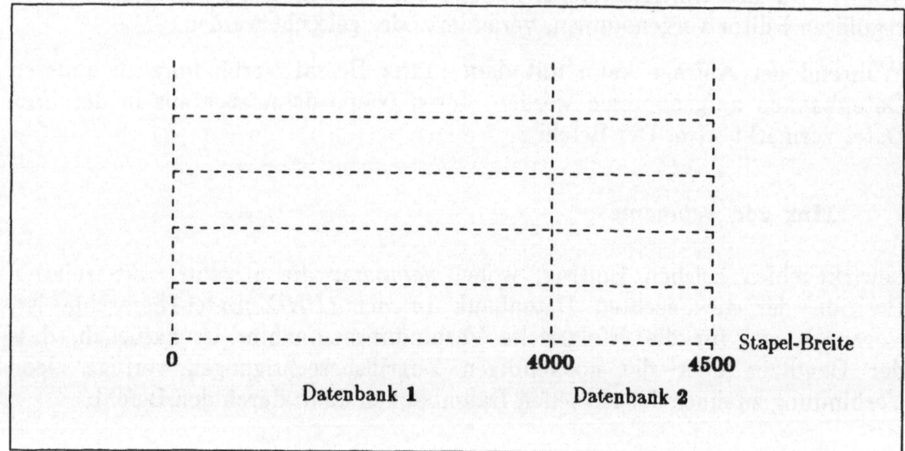

Fig. 10-3. Stapelaufteilung

Bei der Generierung von *S-Code-II*-Befehlen werden dann Deskriptoren, die in verschiedenen Datenbanken vorkommen, gleich behandelt wie Deskriptoren mit Metazeichen: sie werden durch die *or*-Operation miteinander verbunden.

Beispiel: [4]

In den Datenbanken von 1980 und 1981 soll nach Artikeln gesucht werden, die folgender Abfrage genügen:

```
simulation & process
```

Wir gehen von der Annahme aus, dass 1980 4000 Artikel (Datenbank 1) und 1981 deren 500 (Datenbank 2) aufgenommen wurden. Das ergibt eine totale Stapelbreite von 4500 booleschen Werten. Wenn weiterhin angenommen wird, dass das Stichwort **simulation** in beiden, **process** jedoch nur in der einen Datenbank vorkommt, wird folgender *S-Code-II* generiert:

---

4. Dieses Beispiel wie auch das Beispiel im folgenden Abschnitt bezieht sich auf die zu Beginn des Abschnitts erwähnte Situation, wobei eine Verteilung der in Abschnitt 1.1 skizzierten Artikel-Datenbank zugrunde gelegt wird.

```
S_LDD  2183  1     { Texte laden aus Datenbank 1 (1980) }
S_LDD   735  2     { Texte laden aus Datenbank 2 (1981) }
S_OR
S_LDD  1789  1     { Texte laden aus Datenbank 1 (1980) }
S_AND
```

Beim Laden aus Datenbank 2 muss jeweils die Zahl 4000 zu den Textnummern
addiert werden, bevor der entsprechende boolesche Wert im Stapelelement auf
true gesetzt werden kann.

Vorteile: An der Ausführungsweise der *and-* und *or-*Operationen im Interpreter
des *CIS* ändert sich nichts. Die Operationen berücksichtigen automatisch die
ganze Stapelbreite und somit alle vorhandenen Datenbanken. Auch statistische
Abfragen (*min, max, sum, mean*) können korrekt beantwortet werden.
Sortierte Ausgaben werden durch den Zugriff auf mehrere Datenbanken
komplizierter als für eine Datenbank, sind aber grundsätzlich möglich.

Nachteile: Der Hauptnachteil der beschriebenen Implementationsvariante liegt
in der - verglichen mit den anderen Varianten - aufwendigen Änderung des
CIS. Ausserdem ist diese Variante im Hinblick auf eine Verteilung von
Datenbanken auf verschiedene Anlagen weniger flexibel als die anderen
Varianten.

Variante 2: Verbindung oberhalb der *CIS*-Ebene:

Ein dem *CIS* übergeordnetes Programm öffnet alle Dateien, nimmt die
Abfragen entgegen und ruft das *CIS* auf. Bei dieser Variante enthalten die
Programme *innerhalb* des *CIS* keine zusätzlichen Anweisungen für die
Steuerung der Zugriffe auf mehrere Datenbanken. Die Verbindung wird jeweils
zu einer Datenbank aufs Mal *vor* dem Aufruf des *CIS* aufgenommen. Das *CIS*
wird für jede Datenbank einzeln aufgerufen.

Vorteil: Der *Vorteil* dieser Variante liegt in der einfachen Implementation; der
Aufwand ist minimal.

Nachteil: Als *Nachteil* muss erwähnt werden, dass statistische Anfragen, sowie
sortierte Ausgaben nur mit erheblichem Aufwand für alle Datenbanken
zusammen ausgeführt werden können.

Variante 3: Verbindung auf Prozess-Ebene:

Ähnlich wie bei der zweiten Variante ist auch hier keine zusätzliche Intelligenz
für das *CIS* notwendig. Der Unterschied besteht lediglich im Aufruf des *CIS:*
Während das *CIS* in Variante 2 in einer Schleife für jede Datenbank
aufgerufen wurde, wird hier gleich für das ganze Abfragesystem ein
unabhängiger Prozess[5] für jede Datenbank abgespalten. Alle Ausgaben müssen
in Dateien zwischengespeichert werden. Die Koordination der Terminal-

Ausgabe erfolgt durch das Hauptprogramm, welches die unabhängigen Abfragesysteme gestartet hat.

Vorteile: Die Vorteile dieser Variante kommen beim Verteilen von *PIZZA* auf mehrere Maschinen zur Geltung (vgl. Abschnitt 10.3). Diese Variante ist ausserdem sehr einfach zu implementieren

Nachteil: Wie bei Variante 2 kann auch hier die Beantwortung statistischer Anfragen, sowie sortierte Ausgabe nur mit erheblichem Aufwand für alle Datenbanken zusammen vorgenommen werden.

10.2.3 Diskussion

Bei der Implementation von *PIZZA* wurde die Einfachheit in den Vordergrund gestellt und die Schnittstellen für die Verwirklichung der zweiten Variante vorbereitet. Um den Nachteil dieser Variante aufzuheben, sollte die Ausgabe der Texte nicht - wie bis anhin - durch den Interpreter des *CIS* sondern durch die übergeordnete Instanz (`root`-Programm) organisiert werden. Die Ausgabe kann dann zentral für alle Datenbanken gesteuert werden, statistische Angaben können für jede Datenbank einzeln durchgeführt und vor der Ausgabe integriert werden.

10.3 Verteilen auf verschiedenen Maschinen

Die Ausführungen dieses Abschnitts beruhen auf der im vorangegangenen Abschnitt vorgeschlagenen Realisierung des `:link`-Befehls und auf Variante 3 der besprochenen Implementationsmöglichkeiten.

10.3.1 Realisierung

Unter der Voraussetzung, dass alle Anlagen, auf welche die *IR*-Datenbanken verteilt werden sollen, unter *UNIX*[6] betrieben werden, können wir die Verteilung auf verschiedenen Maschinen wie folgt realisieren:

Die Verbindung wird - wie bis anhin - durch den *link*-Befehl gesteuert, der folgendermassen erweitert wird:

---

5. *UNIX*-Spezialität: Das Abspalten eines Prozesses wird unter *UNIX* durch die *fork*-Operation vorgenommen (vgl. [UNIX-80], *fork(2)*).

6. Eine Verteilung auf Maschinen mit anderen Betriebssystemen ist grundsätzlich auch möglich. Sie wird jedoch unter *UNIX* durch das Vorhandensein entsprechender Befehle begünstigt.

$$:\texttt{link} \quad \begin{bmatrix} \texttt{add} \\ \texttt{drop} \\ \texttt{list} \end{bmatrix} \quad \textit{machine!pathname}$$

wobei *machine* (neu) die Maschine mit der abzufragenden Datenbank bezeichnet. Der Eintrag in der *link*-Datei muss neu auch den Namen der Maschine enthalten.

Jede Abfrage wird mit allen notwendigen Angaben an die Maschine mit der Datenbank gesandt. Die Ausführung wird durch den *uux*-Befehl[7] organisiert. Das Resultat der Abfrage auf der anderen Maschine wird in einer Datei auf der Maschine des Absenders abgelegt.

Beispiel:

Alle Abfragen sollen auf der aktuellen Maschine namens *belides* und auf einer Maschine namens *circe* durchgeführt werden. Auf der aktuellen Maschine *(belides)* wird das Abfragesystem aufgerufen. Daraufhin werden folgende Eingaben vorgenommen:

```
:link add circe!/u/mosi/db/qry
:ask text sort(autor) of simulation & process
```

Nach der Eingabe der Abfrage erfolgt zuerst die Ausgabe der lokalen Antwort. Die Abfrage wird gleichzeitig in einer Temporärdatei (zum Beispiel: **tmpxxx**) gespeichert. Dann wird der *uux*-Befehl wird automatisch aufgesetzt:

```
uux "belides!/usr/bin/p.qry circe!/u/mosi/db/qry < !tmpxxx > !p.out"
```

und dem *UNIX*-Shell zur Ausführung übergeben. Die Zeit, welche verstreicht, bis die Antwort von der Maschine *circe* eintrifft, hängt von der Art der Verbindung ab[8]. Die Antwort wird in einer Datei gespeichert und ihr Eintreffen durch eine Meldung angezeigt.

---

7. *uux* heisst **UNIX** to **UNIX** execute. Dieser Befehl ermöglicht die Ausführung beliebiger Befehle mit beliebigen Parametern und Dateien auf anderen Maschinen.

8. Problem: In der aktuellen Version von *uux* wird die Verbindung zwischen zwei Maschinen sofort nach der Ausführung des *uux*-Befehls wieder abgebrochen. Die Verbindung muss deshalb für *jede* Abfrage neu aufgebaut werden.

10.3.2 Diskussion

Die Realisierung dieser Verbindungsaufnahme und Ausführung ist einfach. Sie entspricht der *UNIX*-Philosophie (*uux*-Befehl) und ihre Implementation in *PIZZA* bringt keine strukturellen Änderungen mit sich, da der Batch-Betrieb vom Experimentiersystem ohnehin unterstützt wird (vgl. Anhang I).

Die Schwäche dieser Art der Realisierung liegt in der Behandlung der anderen Maschine als Batch-Maschine und der Zwischenspeicherung der Antwort in einer Datei. Lösungen zur online Behandlung der *gesamten* Abfrage als *eine* Abfrage sind denkbar, aber wegen der Unberechenbarkeit der Antwortzeit kompliziert.

Als Schnittstelle wurde bis anhin die *Abfrage in Klartext* gewählt. Es ist durchaus möglich die *S-Code-I*-Befehle auf eine andere Maschine zu exportieren und dadurch das zweimalige Compilieren der Abfrage zu sparen. Der Nutzen eines solchen Vorgehens ist jedoch äusserst fraglich, vor allem wenn man bedenkt, wie wenig Zeit das Übersetzen einer Abfrage im Verhältnis zur Ausführung der Suche in Anspruch nimmt.

10.4 Verteilen von Datenbankteilen

10.4.1 Möglichkeiten

Neben der besprochenen Verteilung von ganzen Datenbanken und deren Verbindung über den *link*-Befehl, besteht auch die Möglichkeit, *Teile* einer Datenbank zu verteilen. Die Abfragesprache muss in diesem Fall nicht erweitert werden. Die Problematik des Verteilens von Datenbankteilen kann im Sinne einer *Arbeitsteilung* behandelt werden. Dabei unterscheiden wir fünf Varianten. Ausser für die erste Variante, die lediglich organisatorische Massnahmen erfordert, müssen weitgehende strukturelle Änderungen im *IRS* vorgenommen werden, um eine Arbeitsteilung zu ermöglichen. Wir gehen im folgenden von einer Konfiguration aus, in welcher eine *grosse*[9] mit einer oder mehreren *kleinen* Anlagen verbunden ist.

---

9. Wenn im folgenden die Rede von einer *grossen* Anlage ist, so meinen wir damit relativ gross (Beispiele: PDP-11/70, VAX-780, IBM-4341 und IBM-3033, alles Anlagen der Universität Zürich). Mit einer *kleinen* Anlage ist eine Anlage wie die ONYX-Anlage gemeint.

Variante 1:   Die ganze Datenbank befindet sich auf allen Anlagen.
Arbeitsteilung zwischen Ladeteil und Abfrageteil.

Aus Datensicherungs- oder Effizienzgründen kann es sich lohnen, den Ladevorgang auf einer anderen Maschine vorzunehmen, von welcher die Datenbank dann an alle Interessenten exportiert wird. Das Kopieren der eigentlichen Datenbank beansprucht nur einen Bruchteil der Ladezeit. Man kann so beispielsweise *ein* (grosses) System für Datenaufnahme und Laden und *mehrere* (lose gekoppelte) Systeme für Abfragen (und andere Verarbeitungen) verwenden.

Variante 2:   Die ganze Datenbank befindet sich auf allen Anlagen.
Arbeitsteilung beim Abfragen und zwischen Abfrage- und
Ladeteil.

Das *PIZZA*-System ist so konzipiert, dass eine Arbeitsteilung innerhalb des *CIS* möglich ist. Bei dieser Variante wird die grosse Anlage lediglich dann bemüht, wenn *sequentiell* in den Deskriptoren *oder* in den Texten gesucht werden muss, denn dann ist die grosse Anlage eindeutig überlegen. Der Ladevorgang kann - wie bei Variante 1 - ebenfalls auf der grossen Anlage ausgeführt werden. Die Datenaufnahme hingegen wird in jedem Fall mit der kleinen Anlage vorgenommen. Bei Bedarf kann die ganze Abfrage auf der kleinen Anlage ausgeführt werden.

Variante 3:   Die Deskriptordatei wird ausschliesslich auf dem grossen System
unterhalten. Arbeitsteilung beim Abfragen.

Die Compilation einer Anfrage kann dann sowohl auf der grossen als auch auf der kleinen Anlage durchgeführt werden. Der gesamte Suchvorgang wird jedoch (ausschliesslich) auf der grossen Maschine durchgeführt. Als Resultat werden *S-Code-II*-Befehle zurückgesandt. Diese enthalten die Adressen von orthogonalen Elementen, die dann auf der kleinen Anlage (lokal) zugegriffen werden, um die relevanten Texte zu eruieren. Da die grosse Maschine lediglich die Aufgabe des Suchens hat, muss sie nicht unbedingt unter *UNIX* betrieben werden, um diese Art der Verbindung zu ermöglichen.

Variante 4:   Die Deskriptordatei befindet sich auf beiden Anlagen.
Arbeitsteilung beim Abfragen.

Die Arbeitsteilung erfolgt ähnlich wie bei Variante 3. Hier wird der grossen Maschine jedoch lediglich die Aufgabe des *sequentiellen Suchens* übertragen. Die kleine Maschine ist überall dort gut genug, wo mit schnellen Zugriffsmethoden gearbeitet werden kann.

Beispiel zu Variante 4: Eine Deskriptorendatei umfasst 1000 Deskriptoren. Die sequentielle Zugriffszeit auf einer Mikro-Anlage (z.B. ONYX) wird im Minimum etwa 20 Sekunden betragen. Der schnelle Zugriff auf einen bis drei Deskriptoren dauert etwa 2 Sekunden. Die Übertragungszeit der Abfrage und einer Anzahl Textnummern als Antwort kann mit 2 × 1 Sekunde, die sequentielle Suchzeit auf der grossen Anlage mit etwa 2 Sekunden (z.B. IBM-3033) veranschlagt werden. Es ergibt sich ein Diagramm wie in Fig. 10-4. Die Ersparnis beträgt immerhin über 15 Sekunden.

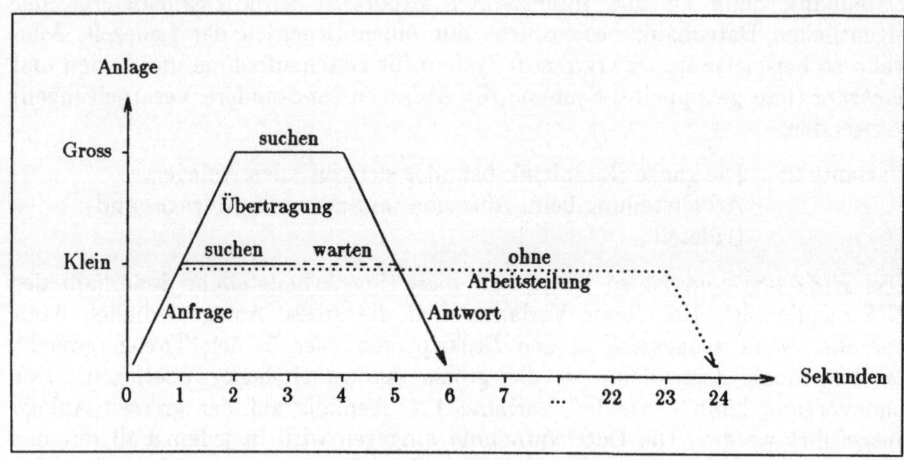

Fig. 10-4. Arbeitsteilung

Der *Vorteil* dieses Vorgehens liegt vor allem darin, dass jede Abfrage auf der kleinen Anlage *im Notfall erzwungen* werden kann.

Variante 5:   Alle Datenbankdateien befinden sich nur auf der grossen Anlage. Arbeitsteilung beim Abfragen.

Bei diesem Vorgehen wird die kleine Anlage als *Front-End* der grossen Anlage eingesetzt. Dieses Vorgehen bietet dann *Vorteile*, wenn eine ähnliche Konstellation der Rechenanlagen besteht wie an der Universität Zürich: Die IBM-3033-Anlage ist für *online*-Betrieb, wie er bei der Datenaufnahme und Abfrage erforderlich ist, weniger geeignet als die kleineren Systeme, die unter *UNIX* betrieben werden (vgl. Abschnitt 3.2). Die Benutzung der grossen Anlage bringt jedoch bei der Suche in der Datenbank zeitliche Vorteile (vgl. Variante 4). Die Datenaufnahme und -abfrage würden auf der kleinen Anlage vorgenommen. Die Schwerarbeit des Ladens und Suchens würde mit der grossen Maschine bewerkstelligt.

10.4.2 Diskussion

Die aufgezählten Möglichkeiten eröffnen ein weites Spektrum der Arbeitsteilung zwischen Gross- und Kleinanlagen. Die Grenzen der kleinen Anlagen treten offen zutage, sobald in grösseren Datenmengen *sequentiell* gesucht werden muss, was sich auch bei geschickter Organisation der Daten nicht immer umgehen lässt. Um Erfahrungen zu sammeln, sollte mit einem Tandem bestehend aus einer Gross- und (mindestens) einer Kleinanlage experimentiert werden. Für ein solches Experiment besonders geeignet ist die Methode, bei welcher die Deskriptoren für die sequentielle Suche auf die grosse Anlage kopiert werden. Ein Gelingen der Experimente hängt im wesentlichen von der Geschwindigkeit der Verbindung und der Verbindungsaufnahme zwischen den Anlagen ab.

11. Schlussbemerkungen

11.1 Zusammenfassung

Das Ziel dieser Arbeit war es, anhand eines Experimentiersystems, welches

- bei den täglich anfallenden Retrieval-Aufgaben eingesetzt werden kann,

- als Instrument für Experimente dienen kann,

- und als Massstab bei der Beurteilung anderer *IRS* herangezogen werden kann,

die in der *IR*-Theorie für Systeme dieser Art aktuellen Fragestellungen zu diskutieren.

Es entstand ein *IRS*, *PIZZA*, welches mit vergleichsweise kleinem Aufwand erstellt werden konnte. Es erfüllte die Erwartungen und befindet sich an verschiedenen Stellen innerhalb und ausserhalb der Universitätsumgebung im Einsatz.

Bei der Arbeit mit *PIZZA* zeigte sich (einmal mehr) die Schwäche der booleschen Form der Abfragen. Das Bilden von (booleschen) Deskriptorenausdrücken bereitete den Benutzern anfänglich Schwierigkeiten, die sich jedoch durch entsprechendes Training beheben liessen.

Die bei Abfragen verwendete Metazeichennotation wird sehr häufig benutzt. In einer der Applikationen von *PIZZA* wird beinahe jeder eingegebene Deskriptor in Metazeichen gekleidet, was zu einer überwiegend sequentiellen Suche in der Deskriptoren-Datei führt.

Entgegen unserer ursprünglichen Annahme wird im praktischen Einsatz von den Änderungsmöglichkeiten in *PIZZA* häufig Gebrauch gemacht. Der Manipulationsteil von *PIZZA* hat sich als die schwächste Komponente des Systems erwiesen.

11.2 Ausblick

Mit der Implementation, der Dokumentation und dem praktischen Einsatz von *PIZZA* ist die erste Phase dieses Projektes abgeschlossen. Der Erfolg in der Praxis beweist, dass ein Bedarf für ein solches System vorhanden ist.

In der vorliegenden Arbeit wurden verschiedene Erweiterungen vorgeschlagen. Sie lassen sich grob in drei Kategorien unterteilen:

1. Marginale Erweiterungen algorithmischer Art; dazu gehört unter anderem:

    - Die Implementation eines schnelleren Algorithmus' für die sequentielle Suche in den Deskriptoren und Texten.

    - Die Implementation eines Kompressionsalgorithmus' für die interne Speicherung der von der *HSM* verarbeiteten booleschen-Vektoren.

    - Die Implementation eines der möglichen Algorithmen zur Umformung von Deskriptorausdrücken in eine der mathematischen Normalformen.

2. Generelle Erweiterungen algorithmischer Art, wie zum Beispiel:

    - Möglichkeiten zur Gewichtung von Texten und/oder Deskriptoren bei der Abfrage.

3. Erweiterungen struktureller Art; dabei sind besonders erwähnenswert:

    - Die Integration von Datenabfrage- und Manipulationsteil.

    - Die Einführung einer Sprache zur Beschreibung der Roh- oder Eingabedaten.

    - Methoden zum Verbinden mehrerer *PIZZA*-Datenbanken, die auf einer oder mehreren Maschinen verteilt sind.

Die weitere Arbeit an diesem Projekt kann in zwei Richtungen erfolgen: Für den praktischen Einsatz bringen die Implementation der schnelleren Algorithmen für den sequentiellen Zugriff und die Integration von Aufnahme- und Manipulationsteil den grössten Nutzen. Aus theoretischer Sicht muss vor allem die Suche nach anderen nicht-booleschen Ausdrucksformen von Abfragen weiterverfolgt werden.

Inhalt:

1. *PIZZA*-Befehle unter UNIX

In diesem Abschnitt werden alle unter UNIX verfügbaren Befehle, die im Zusammenhang mit dem *PIZZA*-System stehen, erläutert.

Es sind dies die folgenden Befehle:

```
p.query          p.prtpiz *
p.rawdata        p.unload *
p.reload         p.lsdesc *
p.prune          p.dpdesc
p.reldat         p.mkpiz
p.prof           p.rmpiz
p.mask
```

Die Verbindungsaufnahme mit dem UNIX System (login) sowie der Aufruf und die Benutzung eines Editors[1] (*e*, *ke* oder *ed*) wird hier nicht weiter behandelt.

Bei der Darstellung von Anweisungen und Befehlen in diesem Handbuch wurden folgende Regeln eingehalten:

- Alle Eingaben (Schlüsselwörter etc.) sind durch Schreibmaschinenschrift gekennzeichnet.

- Parameter sind mit symbolischen Namen, kleingeschrieben und kursiv angegeben.

- Optionale Parameter und Angaben sind in eckige Klammern gesetzt.

Weiterhin wird in diesem Handbuch von folgenden Voraussetzungen ausgegangen:

- Die Benutzung des allgemeinen Editors e ist bekannt.

- Der Benutzer ist mit der Grundphilosophie von UNIX vertraut.

- Das Verlassen eines Menüs geschieht immer durch gleichzeitiges Drücken der Tasten *ctrl-d* (ergibt EOF) oder durch die entsprechende Anwahl.

- Bei der Datenaufnahme wird eine Maske durch drücken der Tasten *esc-s (escape save)* gespeichert und verlassen.

- Bei der Aufnahme einer Maske oder eines Profils wird der reguläre Schirmeditor aufgerufen. Er kann durch Drücken der Tasten *esc-s* verlassen werden.

1.1 Verzeichnis-Struktur *(directory structure)*

Entsprechend der von UNIX unterstützten hierarchischen Datei- und Verzeichnis-Organisation, sind auch die von *PIZZA* benötigten Dateien angeordnet (Fig. 1).

---

* noch nicht implementiert

1. Dokumentation: [UNIX-80] und [FREI-82]

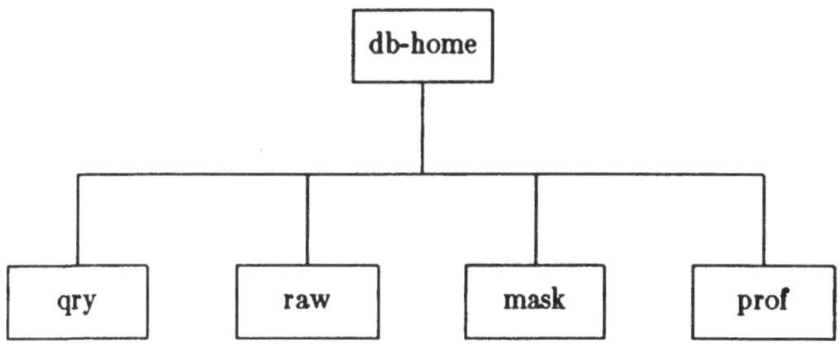

Fig. 1-1. Strukturierung einer PIZZA Datenbank

db-name ist der Name der Datenbank. Er wird dem Befehl **p.mkpiz** als Parameter übergeben.

qry ist ein Verzeichnis und enthält die eigentliche *PIZZA* Datenbank. Sie besteht aus sechs Dateien:

  text für Texte,

  desc für Deskriptoren,

  orth für orthogonale Elemente und Deskriptorwerte,

  var für Variablen,

  lock beinhaltet Informationen für die Zugriffskontrolle,

  addr beinhaltet Zugriffsinformationen.

raw ist ein Verzeichnis und enthält eine beliebige Anzahl Dateien mit Rohdaten. Die Namen der Dateien werden automatisch generiert.

mask ist ein Verzeichnis und enthält die Dateien mit den Ein- und Ausgabemasken.

prof ist ein Verzeichnis und enthält die Dateien mit den Profilen.

Die obige Datei-Struktur wird mit dem Befehl **p.mkpiz** erstellt. Sie ist jedoch nur dann nötig, wenn mit dem in Abschnitt 3 dieses Handbuchs beschriebenen Rohdaten- und Aufnahmekonzept und den dazugehörenden Programmen (**p.rawdata**, **p.prune**, **p.mask**, **p.prof**) gearbeitet wird.

1.2 p.query-Befehl

Funktion: **p.query** dient dem Aufruf des Abfrageteils von *PIZZA* unter Angabe einer bestimmten Datenbank. Das Abfragesystem wird im Abschnitt 2 dieses Handbuches ausführlich beschrieben.

Syntax: **p.query** *[dir] [inputfile] [fehlerfile]*

   dir gibt den Namen des Verzeichnisses an, in welchem sich die Datenbank befindet. Mangels Angabe wird das aktuelle Verzeichnis angenommen.

inputfile   gibt den Namen einer Datei an, in welchem sich Abfragebefehle befinden, die einzulesen und zu verarbeiten sind.

fehlerfile   wenn das Abfragesystem im Batch aufgerufen wird, muss hier der Namen einer Datei angegeben werden, auf welches allfällige Fehlermeldungen geschrieben werden können.

1.3 p.rawdata-Befehl

Funktion: **p.rawdata** dient dem Aufruf des Rohdaten-Manipulationsteils von *PIZZA*. Die Manipulation von Rohdaten wird im Abschnitt 3 dieses Handbuches ausführlich beschrieben.

Syntax: **p.rawdata** *[dir]*

dir   gibt den Namen des Verzeichnisses an, in welchem sich die Rohdaten befinden. Mangels Angabe wird das aktuelle Verzeichnis angenommen.

1.4 p.reload-Befehl

Funktion: mit dem **p.reload**-Befehl wird die Datenbank geladen. Die zur Speicherung der Daten in *PIZZA*-Format notwendigen Dateien werden automatisch erstellt. Dieser Befehl ist bei grossen Datenbanken langsam und wird mit Vorteil nachts zur Ausführung gebracht (vgl. **p.reldat** Befehl).

Syntax: **p.reload** *dir [f1...fx] [*]*

dir   gibt den Namen des Verzeichnisses an, in welchem sich die zu ladende Datenbank befindet. Mangels Angabe wird das aktuelle Verzeichnis angenommen.

f1..fn   bezeichnet eine beliebige Anzahl Rohdatenfiles. In den Dateinamen können Meta-Zeichen (vgl. Abschnitt 2.4 des Handbuchs) nach der üblichen UNIX-Konvention verwendet werden.

1.5 p.prune-Befehl

Funktion: **p.prune** erfüllt folgende Aufgaben:

1. **p.prune** kopiert die Rohdaten in Dateien, welche zur Weiterverarbeitung mit dem Programm **p.rawdata** geeignet sind. Die Dateien sind maximal 500 Zeilen lang, ausser wenn ein einzelner Text länger sein sollte. Den Dateien werden alphabetisch fortlaufende Namen zwischen **aaa** und **zzz** zugeteilt.

2. Beim Kopieren der Dateien werden alle mit dem Programm **p.rawdata** gelöschten Texte physisch entfernt. Das Programm **p.rawdata** löscht Texte, indem es den Beginn des Textes, welcher mit **.tex** bezeichnet ist, mit **.del** überschreibt.

3. Beim Kopieren werden Rohdaten auf fehlerhafte Texte untersucht. Wird **p.prune** im Dialog aufgerufen, so wartet das Programm nach Auffinden eines fehlerhaften Textes bis es mit RETURN zum Weiterfahren aufgefordert wird, andernfalls werden die Meldungen auf die

Standardausgabedatei geschrieben. Nach Auftreten von Fehlern bleiben die ursprünglichen Rohdaten immer unverändert.

4. Erstellen der Datei `.index`. Diese Datei enthält Zugriffsinformationen für die Rohdaten, welche vom Programm **p.rawdata** benötigt werden.

Achtung:

- **p.prune** kann beliebige im angegebenen Verzeichnis vorhandene Dateien verarbeiten. Diese dürfen jedoch keine Namen haben, die mit **N_** oder mit einem Punkt (".") beginnen. Die Reihenfolge der Verarbeitung der Dateien ist alphabetisch.

- Nach Aufruf von **p.prune** stimmen die Textnummern der Texte in der Datenbank nicht mehr unbedingt mit denjenigen in den Rohdaten überein. **p.prune** soll deshalb immer unmittelbar vor dem Ladevorgang (**p.reload**) aufgerufen werden.

- In der ersten Phase erstellt **p.prune** Dateien mit Namen **N_aaa** bis **N_zzz**. Wenn keine Fehler auftreten, werden diese Dateien in **aaa** bis **zzz** umbenannt (2. Phase). Wenn Fehler augetreten sind (beispielsweise fehlerhafte Texte), bleiben die alten Daten unverändert und die **N_**-Dateien werden wieder gelöscht. Wenn bei diesem Löschvorgang ein Systemfehler auftritt, muss der Systemspezialist eingreifen.

- Wenn beim Umbenennen der Dateien in der zweiten Phase Fehler auftreten (Systemfehler), dann sind die ursprünglichen Daten bereits verändert und müssen (durch den Spezialisten) repariert werden.

Syntax: **p.prune** *[dir]*

    dir   gibt den Namen des Verzeichnisses an, in welchem sich die Rohdaten befinden. Mangels Angabe wird das aktuelle Verzeichnis angenommen.

1.6 p.reldat-Befehl

Funktion: **p.reldat** sorgt dafür, dass die Befehle **p.prune** und **p.reload** zu beliebiger Zeit an einem beliebigen Tag ausgeführt werden. **p.reldat** fragt zuerst ob sofort geladen werden soll. Im Fall einer negativen Antwort bittet **p.reldat** um die Angabe eines Zeitpunktes für das Neuladen. Die Zeit kann auf verschiedene Arten eingegeben werden:

- *zeit*

Die angegebene Zeit wird in der Form **hhmm** angegeben. *PIZZA* wird dann bei nächster Gelegenheit, zu dieser Zeit geladen. Die Stunden (**h**) können von 0-24 angegeben werden, die Minuten (**m**) von 0-60. Nach der amerikanischen Art können die Stunden von 0-12 unter zusätzlicher Angabe von **am** oder **pm** eingetippt werden. Beispiele: **2300, 13, 10pm, 1135am**.

- *zeit wochentag*

Die angegebene Zeit wird in der Form **hhmm** angegeben. Der Wochentag wird in Deutsch angegeben. Er kann abgekürzt werden, die Abkürzung muss jedoch eindeutig sein. *PIZZA* wird dann bei nächster Gelegenheit, an diesem Tag zur angegebenen Zeit geladen. Beispiele: **2330 do, 1200 mittwoch**.

- *zeit wochentag woche*

Gleich wie die letzte Variante, jedoch mit Angabe des Wortes **woche**. *PIZZA* wird dann bei nächster Gelegenheit, an diesem Tag in einer Woche zur angegebenen Zeit geladen. Beispiel: **930 di woche**.

- *zeit monat tag*

Bei dieser Variante wird nach der Zeit ein Monatsnamen angegeben. Dieser Name muss in Deutsch vollständig oder eindeutig abgekürzt angegeben werden. *tag* ist der Tag im Monat und wird als Zahl zwischen 1 und 31 eingegeben. *PIZZA* wird dann am entsprechenden Datum zur eingegebenen Zeit geaden. Beispiel: **4am jul 15**.

Syntax: **p.reldat**

1.7 p.prof-Befehl

Funktion: **p.prof** dient der Verwaltung von Profilen zur Text- und Deskriptorenaufnahme (vgl. Abschnitt 3 und 4 dieses Handbuchs).

Syntax: **p.prof** *[dir]*

    dir   gibt den Namen des Verzeichnisses an, in welchem sich die Profile befinden. Mangels Angabe wird das aktuelle Verzeichnis angenommen.

1.8 p.mask-Befehl

Funktion: **p.mask** dient der Verwaltung von Masken zur Text- und Deskriptorenaufnahme (vgl. Abschnitt 3 und 4 dieses Handbuchs).

Syntax: **p.mask** *[dir]*

    dir   gibt den Namen des Verzeichnisses an, in welchem sich die Masken befinden. Mangels Angabe wird das aktuelle Verzeichnis angenommen.

1.9 p.prtpiz-Befehl

Funktion: **p.prtpiz** druckt eine unter **p.query** erstellte Datei mit Ausgabedaten des Abfragesystems aus. Für jeden Text wird eine neue Seite begonnen. Der Benutzer kann das Ausgabemedium frei wählen.

Syntax: **p.prtpiz** *[file]*

    file   Hier wird der Name der zu druckenden Datei angegeben. Wenn der Name nicht angegeben wird, fragt **p.prtpiz** den Benutzer danach.

1.10 p.unload-Befehl

Funktion: **p.unload** erstellt aus einer *PIZZA* Datenbank ein Rohdatenfile. Dieses Rohdatenfile hat mangels anderer Angabe den Namen **aaa** und kann mit dem Programm **p.prune** in kleinere Dateien aufgespalten werden.

Syntax: **p.unload** *[dir] [file]*

    dir   gibt den Namen des Verzeichnisses an, in welchem sich die zu entladende Datenbank befindet. Mangels Angabe wird das aktuelle Verzeichnis angenommen.

    file   hier wird der Name der Datei angegeben, in welchem die Rohdaten versorgt werden. Mangels Angabe wird eine Datei namens **aaa** verwendet.

1.11 p.lsdesc-Befehl

Funktion: **p.lsdesc** unterstützt die interaktive Suche in den Deskriptoren einer Datenbank. Das Programm meldet sich - gleich wie **p.query** - mit dem Bereitschaftszeichen (>). Daraufhin kann:

- ein vollständiger Deskriptor, oder
- ein Teil eines Deskriptors mit Metazeichen

eingegeben werden. Im ersten Fall wird der gesuchte Deskriptor mit den 10 lexikalisch auf diesen Deskriptor folgenden, sowie den 10 vorangehenden Deskriptoren gezeigt.

Im zweiten Fall werden alle Deskriptoren gezeigt, auf die das eingegebene Suchkriterium zutrifft. Zu jedem Deskriptor wird angegeben, in wievielen Texten er vorkommt. Zum Erstellen eines Deskriptorenkataloges mit allen Deskriptoren soll **p.dpdesc** verwendet werden.

Syntax: **p.lsdesc** *[dir]*

    dir   gibt den Namen des Verzeichnisses an, in welchem sich die Datenbank befindet. Mangels Angabe wird das aktuelle Verzeichnis angenommen.

1.12 p.dpdesc-Befehl

Funktion: Mit **p.dpdesc** wird eine alphabetische Liste aller in einer Datenbank vorhandenen Deskriptoren erstellt. Dabei werden für jeden Deskriptor folgende Angaben gezeigt:

- wie oft er in der Datenbank vorkommt,
- an welcher (relativen) Adresse er sich in der desc-Datei befindet,
- Adressinformation zum Aufsuchen der zugehörigen Texte,
- ob der Deskriptor Wertigkeiten hat und wenn ja, welchen Typ diese haben.

p.dpdesc druckt unter anderem Informationen aus, die für den Benutzer nicht von Interesse sind. Wo immer möglich, soll deshalb das Programm **p.lsdesc**

verwendet werden.

Syntax:　**p.dpdesc** *[dir]*

　　　dir　　gibt den Namen des Verzeichnisses an, in welchem sich die Datenbank befindet. Mangels Angabe wird das aktuelle Verzeichnis angenommen.

1.13 p.mkpiz-Befehl

Funktion: **p.mkpiz** erstellt die notwendigen Verzeichnisse zur Arbeit mit dem **p.query**-Befehl. Dieser Befehl wird *nur* beim Erstellen einer *neuen* Datenbank benötigt. Die entstehende Verzeichnis-Struktur wurde in Abschnitt 1 des Handbuchs bereits beschrieben. Die Namen der erstellten Sub-Verzeichnisse und Dateien sind vorgegeben und werden während dem Erstellen vorzu am Bildschirm gezeigt. Wenn die Datenbank korrekt erstellt werden konnte, startet **p.mkpiz** automatisch das Menütreiberprogramm.

Syntax:　**p.mkpiz** *dir*

　　　dir　　Angabe des Namens der Datenbank, das heisst, des Verzeichnisses, in welchem die Datenbank residieren soll.

1.14 p.rmpiz-Befehl

Funktion: **p.rmpiz** löscht eine ganze *PIZZA*-Datenbank samt Rohdaten. Das Programm fragt, ob jede der vorhandenen Verzeichnisse und Dateien auch wirklich gelöscht werden soll. Als Antwort wird jeweils y oder yes erwartet; j oder ja wird nicht erkannt.

Syntax:　**p.rmpiz** *dir*

　　　dir　　Name der zu löschenden Datenbank (*home-directory* der Datenbank).

2. Abfragesystem

Das Abfragesystem ist der Kernteil von *PIZZA*. Es wird mit dem Befehl

　　p.query

gestartet (vgl. **p.query**-Befehl in Abschnitt 1 des Handbuchs).

Die folgenden Ausführungen beziehen sich auf *Concept 108* und ähnliche Datenstationen. Die Benennung einzelner Tasten (und zum Teil auch deren Auswirkung) ist bei anderen Terminaltypen unterschiedlich.

2.1 Texte und Deskriptoren

Von einem Text oder einer Texteinheit wird immer dann gesprochen, wenn die eigentliche Information, das Objekt der Speicherung, gemeint ist. Verglichen mit einem herkömmlichen Karteisystem, ist der Text den Notizen auf einer Karte gleichzusetzen. Jeder Text wird durch eine beliebige Anzahl Deskriptoren beschrieben. Der Zugriff zu einem Text erfolgt in der Regel über die entsprechenden Deskriptoren. Die Regeln, welche bei der Aufnahme von Texten und Deskriptoren zu beachten sind, werden im Abschnitt 3 dieses Handbuches erläutert.

Es können beliebig viele Texte (m Texte) durch eine beliebige Anzahl Deskriptoren (n Deskriptoren) beschrieben werden. Die Texte werden mit den Deskriptoren über sogenannte orthogonale Elemente verbunden (orthogonal bedeutet rechtwinklig). Ein Beispiel für eine solche Organisation zeigt Fig. 2. Die Texte sind mit T(1)...T(m) bezeichnet, die Deskriptoren mit D(1)...D(n) und die othogonalen Elemente mit O(1,1)...O(m,n). Durch Eingabe des Deskriptors D(2), zum Beispiel, wird man - wie aus der Figur ersichtlich ist - die Texte T(2) und T(3) erhalten.

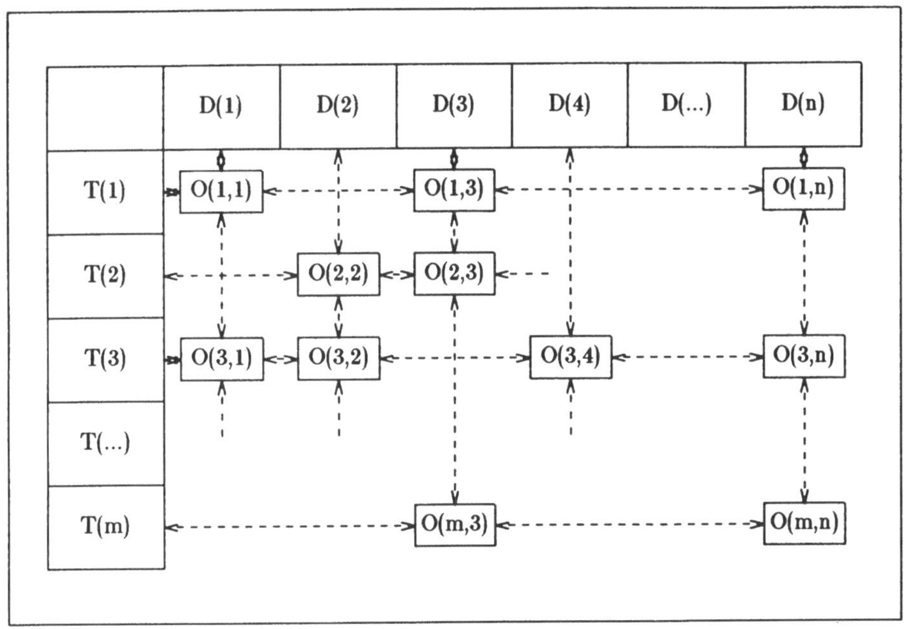

Fig. 2-2. Orthogonale Organisation

2.2 Allgemeine Hinweise

2.2.1 Batch-Betrieb

Das Abfragesystem wurde für den interaktiven Betrieb am Terminal konzipiert. Es kann jedoch auch im Batch aufgerufen werden. Dies ist vor allem dann interessant, wenn von einer sich (langsam) ändernden Datenbank periodisch eine bestimmte Menge gleicher Abfragen gemacht werden soll.

Der Aufruf von query im Batch geschieht mit folgendem Befehl:

    p.query *db-name inputfile [fehlerfile]* **&**

wobei *inputfile* die Abfragen enthält. Um die Resultate korrekt auf eine Ausgabedatei zu schreiben, muss *inputfile* zuoberst einen Befehl

    :direct file *ausgabedatei*

enthalten.

2.2.2 Bereitschaftszeichen

Nach Eingabe des Befehls **p.query** erscheint das Zeichen > auf dem Bildschirm. Dieses Zeichen wird Prompter oder Bereitschaftszeichen genannt und zeigt dem Benutzer, dass er seine Abfrage oder seinen Abfragebefehl eintippen kann. Die Ausgabe des Bereitschaftszeichens kann durch Setzen der **noprompt**-Option (vgl. **set**-Befehl) unterdrückt werden.

2.2.3 Die Eingabe von Sonderzeichen

Die meisten Sonderzeichen werden für spezielle Zwecke verwendet. In Fig. 3 sind die wichtigsten Sonderzeichen und ihre Bedeutung zusammengefasst:

Zeichen	Verwendung
| & ^ ( )	in komplexen Anfragen
%	zur Kennzeichnung von Variablen und der Text-Funktion
#	zur Eingabe einer Textnummer in der Textfunktion
:	zur Kennzeichnung eines Befehls
\	am Ende einer Eingabezeile, die fortgesetzt wird
@	zu Testzwecken (direkte Deskriptoreneingabe)

Wenn eines dieser Sonderzeichen in einem Deskriptor vorkommt, muss bei der Abfrage durch Eingabe eines \ *(backslash)* angezeigt werden, dass nicht die übliche Bedeutung des Zeichens gemeint ist.

Beispiel:

Es soll nach einer Firma *Uhren & Co* gesucht werden. Um die Verarbeitung von **Uhren & Co** als Deskriptor zu erzwingen, muss eingegeben werden:

    Uhren \& Co

2.2.4 Lange Eingaben

Wird eine Zeile mit \ abgeschlossen, so wird auf der nächsten Zeile eine Fortsetzung der Eingabe erwartet.

Beispiel:

```
nagel* & (herman* & \
mayer C.W.)
```

2.2.5 Unterbrechen der Ausgabe

Das Abfrage-System kann bei der Ausgabe von Resultaten an jeder Stelle durch Drücken der *rubout*-Taste unterbrochen werden. Allfällig berechnete Resultate sind in der Variablen **lastqry** vorhanden und können trotz dem Unterbruch weiter verwendet werden.

2.2.6 Beenden der Abfrage-Sitzung

Zum Beenden der Arbeit mit dem Abfragesystem werden (gleichzeitig) die Tasten *ctrl-d* gedrückt. Daraufhin erscheint das Hauptmenü, welches ebenfalls durch Eingabe von *ctrl-d* oder durch die entsprechende Anwahl verlassen werden kann.

2.3 Einfache Abfrage

Bei einer einfachen Abfrage wird nach dem Bereitschaftszeichen ein einzelner Deskriptor eingegeben. Die Ausgabe der Texte erfolgt nach der internen Nummer aufsteigend sortiert. Die interne Nummer wird beim Laden zugeteilt.

Beispiel:

Finde alle Artikel über Simulation. Eingabe:

```
simulation
```

Anmerkung: Gross und klein geschriebene Deskriptoren werden gleich behandelt.

2.4 Metazeichennotation

Einige Spezialzeichen (*?[]) nehmen bei der Eingabe eines Deskriptors in einem Deskriptorausdruck eine Sonderstellung ein.

*   Der Stern kann anstelle einer beliebigen Anzahl *beliebiger Zeichen* (auch Leerstellen oder kein Zeichen) verwendet werden.

?   Das Fragezeichen kann anstelle genau *eines* beliebigen Zeichens verwendet werden.

[ ]   In eckigen Klammern kann eine *Auswahl* oder ein *Bereich* von Zeichen angegeben werden, von denen genau *eines* an der entsprechenden Stelle stehen muss.

Diese Metazeichen können an jeder Stelle in einem Deskriptor verwendet werden. Alle in Deskriptorausdrücken verwendeten Deskriptoren dürfen Metazeichen enthalten.

Die Verwendung von Metazeichen hat verschiedene Auswirkungen:

- Die Suchzeit (und damit die Antwortzeit) steigt mit der Anzahl verwendeter Metazeichen.

- Weil für die Optimierung der Suche in der Deskriptorendatei die ersten Buchstaben eines Deskriptors verwendet werden, verzögert ein Metazeichen am Anfang eines Deskriptors die Suche besonders stark.

- Mit der Verwendung von Metazeichen werden meistens auch mehr Dokumente gefunden. Dabei wird natürlich auch die Anzahl gefundener aber nicht erwünschter

Dokumente grösser.

Beispiele:

1. In einer Datenbank über *PIZZA* soll alles über Metazeichennotation gefunden werden. Folgende Abfrage wird eingegeben:

   ```
   Metazeich*
   Meta*notation
   *t*t*t*
   ```

   Hinweis: bei der dritten Abfrage wird auch alles über **textteil** gezeigt!

2. Alle Texte mit Deskriptoren die 3 Buchstaben haben, mit **a** beginnen und an zweiter Stelle **c** oder **d** haben (**ada, acm**) sollen gezeigt werden. Eingabe:

   ```
   a[cd]?
   ```

3. Alle Artikel mit Autoren, deren Name mit einem Buchstaben zwischen **a** und **d** oder zwischen **q** und **z** beginnt, sollen gezeigt werden:

   ```
   [a-dq-z]*
   ```

2.5 Komplexe Abfragen

Jeder Deskriptor verkörpert eine *Menge* von Texten, nämlich alle Texte, welche den Deskriptor enthalten. Stellvertretend für die Text*mengen* ist es möglich, mehrere Deskriptoren (mit oder ohne Metazeichen) durch *Mengen-* und *Vergleichs*operatoren zu logischen Ausdrücken *(Deskriptorausdruck)* zu verbinden.

Folgende Mengenoperatoren sind in Deskriptorausdrücken zugelassen:

~	*logisches*	NOT	*Priorität*	1
&	*logisches*	AND	*Priorität*	2
|	*logisches*	OR	*Priorität*	3

Folgende Vergleichsoperatoren sind in Deskriptorausdrücken zugelassen:

=	*gleich*
<	*kleiner als*
>	*grösser als*
~=	*nicht gleich*
<=	*kleiner gleich*
>=	*grösser gleich*

Die Verwendung von Vergleichsoperatoren ist nur im Zusammenhang mit Deskriptoren, denen während der Datenaufnahme eine Wertigkeit gegeben wurde (vgl. Abschnitt 3 des Handbuchs), sinnvoll. Die Vergleichsoperatoren haben eine höhere Priorität als die Mengenoperatoren.

Ein Deskriptorausdruck *(expression)* kann ohne zusätzliche Schlüsselwörter eingegeben werden. Die Texte, für welche der Ausdruck *true* ist, werden nach Textnummern aufsteigend sortiert ausgegeben.

Bei der Eingabe von Vergleichen ist darauf zu achten, dass der Deskriptorname immer *links*, die Konstante immer *rechts* vom Vergleichsoperator stehen muss. Der in Vergleichen verwendete Deskriptor soll keine Metazeichen enthalten.

Zur Regelung der Ausführungsreihenfolge in Deskriptorausdrücken können Klammern verwendet werden. Die Ausdrücke:

```
Nagel K* & > (Herman* | Brenneis*) & (Linde* | Meyer*)
und
Nagel K* & >  Herman* | Brenneis*  &  Linde* | Meyer*
```

sind nicht identisch.

Beispiel:

Es sollen alle *zweiten* Gesetze von Klipstein gefunden werden, oder diejenigen, die nach dem 1.1.1982 (kodiert als 820101) aufgenommen wurden:

```
klip* & second* | datum > 820101
```

Die Reihenfolge der Eingabe der einzelnen Deskriptoren in einem Ausdruck spielt keine Rolle, da alle Deskriptoren gleichzeitig in der Deskriptorenliste gesucht werden. Die Ausdrücke **klip* & second*** und **second* & klip*** sind demnach identisch.

Regeln im Zusammenhang mit Deskriptorausdrücken:

- Ein Deskriptor wird bei der Eingabe nicht besonders gekennzeichnet (keine Hochkommata u.ä.). Alles, was zwischen zwei Operatoren steht, wird als ein Deskriptor (mit Metazeichen) betrachtet (allerdings ohne führende und nachfolgende Leerzeichen).

- In einem *Deskriptorausdruck* dürfen eine beliebige Anzahl Deskriptoren (mit oder ohne Metazeichen), Variablen oder die **text**-Funktion durch logische Operatoren verbunden werden.

- Das ^ (NOT)-Zeichen ist ein Präfix-Operator und kann vor einen Deskriptor (mit Metazeichen) oder einen in Klammern stehenden Deskriptorausdruck gesetzt werden. Damit wird die Menge der Texte angesprochen, für welche der Ausdurck *falsch* ist.

  Vorsicht: Die Ausdrücke **^autor > m** und **autor < m** sind nicht identisch (Werke mit mehreren Autoren!).

2.6 text-Funktion

Während dem Ladevorgang (**p.reload**-Befehl) werden die Texte in der Reihenfolge ihres Eintreffens numeriert. Die Nummer eines Textes erscheint bei jeder Abfrage im rechten Teil der Ausgabetitelzeile. Jeder Text kann durch Eingabe dieser Nummer gemäss folgender Syntax verlangt werden:

```
%text (#nummer)
```

wobei anstelle von **nummer** - direkt anschliessend an das Nummer-Zeichen (#) - die Nummer des Textes zu setzen ist. Das Prozent-Zeichen vor dem Schlüsselwort **text** ist obligatorisch.

Für die Suche eines Textes aufgrund einer bestimmten im Text enthaltenen Zeichenfolge, kann folgende Abfrage eingegeben werden:

%text (*zfolge*)

wobei anstelle von **zfolge** die zu suchende Zeichenfolge angegeben werden muss. Da sämtliche Texte überprüft werden müssen, ist diese Operation langsam. **text** soll deshalb nur verwendet werden, wenn die gesuchte Zeichenfolge nicht als Deskriptor aufgenommen wurde. In der Zeichenfolge dürfen keine Metazeichen vorkommen. Zwischen Gross- und Kleinbuchstaben wird nicht unterschieden. Die **text**-Funktion darf in Deskriptorausdrücken wie ein Deskriptor oder Variablenname verwendet werden (vgl. Abschnitt 2.9 dieses Handbuchs).

2.7 Abfragesprache

Die Abfragesprache umfasst neben der einfachen Eingabe eines Deskriptorausdrucks vier Befehle, die im Folgenden einzeln erläutert werden:

```
ask
assign
direct
set
```

Der Beginn jeder Befehlseingabe wird durch einen Doppelpunkt (:) gekennzeichnet.

2.8 ask-Befehl

Im **ask**-Befehl sind alle möglichen Abfragen an *PIZZA* zusammengefasst. Die wichtigsten Anwendungen von *ask* sind hier dargestellt. Das Syntaxdiagramm (Anhang III) gibt Auskunft über weitere Kombinationsmöglichkeiten der Parameter dieses Befehls.

2.8.1 Auskunft über das System

Die allgemeine Form einer solchen Abfrage ist:

:ask *auskunft*

Welche *auskunft* kann verlangt werden:

db   Auskunft über die Grösse und den Ladezeitpunkt der Datenbank. Die Version des verwendeten Ladeprogramms wird auch mitgeteilt.

mode   Auskunft über die gesetzten Optionen.

vars   Auskunft über die vorhandenen Variablen.

Beispiele:

Abfrage: **:ask db**

Aktion: Die Grösse der Datenbank, der Zeitpunkt des letzten Ladevorgangs und die Programmversion des Ladeprogramms werden gezeigt.

Abfrage: **:ask mode**

Aktion: Alle gültigen Optionen werden angezeigt. Die Optionen werden mit **set** verändert.

Abfrage: **:ask vars**

Aktion: Die Namen aller seit dem letzten Laden verwendeten Variablen werden gezeigt. Bei jeder Variablen wird die Anzahl der angesprochenen Texte angegeben.

2.8.2 Generelle Abfragen

Die allgemeine Form einer Abfrage ist:

> **:ask** *was* [**of** *Deskriptorausdruck*]

was kann bei einer Abfrage verlangt werden:

text   die gefundenen Texte

desc   die Deskriptoren der gefundenen Texte

textno   die internen Nummern der gefundenen Texte

count   die Anzahl der gefundenen Texte

Die verschiedenen Forderungen können beliebig miteinander kombiniert werden. Die Angabe eines Deskriptorausdrucks ist optional. Wird der Deskriptorausdruck und das Schlüsselwort **of** weggelassen, so werden die verlangten Angaben für die *ganze* Datenbank ausgedruckt.

Beispiele:

Abfrage: **:ask texno desc of name > asterix & name < obelix & comic**

Aktion: Die Nummern der Texte, welche den Deskriptorausdruck erfüllen, sowie die Deskriptoren dieser Texte werden ausgegeben. Der Deskriptor *name* muss Wertigkeiten haben.

Abfrage: **:ask count**

Aktion: gibt die Anzahl Texte in der Datenbank an.

Abfrage: **:ask text text of %lastqry**

Aktion: gibt zweimal hintereinander die Texte aus, die in der Variablen **lastqry** gespeichert sind.

Abfrage: **:ask text of %text(#2)**

Aktion: zeigt den Text mit der internen Nummer 2.

2.8.3 Sortierte Ausgaben

Die verlangten Ausgaben können nach den Wertigkeiten eines Deskriptors sortiert werden. Der **ask**-Befehl wird durch **sort** ergänzt:

> **:ask** *was* **sort**(*Deskriptor*) [**of** *Deskriptorausdruck*]

Als Parameter zu **sort** muss ein einzelner Deskriptor angegeben werden. Die Sortierung erfolgt aufsteigend entsprechend den Wertigkeiten dieses Deskriptors.

Abfragen: :**ask text of klip* & klar***
           :**ask text desc sort(name) of %lastqry**

Aktion: Alle Texte, für welche der Ausdruck **klip* & klar*** *wahr* ist, werden gezeigt. Gleichzeitig werden sie automatisch in der Variablen **lastqry** gespeichert. Alle Texte und Deskriptoren, die in **lastqry** enthalten sind, werden sortiert nach dem Deskriptor **name** ausgegeben.

Anmerkung: Bei der sortierten Ausgabe kann es vorkommen, dass ein durch den *Deskriptorausdruck* qualifizierter Text mehrmals oder gar nicht erscheint.

Beispiel: **:ask sort(autor) of datum > 8110**

Es werden alle Texte gezeigt, die nach *Oktober 81* aufgenommen wurden, und zwar sortiert nach Autoren. Texte ohne Autor werden nicht gezeigt. Texte mit mehreren Autoren werden mehrmals gezeigt.

2.8.4 Statistische Abfragen

In beschränktem Mass können statistische Angaben erfragt werden. Die allgemeine Form des **ask**-Befehls ist dann:

> :**ask** *statistische Funktion* [**of** *Deskriptorausdruck*]

Als *statistische Funktion* kann eingegeben werden:

sum ()   für die *Summe* der Wertigkeiten des in Klammern angegebenen Deskriptors.

mean ()   für den *Mittelwert* der Wertigkeiten des in Klammern angegebenen Deskriptors.

max ()   für den *Maximalwert* des in Klammern angegebenen Deskriptors.

min ()   für den *Minimalwert* des in Klammern angegebenen Deskriptors.

Hinweise:

- **sum** und **mean** können nur für Deskriptoren mit numerischen Wertigkeiten (Typ *Integer* oder *Real*) verwendet werden.

- **min** und **max** können für alle Deskriptoren mit Wertigkeiten verwendet werden.

- Vor Ausgabe der Resultate werden jeweils die Nummern der zur Berechnung verwendeten Texte gezeigt.

- Die verschiedenen statistischen Fuktionen können *nicht* kombiniert werden; pro Abfrage ist nur eine Funktion möglich.

- **min** und **max** ergeben als Resultat eine oder mehrere Textnummern.

- **sum** und **mean** ergeben als Resultat eine Zahl vom Typ *Integer* oder *Real*.

Abfrage: :**ask min (datum)**

Aktion: die Textnummer des Textes mit dem kleinsten Datum (der älteste Text) wird gezeigt.

Abfrage: :**ask mean (alkoholgehalt) of **
           (tot | (verletzt & schwer)) & alkoholgehalt > 0.8

Aktion: berechnet den durchschnittlichen Alkoholgehalt aller getöteten oder schwerverletzten Opfer mit einem Alkoholgehalt im Blut von über 0.8 Promille.

2.8.5 Beschleunigung einfacher Abfragen

Wenn nur ein Deskriptor (mit oder ohne Metazeichen) angegeben wird, kann die Antwort durch Angabe des Schlüsselwortes **single** beschleunigt werden. Die Ausgabe der Texte erfolgt dann nach dem Auftreten des angegebenen Deskriptors und *nicht* nach aufsteigenden Textnummern (siehe Beispiel). Ein Text kann deshalb auch mehrmals erscheinen. Das Resultat einer **single**-Abfrage wird *nicht* in **lastqry** gespeichert.

Hinweise:

- Die Angabe von **single** kann *nicht* mit statistischen Abfragen oder mit Sortieren kombiniert werden.

- Die Angabe von **single** ist vor allem in Systemen, die nicht über genügend internen Speicherplatz verfügen, von grossem Nutzen.

Abfrage: `:ask single text desc of a??`

Aktion: Alle Texte mit einem oder mehreren Deskriptoren, die mit **a** beginnen und drei Zeichen lang sind, werden mit ihren Deskriptoren gezeigt. Die Ausgabe erfolgt alphabetisch aufsteigend nach dem Vorkommen von **a??** (Texte mit **acm** erscheinen vor Texten mit **ada**).

2.9 **assign**-Befehl

Das Ergebnis jeder Abfrage ist eine Textmenge. Im Normalfall wird diese Menge in eine Datei geschrieben oder am Bildschirm gezeigt. *PIZZA* bietet die Möglichkeit, Textmengen anstatt auszugeben, in *Variablen* zwischenzuspeichern und bei Bedarf wieder zu verwenden. Eine Variable verkörpert somit - gleich wie ein Deskriptor - eine Menge von Texten. Der Name einer Variablen ist frei wählbar und kann überall dort eingesetzt werden, wo ein Deskriptorausdruck stehen kann. In Variablennamen darf die Metazeichennotation nicht verwendet werden.

Eine Variable wird dadurch definiert, dass ihr eine Textmenge zugewiesen wird. Dies geschieht mit folgender Anweisung:

`:assign %Variablenname Deskriptorausdruck`

Die Zuweisung erfolgt von rechts nach links: die durch den Deskriptorausdruck angesprochene Textmenge wird der angegebenen Variablen zugewiesen. Der Deskriptorausdruck darf (hier wie überall) Variablennamen enthalten. Sobald die Operation beendet ist, erscheint (ohne weiteren Kommentar) das Bereitschaftszeichen. Jede Variable wird mit Namen und Inhalt extern (auf Platte) abgespeichert. Beim Neuladen (**p.reload** oder **p.reldat**) werden alle Variablen gelöscht.

Bei der Verwendung von Variablen muss man sich an folgende Regeln halten:

- Zur Unterscheidung von Deskriptoren müssen alle Variablennamen durch ein vorangehendes Prozentzeichen (%) gekennzeichnet sein.

- Variablennamen können beliebig lang sein. *PIZZA* berücksichtigt jedoch nur die ersten 8 Zeichen (das %-Zeichen vor dem Namen nicht mit eingerechnet).

- Variablennamen dürfen nur alphanumerische Zeichen enthalten. Spezialzeichen und Leerzeichen sind verboten.

- Die definierten Variablen stehen auch im Mutationsprogramm zur Verfügung (siehe Abschnitt 3 dieses Handbuchs).

- Die Anzahl Variablen ist nicht beschränkt.

- Eine Variable kann beliebig oft verwendet oder überschrieben werden.

- Die definierten Variablen sind verloren, sobald neu geladen wird.

Abfrage: `:assign %na Nagel K*`

Aktion: alle Texte mit dem Deskriptor **Nagel K*** werden in der Variablen **na** abgespeichert.

Abfrage: `:assign %spri %text (springer) & ^ fortran`

Aktion: in der Variablen **spri** sind alle Texte zusammengefasst, die (im Text) die Zeichenkette **springer** enthalten und nichts mit Fortran zu tun haben.

2.9.1 Variable `lastqry`

Die Variable mit dem Namen **lastqry** wird beim Neuladen des Systems erstellt. In dieser Variablen wird das Resultat jeder Abfrage automatisch zwischengespeichert. Das Resultat kann so bei Bedarf wieder verwendet werden, ohne nochmals die ganze Abfrage zu wiederholen.

Abfragen: `:ask count of name > asterix & name < obelix`
     `%lastqry`

Aktion: Bei der ersten Abfrage wird die Anzahl Texte, auf welche der Deskriptorausdruck zutrifft, ausgegeben und automatisch in **lastqry** zwischengespeichert. Durch Eingabe von **%lastqry** werden die Texte (selbst) gezeigt.

2.10 direct-Befehl

Durch die Eingabe des **direct**-Befehls können alle folgenden Ausgaben umdirigiert werden. Die allgemeine Form des Befehls ist:

`:direct` *wohin*

Anstelle von *wohin* sind zwei Angaben möglich:

file *filename* die Ausgabe *aller* folgenden Befehle erfolgt dann auf eine Datei namens *filename*.

tty   die Ausgabe *aller* folgenden Befehle erfolgt (wieder) auf den Bildschirm.

Abfragen:
     `:ask count text of datum > 8105 & Simulation`
     `:direct file out.pizza`
     `:ask text desc sort (autor) of %lastqry`
     `:direct tty`

Aktionen: Die erste Abfrage dient der Kontrolle und zeigt die Resultate auf dem Schirm. Mit der zweiten Eingabe werden alle weiteren Ausgaben auf die Datei **out.pizza** umgeleitet. In der dritten Abfrage wird der nach **autor** sortierte Output auf die Ausgabedatei geschrieben. Zum Schluss wird die Ausgabe wieder auf den Bildschirm geleitet. Die Datei **out.pizza** kann mit dem Befehl **p.prtpiz** ausgedruckt werden.

2.11 set-Befehl

Mit **set** können verschiedene Optionen gesetzt und wieder zurückgesetzt werden. Beim Starten des Abfragesystems sind folgende Optionen gesetzt:

```
prompt      notime
talk        notrace
wait
```

Das Setzen und Zurücksetzen einer Option erfolgt mit der Anweisung:

:**set** *Name der Option*

2.11.1 prompt- *und* noprompt-*Option*

Wenn die **prompt**-Option gesetzt ist, erscheint das Bereitschaftszeichen ($>$), wenn eine Abfrage erwartet wird. Ist die Option nicht gesetzt, so wird die Tastatur freigegeben, ohne dass ein Prompter dies anzeigt. Bei Aufruf von *PIZZA* im Batch wird automatisch **noprompt** gesetzt.

2.11.2 talk- *und* notalk-*Option*

Wenn die **talk**-Option gesetzt ist, erscheint vor jedem ausgegebenen Text eine Titelzeile. Diese enthält die Eingabe des Benutzers und die (interne) Textnummer des ausgegebenen Textes.

2.11.3 time- *und* notime-*Option*

Wenn die **time**-Option gesetzt ist, erscheint jeweils nach jeder Eingabe die für die Ausführung der letzten Eingabe verbrauchte CPU-Zeit (in Sekunden). Beim Einschalten von **time** wird entweder die Zeit seit Beginn der Abfragesitzung oder die Zeit seit dem letzten Ausschalten der Zeitmessung (**set notime**) angegeben.

2.11.4 trace- *und* notrace-*Option*

Wenn die **trace**-Option gesetzt ist, erscheint nach der Uebersetzung und vor der Ausführung jeder Abfrage ein Ausdruck der internen Darstellung des Befehls (ein sogenannter *S-Memory-Dump*). Diese Option ist vor allem für den Systemprogrammierer interessant. Er wird sie dann setzen, wenn das Resultat einer Abfrage aus systemtechnischen Gründen nicht seinen Erwartungen entspricht.

2.11.5 **wait-** *und* **nowait-***Option*

Wenn die **wait-**Option gesetzt ist, wird das Abfragesystem nach jeder Ausgabe warten, bis der Benutzer die *return-*Taste drückt. Wenn **nowait** gesetzt ist, werden die Texte mit grösstmöglicher Geschwindigkeit und ohne Unterbruch ausgegeben. Wenn das

3. Rohdatenmanipulation

Die Rohdatenmanipulation umfasst

- die Datenaufnahme
- das Ändern vorhandener Texte
- das Löschen vorhandener Texte.

Das Manipulationssystem wird mit der Anweisung

    p.rawdata *[dir]*

gestartet (vgl. Abschnitt 1.3 des Handbuchs).

Bevor die eigentliche Datenaufnahme besprochen werden kann, muss noch einiges über Profile und Masken gesagt werden.

3.1 Profil-Definition

Jede Informationseinheit, bestehend aus einem Text und den dazugehörigen Deskriptoren, wird durch ein Profil beschrieben. Das Profil kann als rudimentäres Programm zur Datenaufnahme bezeichnet werden, das heisst es *steuert* den Ablauf der Datenaufnahme.

Die Profil-Definition erfolgt mit dem Befehl

    p.prof [dir]

in einer regulären UNIX-Datei im Verzeichnis **prof** (vgl. Abschnitt 1.7 des Handbuches). Der **p.prof**-Befehl startet ein Menü, in welchem die Anwahl **e** einen Editor für die Aufnahme der Profile aufruft. Das Profil, welches als erstes aufgenommen wird, gilt als Default-Profil und wird dem Benutzer jeweils automatisch vorgeschlagen.

Eine Informationseinheit kann auf verschiedene Arten aufgenommen werden:

- durch Vorgabe einer oder mehrer Masken,
- mit einem Zeilen/Schirm-Editor,
- mit privaten Programmen.

Bei der Beschreibung einer Informationseinheit werden die zur Aufnahme notwendigen Angaben in der Form von Kontrollanweisungen eingegeben. Dabei beginnt die Textdefinition jeweils mit **.tex**, und die Definition der Deskriptoren mit **.des**. Da Deskriptoren in vielen Fällen zusammen mit den Text (kombinierte Masken) aufgenommen werden, ist die Angabe des **.des** Teiles optional:

```
.tex
```
Kontrollanweisungen zur Textaufnahme
```
[
.des
```
Kontrollanweisungen zur Deskriptorenaufnahme
```
]
```

Hinweise und Zusammenfassung:

- Die Aufnahme eines Profils erfolgt mit dem Bildschirm-Editor in einer Datei mit beliebigem Namen im Verzeichnis *prof.*

- Jede Kontrollanweisung muss alleine auf einer Zeile stehen.

- Der .des-Teil kann weggelassen werden.

- Die Masken im Deskriptorenteil (nach der .des-Anweisung) dürfen keine Felder für Textaufnahme enthalten.

3.1.1 Kontrollanweisungen zur Textaufnahme

Die Aufnahme eines Textes wird im Profil mit der Anweisung

```
.tex
```

eingeleitet. Es folgen eine beliebige Anzahl Kontrollanweisungen, welche die Struktur des Textes beschreiben.

Zur Aufnahme eines Textes mit einer vorgegebenen Maske wird die Anweisung:

```
.mas maskenname
```

eingegeben. *maskenname* ist der Name der zu verwendenden Maske. Die Maske wird mit dem Befehl **p.mask** aufgenommen (vgl. hierzu Abschnitt 1.8 des Handbuchs). Bei der Eingabe der Maske muss der Benutzer angeben, dass es sich um eine Textmaske handelt. Wird ein Text mit mehreren Masken aufgenommen, so muss im Profil für jede Maske ein separater .mas-Befehl geschrieben werden.

Es ist zulässig und bei Neueinführungen sinnvoll im Profil Masken anzugeben, welche nur Kommentar und keine Eingabefelder enthalten. Diese Masken können dann nach gewisser Zeit aus Profil und Rohdaten entfernt werden.

Soll ein Text mit einem (beliebigen) Programm aufgenommen werden, so wird

```
.cmd name
```

eingegeben, wobei *name* den (Haupt-) Namen des auszuführenden Programms angibt. Das *PIZZA*-System nimmt an, dass das angegebene Programm in drei Versionen vorhanden ist und mit zum Teil unterschiedlichen Parametern aufgerufen werden kann:

*name.***inp** wird als Inputprogramm angenommen

*name.***dis** wird für die Ausgabe am Bildschirm aufgerufen

*name.***prt** wird bei der Ausgabe auf den Drucker aufgerufen *name*:inp Dieses Programm muss so ausgelegt sein, dass es zwei Dateinamen als Parameter annehmen kann. Das Programm soll auf die erste Datei die aufgenommenen Texte schreiben und auf die zweite die aufgenommenen Deskriptoren. Der Editor wird nur mit einer Datei aufgerufen, da er nur Text aufnehmen kann.

name.dis Dieses Programm dient der Ausgabe der Texte am Bildschirm. Es wird mit einem Parameter aufgerufen. Der Parameter gibt die Datei an, welche den zu zeigenden Text enthält.

name.prt Dieses Programm besorgt den Ausdruck der im ersten Parameter angegebenen Datei(en).

Durch diese Aufteilung ist es möglich, auf die unterschiedlichen Anforderungen bei Ein- und Ausgabe, sowie auf die Charakteristika der verschiedenen Ausgabegeräte Rücksicht zu nehmen.

Beispiel: Editoraufruf

Es müssen zwei *Shell*-Prozeduren (oder *C*-Programme) erstellt werden, die den Editor mit dem entsprechenden Parameter aufrufen. Die *Shell*-Prozedur für den Input heisst **e.inp** und enthält eine Zeile (Fig. 3).

```
------ e.inp ------
exec e $1
------ e.inp ------
```

Fig. 3-3. *Shell*-Datei zum Aufruf des Editors

Die Datei **e.dis** kann analog aussehen und wiederum den Editor aufrufen, oder ein Programm enthalten, welches die entsprechende Datei zeilenweise am Bildschirm zeigt (ohne Aufruf des Editors)[1].

Private mit .cmd aufgerufene Programme müssen als Parameter zwei Dateinamen entgegennehmen. Die Dateinamen werden vom Rohdaten-Manipulationssystem generiert. Das Aufnahmeprogramm soll die Texte in die erste und die (automatisch generierten) Deskriptoren in die zweite Datei schreiben. Die Verwendung von privaten Programmen ist vor allem dann interessant, wenn der aufgenommene Text automatisch analysiert werden soll.

Wenn ein Text *nicht* in die Datenbank kopiert werden soll, so kann dies in den Rohdaten mit

    .inc *filename*

vermerkt werden, wobei *filename* der absolute oder relative Name der Datei[2] ist. Während dem Ladevorgang wird dann lediglich die Dateireferenz in die Textdatei kopiert; aufgelöst wird diese Referenz erst während der Abfrage. Auf diese Art kann *PIZZA* beispielsweise als Dokumentationssystem für Programme verwendet werden. Mit .inc wird jeweils das

---

1. *Hinweis:* Vergessen Sie nicht die erstellten *Shell*-Dateien als *ausführbar* zu markieren (UNIX-Befehl: **chmod +x name**).

2. Das heisst, der Name unter eventueller Angabe des absoluten oder relativen Pfades *(path-name)*.

ausgewählte Programm am Bildschirm gezeigt. Es erscheint immer die neueste Version des Programms.

Hinweise zu `.inc`:

- Eine mit `.inc` referenzierte Datei darf Kontrollanweisungen (`.mas` oder `.cmd`) enthalten.

- Rekursive Aufrufe von `.inc` sind erlaubt. Das heisst, dass eine mit `.inc` referenzierte Datei auch weitere `.inc`-Anweisungen enthalten darf. *Vorsicht:* die Anzahl der gleichzeitig geöffneten Dateien ist begrenzt.

- `.inc` kann nur für Texte verwendet werden, da alle Deskriptoren beim Laden bereits bekannt sein müssen.

3.1.2 Kontrollanweisungen zur Deskriptoraufnahme

Deskriptoren können grundsätzlich auf zwei Arten aufgenommen werden:

- im Rahmen der Textaufnahme nach der `.tex`-Anweisung.

- separat, nach der `.des`-Anweisung.

Für die Aufnahme von Deskriptoren werden die gleichen Kontrollanweisungen verwendet wie für die Textaufnahme. Masken, die *nach* dem `.des`-Befehl verwendet werden, dürfen keine Felder für die Textaufnahme enthalten.

Gleich wie bei der Textaufnahme kann mit

    `.cmd` *name*

ein Befehl ausgeführt werden, der jedoch im Unterschied zur Textaufnahme nur einen Parameter haben kann. Als Parameter wird der Name einer Datei übergeben, in welche die Deskriptoren geschrieben werden. Deskriptoren dürfen nach der Aufnahme nur reguläre, alphanumerische ASCII-Zeichen enthalten; andere Zeichen können bei der Abfrage zu Schwierigkeiten führen.

Wenn bei der Abfrage die Deskriptoren gezeigt werden sollen, so wird dazu weder eine Maske noch ein Spezialbefehl verwendet. Die Deskriptoren werden immer alphabetisch absteigend unter Angabe der Häufigkeit ihres Auftretens gelistet.

Beispiel für ein Profil:

```
.tex              { Text und Deskriptoren }
.mas zeitschr
.cmd e
.des              { Nur Deskriptoren      }
.mas zedeskr
```

Zur Aufnahme einer Texteinheit können beliebig viele `.mas` und `.cmd` Befehle kombiniert werden.

3.2 Masken-Definition

Die Definition von Masken zur Text- und Deskriptorenaufnahme erfolgt mit dem Befehl

    p.mask *[dir]*

in einer UNIX-Datei im Verzeichnis *mask* (vgl. Abschnitt 1.8 des Handbuchs). Eine Maske besteht aus einem erklärenden Text (Titel, Autor, Name usw.) und einem durch Kontrollzeichen abgegrenzten Eingabefeld. Nach der Aufnahme wird die Maske kontrolliert, und der Benutzer auf allfällige Fehler hingewiesen.

Folgende Kontrollzeichen sind für Eingabefelddefinitionen zugelassen:

<*x* >   diese Klammern begrenzen ein Feld zur Texteingabe. Anstelle von *x* muss eines der folgenden Zeichen zur Definition des Feldinhaltes stehen:

    c   wenn es sich um ein alphanumerisches Feld handelt,

    i   wenn es sich um ein Feld mit ganzzahligem Inhalt handelt,

    r   wenn es sich um ein Feld mit reellen Zahlen handelt.

[*x*]   eckige Klammern begrenzen Felder, deren Inhalt sowohl als Text wie auch als Deskriptor aufgenommen wird, beziehungsweise nur als Deskriptor im .des-Teil des Profils. Anstelle von *x* können dieselben Zeichen wie bei der Textaufnahme eingesetzt werden.

[*x*=]   für die Aufnahme von Deskriptoren mit Wertigkeiten (unter gleichzeitiger Aufnahme als Text .tex-Teil) kann diese dritte Form der Felddefinition verwendet werden. Wird nach dem Zeichen für die Definition des Feldinhaltes (c, i oder r) ein Gleichheitszeichen gesetzt, so wird der Kommentar *vor* der Klammer (*Titel*, *Autor* u.ä.) als *Deskriptor* und die *Eingabe* als *Wertigkeit* aufgenommen. Als Deskriptor gilt der ganze Text vom Zeilenbeginn beziehungsweise vom Ende des letzten Inputfeldes bis zum Beginn des Eingabefeldes. Wenn auf einer Zeile zum Beispiel steht

    Dies ist der Titel [c=   ]

Dann wird ein Deskriptor namens **Dies ist der Titel** geschaffen.

Zusammenfassung: Ein Feld, welches ein Gleichheitszeichen enthält (i=, c= oder r=) kann zu drei Arten von Aufnahmen führen:

- Wenn es korrekt ausgefüllt ist, wird es als Wert des Deskriptors aufgenommen, der aus der Maske entnommen wird.

- Wenn es leer gelassen wird, wird auch der Deskriptor aus der Maske nicht aufgenommen.

- Wenn es mit der **mark**-Taste (Funktionstaste Nummer 3) markiert wird, wird nur der Deskriptor aus der Maske *ohne Wertigkeit* aufgenommen.

Beispiel für eine Maske:

```
                    Maske zur Zeitschriftenaufnahme
                         Datum   [i=    ]
          Titel   [c=                                              ]
          Autor   [c=                                              ]
                               Text
          <                                                        >
          <                                                        >
          <                                                        >
                            Deskriptoren
          [c                   ]    [c                             ]
          [c                   ]    [c                             ]
          [c                   ]    [c                             ]
```

Mit dieser Maske wird zum Beispiel ein Deskriptor namens *Datum* generiert, der als Wert
das eingegebene Datum enhält.

Hinweise:

- Die Aufnahme einer Maske erfolgt mit dem Editor in einer Datei mit beliebigem
  Namen im Verzeichnis *mask*.

- Eine Datei kann nur *eine* Maske enthalten und darf maximal *20 Zeilen* lang sein.

- Masken nach der *.des* Anweisung dürfen nur eckige Klammern ([ ]) enthalten.

- Auf einer Maskenzeile dürfen mehrere Eingabefelder angegeben werden.

- Die Zeilen einer Maske dürfen maximal *79 Zeichen* lang sein.

3.3 Anfügen von Rohdaten gemäss Profil

Wenn der Benutzer nach Aufruf von **p.rawdata** angibt, dass er Rohdaten anfügen möchte,
wird er nach dem Namen des zu verwendenden Profils gefragt. Nach Angabe des Profils
wird aus diesem Profil eine Anweisung nach der anderen ausgeführt.

Beispiel:

Anwahl: Es wird **Anfügen von Rohdaten** gewählt.

Profil: Das Profil namens **zeitschriften** wurde vorgängig aufgenommen und hat die
          Form:

```
     .tex              { Text und Deskriptoren }
     .mas zeitschr
     .cmd e
     .des              { Nur Deskriptoren       }
     .cmd e
```

Ausführung: Zuerst erscheint die Maske **zeitschr** zur Zeitschriftenaufnahme. Wenn diese
          (ganz oder teilweise) ausgefüllt ist, kann sie durch Drücken der Tasten *esc-s*
          verlassen werden. Darauf wird das Programm **e.inp**, welches den Editoraufruf

enthält, aktiviert. Der Benutzer kann eine Temporärdatei für die Textaufnahme editieren. Verlässt er den Editor *(esc-s)*, wird nochmals dasselbe Programm (**e.inp**) aufgerufen, wobei jetzt auf jeder Zeile der zu editierenden Temporärdatei ein Deskriptor eingegeben werden muss.

Nach Ausführung des ganzen Profils wird der Benutzer gefragt, ob er weitere Texte mit demselben Profil aufzunehmen wünscht.

Vorsicht: Wird die Datenaufnahme mitten in der Ausführung eines Profils (willentlich oder unwillentlich) unterbrochen, sind die Daten bis zu der letzten vollständig aufgenommenen Informationseinheit *verloren*.

3.4 Verändern und löschen von Rohdaten

Wenn der Benutzer nach Aufruf von **p.rawdata** angibt, er wolle Rohdaten manipulieren, wird er im darauf folgenden Dialog nach weiteren Angaben gefragt.

Die Manipulation bezieht sich auf bereits aufgenommene Texte. Der Benutzer kann entweder durch Angabe einer *Textnummer* oder durch Angabe einer vorher mit dem Abfragesystem erstellten *Variablen* einen oder mehrere Texte ansprechen. Die betroffenen Texte werden ihm der Reihe nach präsentiert. Er kann Änderungen anbringen und die Texte in veränderter Form *zurückspeichern, zusätzlich aufnehmen* oder *löschen*. Auf diese Art ist es möglich, aufgrund einer Vorlage neue Texte aufzunehmen.

Aufgabe: Alle Texte, die vor *Januar 81* aufgenommen wurden und nichts mit Simulation zu tun haben, sollen gelöscht werden.

Lösung:

  ● Start des Abfragesystems

  ● :**assign %loesch   Datum < 8101 & ^Simulation**

  ● Verlassen des Abfragesystems

  ● Start des Manipulationssystems

  ● Manipulation gemäss der Variablen **loesch**

4. Verschiedenes

4.1 Behandlung von Umlauten

Um die Tastatur der *Concept-108* Terminals als *Schweizer-Tastatur* zu verwenden muss vor der Eingabe eines Maskeninhaltes die Taste *tape* gedrückt werden. Die Umlaute **ae, oe** und **ue** werden von dem Moment an als **ä, ö** und **ü** gepseichert. Es findet keine rückwirkende Änderung des ganzen Textes (wie im Editor **e**) statt.

Die Verwendung von Umlauten in Masken kann generell empfohlen werden. Die Umlaute werden bei der Wiedergabe der Texte als Umlaute dargestellt.

In Masken zur kombinierten Text- und Deskriptorenaufnahme werden Umlaute im Text als Umlaute dargestellt, in den Deskriptoren jedoch als **ae, oe** bzw. **ue**. In Deskriptorausdrücken müssen alle Umlaute als **ae, oe** oder **ue** eingegeben werden. Die Umwandlung bei der Datenaufnahme geht automatisch.

In Masken zur reinen Deskriptorenaufnahme (nach der .des-Anweisung) können Umlaute verwendet werden. Sie werden automatisch in **ae, oe** oder **ue** umgewandelt.

Bei der Suche im Text (mit der **text**-Funktion) können keine Umlaute verwendet werden.

4.2 Sperren bei mehreren Benutzern

Die PIZZA-Datenbank kann von mehreren Benutzern gleichzeitig abgefragt werden. Nur ein Benutzer aufs Mal kann Daten aufnehmen. Datenaufnahme schliesst die Abfrage nicht aus. Die Zusammenhänge sind in Fig. 4 dargestellt. Je nachdem, welches Programm zuerst aufgerufen wurde, können andere Programme nicht mehr ausgeführt werden. Diese Programme werden ihre Ausführung mit einer entsprechenden Meldung verweigern. Wie aus Fig. 4 ersichtlich ist, wurde das Sperrkonzept *nicht* auf die Programme **p.prof** und **p.mask** ausgedehnt. Gleichzeitige Manipulationen mehrerer Benutzer mit diesen Programmen sind nicht sinnvoll, stören jedoch die Ausführung anderer Programme nicht.

zuerst → dann ↓	p.rawdata	p.prune	p.reload	p.query	p.dpdesc
p.rawdata	×	×	×	√	√
p.prune	×	×	×	√	√
p.reload	×	×	×	×	×
p.query	√	√	×	√	√
p.dpdesc	√	√	×	√	√

Fig. 4-4. Gleichzeitige Benutzung der PIZZA-Programme

5. Vorgehen beim Einrichten von PIZZA

In diesem Abschnitt wird das Vorgehen beim Einrichten einer neuen Datenbank festgehalten. Übungshalber soll hier angenommen werden, dass es sich um eine Datenbank namens **adr** zur Speicherung von Adressinformationen handelt. Weiterhin wird angenommen, dass wir uns bereits in dem Verzeichnis befinden, in welchem die Datenbank plaziert werden soll.

5.1 Definition der Datenbank

Die Definition unserer Datenbank geschieht mit der (einmaligen) Anweisung:

    p.mkpiz adr

Es erscheint die Meldung

    Ihre Datenbank adr ist bereit.

5.2 Definition des Hauptmenüs

Das Menütreiber Programm wird nach Ausführung von **p.mkpiz** automatisch initialisiert und gestartet. Wenn Sie mit **?** die möglichen Befehle verlangen, werden Ihnen alle (auch die selbstdefinierten) Arbeitskreise gezeigt.

p.mkpiz definiert Arbeitskreise mit allen Befehlen von PIZZA. Die Arbeitskreise sind wie in Fig. 5 definiert und können in der Anwahl **Erstellen Arbeitskreis** verändert werden.

```
---- .menurc ------------------------------------------------
"Abfrage"              .                    p.query  qry
"Laden"                .                    p.reldat
"Desc auflisten"       .                    p.dpdesc qry

"Rohdaten"             .                    p.rawdata raw
"Masken bearbeiten"    .                    p.mask mask
"Profile bearbeiten"   .                    p.prof prof

"Shell Escape"         .                    sh
---- .menurc ------------------------------------------------
```

Fig. 5-5. Arbeitskreise

Das Menü mit den PIZZA-Befehlen wird von nun an mit den Befehlen

```
cd adr
m_menu  Adressverwaltung
```

aufgerufen.

5.3 Profil-Definition

Als nächstes müssen Sie ein oder mehrere Profile für die aufzunehmenden Texte und Deskriptoren definieren. Sie wählen im Hauptmenü **Profile bearbeiten** und verzweigen dort in die Anwahl **Editieren**. Das einzugebende Profil kann etwa so aussehen:

```
.tex
.mas adressen
```

5.4 Masken-Definition

Um eine (oder mehrere Masken) aufzunehmen, wählen Sie im Hauptmenü **Masken bearbeiten** und verzweigen dann in die Anwahl **Editieren**. Die einzugebende Maske muss den Namen **adressen** haben und kann etwa wie folgt aussehen (Fig. 6):

```
Ein- und Ausgabe von Adressen
Vorname         <c                          >
Name            [c =                        ]
Strasse         <c                          >
PLZ <i   > Ort  <c                          >
Bemerkungen
<c                                          >
<c                                          >
Deskriptoren
[c                                          ]
[c                                          ]
[c                                          ]
```

Fig. 5-6. Beispiel einer Maskendefinition

Mit diesen Aktionen ist Ihre Datenbank betriebsbereit und Sie können in der Anwahl **Aufnahme** im Hauptmenü mit der eigentlichen Arbeit beginnen.

Inhalt:

Einleitung:

Die Lektüre der folgenden Beschreibung ist für den System-Administrator von *PIZZA* gedacht. Viele Informationen, die schon im Handbuch (Anhang I und [MRE5-82]) vorhanden sind, werden hier nicht wiederholt. Es empfiehlt sich also, vor einer Änderung in einem Programm beide Informationsquellen zu konsultieren.

1. Organisation der Quellenprogramme: Software-Versionen

Seit der Einführung der ersten Version von *PIZZA* auf ONYX-Maschinen (1981) wurden schon mehrere *PIZZA*-Datenbanken erstellt. Da die *PIZZA*-Software seither ständig ausgebaut wurde und weiterhin Änderungen erfahren wird, wurde für die Quellenprogramme das folgende Organisationskonzept gewählt:

Für jede Versions-Generation existiert ein Verzeichnis, welches für Transfers auf andere Maschinen, Sicherungskopien etc. als ganzes auf Band geschrieben wird. Ende 1982 beispielsweise existierten V0, V1 und V2, wobei die Generationen V0 und V1 nicht mehr verwendet wurden. Generationenwechsel wurden jeweils willkürlich bei grösseren Softwareänderungen vollzogen: Der Übergang von V0 zu V1 markiert die Einführung des *Compiler-Interpreter-Systems (CIS)* (bei V0 sind noch keine komplexen Abfragen zugelassen), derjenige von V1 zu V2 die Einführung der Untermenü-Philosophie und der Rohdaten-Manipulation.

Innerhalb der Generationen gibt es jeweils mehrere Unter-Generationen, maximal 10 (0 bis 9). Eine Software-Version wird somit durch eine zweistufige Nummer qualifiziert (z.B. 2.1), die sich aus der Generations- und der Unter-Generationsnummer zusammensetzt. Neue Unter-Generationen sollen dann geschaffen werden, wenn eine Softwareänderung ein Neuladen aller existierenden *PIZZA*-Datenbasen verlangt (z.B. bei Änderung der Datei-Struktur), denn das Abfrageprogramm *(p.query)* vergleicht jeweils seine Versionsnummer mit derjenigen der geladenen Datenbank (*p.reload* lädt seine Versionsnummer in die Datenbank) und nötigt den Benutzer bei Nichtübereinstimmen der Nummern zum Neuladen. Jede Versionsänderung *muss* somit den Programmen *p.query* und *p.reload* bekannt gemacht werden. Dies geschieht durch Änderung der Nummer in den Dateien *query/h/version.h* und *reld/h/version.h*.

Innerhalb eines Generations-Verzeichnisses sind die Quellenprogramme so organisiert, dass die Programme für jeweils ein Lademodul in einem eigenen Verzeichnis stehen. So stehen zum Beispiel die Quellenprogramme für *p.reload* im Verzeichnis *reld*, diejenige für *p.query* im Verzeichnis *qry* usw. In jedem dieser Unter-Verzeichnisse gibt es ein *Makefile*, welches in der Regel vier Befehle zulässt:

```
make
make try
make public
make move
make cleanup
```

make (ohne Parameter) gibt eine Anleitung für die verschiedenen Parameter (vgl. *READ_ME*) Mit **make try** wird ein Test-Lademodul erstellt, welches im Verzeichnis *cmd* versorgt wird. Die Namen dieser Testprogramme sind diejenigen der *PIZZA*-Befehle ohne das Präfix *p..* Wenn in der Prozess-Umgebung *(environment)* die Shell-Variable *PATH* die Zeichenkette `:../cmd:/usr/bin:/bin:` enthält, dann können in einer Datenbank unter dem Verzeichnis *v2* die Programme bequem getestet werden (*testdb* in Fig. 1). Mit

make public; make cp; make cleanup

wird die letzte Version eines Programmes und etwelcher Hilfs-Dateien (welche für die Testversion alle im Verzeichnis *lib* untergebracht sind) nach */usr/bin* bzw. */usr/lib/pizza* kopiert, von wo sie dann mit **make tape** für den Transfer auf andere Maschinen auf Band geschrieben werden. **make tape** ist nur auf der Ebene des Verzeichnisses *v2* möglich, da es sinnvoll ist, die *PIZZA*-Lademoduln und library-Dateien in globo zu transferieren. **make try, make public, make cp** und **make cleanup** sind natürlich ebenfalls auf der Ebene des Verzeichnisses *v2* möglich, wobei sie nur in die verschiedenen Verzeichnisse gehen (*cd*-Befehl) und dort **make** aufrufen.

Zusammenfassung

Die gesamte Software befindet sich in einem Verzeichnis, welches den Aufbau der in Fig 1 gezeigten graphischen Darstellung hat.

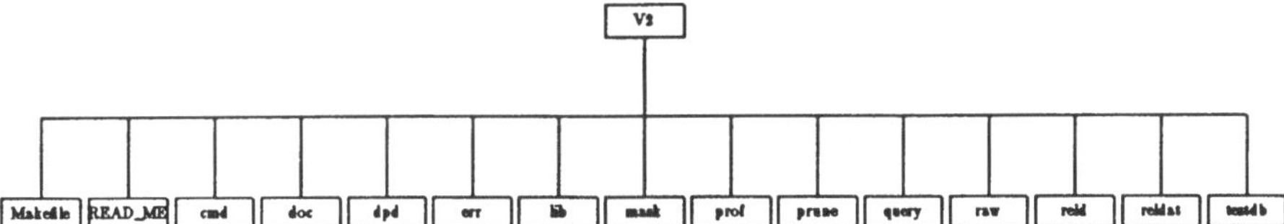

Fig. 1-1. Graphische Darstellung der Verzeichnisse

Der Inhalt der einzelnen Verzeichnisse ist aus Fig. 2 ersichtlich.

Das Verzeichnis *v2* umfasst:	
Makefile	globales *Makefile*
READ_ME	Anleitung für **make**
cmd	Verzeichnis, in welchem Lademoduln gespeichert werden
doc	Verzeichnis für Dokumentation
dpd	Verzeichnis für Programme von *p.dpdesc*
err	Verzeichnis für *Error*-Dienstprogramme
lib	Verzeichnis für PIZZA Hilfs-Dateien (Fehlermeldungen etc.)
mask	Verzeichnis für Programme von *p.mask*
prof	Verzeichnis für Programme von *p.prof*
prune	Verzeichnis für Programme von *p.prune*
query	Verzeichnis für Programme von *p.query*
raw	Verzeichnis für Programme von *p.rawdata*
reld	Verzeichnis für Programme von *p.reload*
reldat	Verzeichnis für Programme von *p.reldat*
testdb	Verzeichnis für eine Test-Datenbank

Fig. 1-2. Inhalt der Verzeichnisse unter *v2*

Im folgenden werden die Quellenprogramme, die sich in den einzelnen Verzeichnissen befinden, beschrieben.

2. *PIZZA*-Fehlermeldungen und das Verzeichnis *err*

PIZZA-Fehlermeldungen werden von Dateien gelesen. Mit dem Dienstprogramm *errutil* können die Meldungen aufgenommen oder verändert werden. Sie werden durch Nummern identifiziert und haben eine fixe Länge von 80 Zeichen pro Meldung, sodass die Fehlerroutine *(error())* jeweils die Fehlermeldung *x* in der Datei mit dem Befehl:

```
lseek (fderr, (long) x*80, 0)
```

finden kann. Eine Fehlermeldung kann von einem Programm durch höchstens einen Parameter ergänzt werden, wobei der Parameter anstelle des in der Meldung auf der Datei stehenden / *(slash)* zu stehen kommt. Eine Sammlung aller Fehlermeldungen der Version 2.0 von *PIZZA* steht in [MRE5-82].

Das Programm *errutil* setzt die Existenz einer Fehlerdatei namens *errors* (definiert in *err/h/errutil.h*) im Verzeichnis *lib* voraus. Die Fehlerdateien für die verschiedenen Programme heissen *errors.query*, *errors.prune* etc. und sind nichts anderes als umbenannte, mit *errutil* erstellte *errors*-Dateien.

3. Masken-Menü *p.mask* im Verzeichnis *mask*

Das Masken-Verwaltungsprogramm *p.mask* arbeitet mit den Menüprogrammen des Instituts für Informatik der Universität Zürich [MENÜ-82] und der Terminal-Schnittstelle *TERMC*, welche in [DOME-82] beschrieben ist. Die Quellenprogramme sind weitgehend selbsterklärend.

An dieser Stelle sei auf die Meldungs-, Pfad- *(path)* und Terminalansteuerungskonzepte hingewiesen, welche in allen Programmen verwendet werden: Alle Meldungen ausser Fehlermeldungen, z.T. *help*-Meldungen und von der Menüsoftware verwaltete Meldungen sind als statische Zeichenketten *(strings)* in einer Datei *msg.c* zu finden. Eine dazugehörige Datei *h/msg.h* deklariert jeweils die externen *char-pointer* darauf. Somit muss bei Änderungen nur die Datei *msg.c* editiert bzw. recompiliert werden.

Alle Pfad-Namen *(path-names)* für Dateien auf dem System sind analog zum Meldungs-Konzept in einer Datei *path.c* zu finden, die notwendigen Zeiger *(pointer)* in *h/path.h*. Somit müssen, wenn beispielsweise die Dialogsprache von Deutsch auf Englisch gewechselt werden soll, nur die *msg.c*-Dateien und die *help*-, Menü- und Fehlermeldungs-Dateien im Verzeichnis *lib* verändert werden.

Die Terminalansteuerung geschieht mit den in [DOME-82] beschriebenen Funktionen und, wo diese nicht genügen, mithilfe der in *cntlterm.c* zusammengefassten Modulen. Alle Funktionen benutzen den in der Prozess-Umgebung *(environment)* in der Shell-Variablen *TERM* stehenden Namen für die Terminalidentifikation. Ende 1982 war *cntlterm.c* erst auf *Concept 108*-Terminal ausgelegt. Es sollte jedoch keinen grösseren Aufwand bedeuten, neue Terminals anzuschliessen, da dazu lediglich eine neue Datei im Verzeichnis *lib* nach einer bestehenden Vorlage zu erstellen ist (z.B. *Tmask.teleray* mit Vorlage *Tmask.concept*).

4. Profil-Menü *p.prof* im Verzeichnis *prof*

Das Profil-Verwaltungsprogramm *p.prof* ist analog zu *p.mask*.

5. Dienstprogramm *p.prune* im Verzeichnis *prune*

Für eine Beschreibung von *p.prune* sei auf [MRE5-82] verwiesen.

6. Abfrage-Programm *p.query* im Verzeichnis *qry*

Das Abfrageprogramm *p.query* ist das grösste und komplizierteste von *PIZZA*. Es besteht aus ca. 80 **.c* und über 20 *h/*.h* Dateien. Da das UNIX-Ladeprogramm *ld* Schwierigkeiten beim Laden hatte, wurden einige der **.o* Dateien in einem Archiv versorgt (vgl. Angaben im *Makefile*).

6.1 Dateiorganisation der geladenen Datenbank

Eine mit *p.reload* oder *p.reldat* geladene Datenbank besteht aus 6 Dateien: *addr, desc, lock, orth, text* und *var*. *addr* ist eine Tabelle, die den Textnummern Adressen in der Datei *text* zuordnet.   *desc* ist die Datei, in welcher alle Deskriptoren, alphabetisch sortiert und reduziert auf einmaliges Vorkommen, gespeichert sind. *lock* ist eine Datei in welche Informationen zur Verhinderung von gegenseitigen Störungen mehrerer Benutzer (z.B. gleichzeitiges Abfragen und Neuladen) gespeichert werden. *orth* enthält die sogenannten orthogonalen Elemente, welche die Verbindung zwischen Texten und Deskriptoren herstellen.

Der Zugriffspfad von den Deskriptoren zu den dazugehörenden Texten ist in Fig. 3 mit ausgezogenen und punktierten, derjenige von den Texten zu den sie qualifizierenden Deskriptoren mit gestrichelten Pfeilen eingezeichnet.

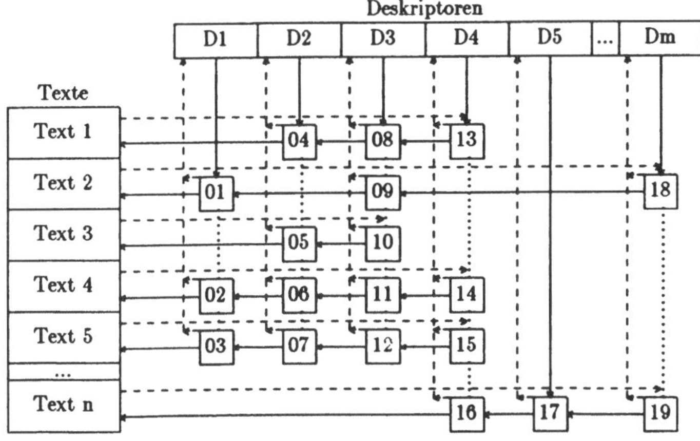

Fig. 6-3. Zugriffspfade

In der Datei *var* werden die *PIZZA*-Variablen abgespeichert, wobei die Lebensdauer der vom Benutzer definierten Variablen bis zum nächsten Laden beschränkt ist. Nach dem Laden enthält die *var*-Datei nur die Variable *lastqry*.

6.1.1 Record-Format und Zugriff auf die Dateien desc, orth und text

Die Dateien *desc*, *orth* und *text* enthalten variabel lange Zeichenketten, die durch *newline*-Zeichen (\n) abgeschlossen sind. Sie werden mit einer speziellen Funktion *rdrec()* eingelesen, deren Parameter ein File-Deskriptor, eine relative Byte-Adresse in der Datei, ein Pointer auf den Adressbereich, wo der gelesene Record abgespeichert werden soll und die maximale Grösse des Records sind. Die Funktion positioniert den Lesekopf auf die angegebene Adresse, liest die im letzten Parameter angegebene Anzahl Bytes in den Adressbereich und ersetzt das erste gefundene *newline*-Zeichen durch Null (\0). Die Funktion gibt die Anzahl der gelesenen Byte (bis und mit dem *newline*-Zeichen) zurück, sodass beispielsweise ein sequentielles satzweises Durchlesen der *desc*-Datei folgendermassen aussieht:

```
posdesc = sizeof (dio.dfirst);  /* header record is skipped */


while (posdesc < lastdescaddr)
{  /* lastdescaddr is known */
    posdesc += rdrec (fddesc, posdesc, buffer, sizeof (buffer));
      ...
}
```

Der Dateiinhalt wird von der in **posdesc** angegebenen Position an Byte für Byte in den Pufferbereich **buffer** kopiert. Über diesen Pufferbereich sind Strukturen gelegt (definiert in *h/desc.h*, *h/orth.h* und *h/text.h*), mittels welchen dann die einzelnen Record-Informationen extrahiert werden können. *rdrec()* liest *ungepuffert*; es verwaltet den Pufferbereich selbst. Da die Dateien *desc* und *orth* auch gepuffert (mit *stdio.h*-Routinen) gelesen werden müssen, existiert noch eine gepufferte Version von *rdrec()*, nämlich *rdrecb()*.

Wie Fig. 3 zeigt, sind die Datensätze der *desc-*, *orth-* und *text*-Dateien verknüpft. Die Verknüpfung erfolgt durch 4-Byte (*long*-Format auf ONYX) Datei-Adressen. Da diese Adressen Zahlen sind, kann in ihren einzelnen Byte die Bitkombination des *newline*-Zeichens vorkommen. *newline* wird jedoch - wie eben beschrieben - als Spezialzeichen zum Abschluss von Datensätzen verwendet. Deshalb müssen vom Programm *p.reload* alle *newline*-Zeichen aus den Zahlen entfernt werden, was von der Funktion *cvlx()* folgendermassen bewerkstelligt wird:

Die vordersten vier Bit einer Adresse werden wegen der Unmöglichkeit von negativen respektive so hohen Adressen nie verwendet. Sie werden deshalb für die Anzeige verwendet, ob in den 4 Byte der Zahl *newline*-Zeichen vorkommen oder nicht; wenn nun im 1. *Byte* ein *newline*-Zeichen steht, so wird das erste *Bit* auf 1 gesetzt, wenn im 2. *Byte* eines steht, im 2. *Bit*, usw. Die *newline*-Zeichen selbst werden durch ein anderes Zeichen ersetzt, sodass in der ganzen Datei *newlines*-Zeichen garantiert nur als Record-Terminatoren erscheinen. Bevor die Zahlen als Adressen verwendet werden, müssen sie natürlich wieder in ihr ursprüngliches Format zurückverwandelt werden. Dies übernimmt die Funktion *cvxl()*. Vorsicht: Da die Abspeicherung von Zahlen maschinenabhängig ist, sind es *cvxl()* und *cvlx()* auch.

Die Funktionen *cvxl()* und *cvlx()* ermöglichen eine Abspeicherung von positiven ganzen Zahlen. Die *orth*-Datei muss aber die Wertigkeiten der Deskriptoren enthalten, welche bekanntlich auch negativ oder Fliesskommazahlen sein können. Das Problem wurde hier so gelöst, dass die Zahlen als ASCII-Zeichen abgespeichert werden und zwar ebenfalls in einem speziellen Format, welches die richtige (aufsteigende) Sortierung aller Zahlen während des Ladens[1] garantiert. Die Umwandlungsroutinen sind in der Datei *conv.c* untergebracht und heissen *cvto()* und *cvfo()*[2]. Entsprechend den Regeln von *cvto* werden alle Zahlen in ein Format mit einer fixen Länge von 16 Bytes umgewandelt. Die Regeln zur Umwandlung einer Zahl **y** sind in Fig. 4 zusammengefasst.

veeem.▭▭▭▭▭▭▭ *(z.B.: 13038.2100000000 für 8210)*

1. **Feld:** Vorzeichen **v**
    $v = 0$ **wenn** $y < 0$
    $v = 1$ **wenn** $y \geq 0$

2. **Feld:** Exponent e_n **(e-neu)** *immer positiv*
    $e_n = 100 - e$ **wenn** $m < 0$
    $e_n = 200$ **wenn** $m = 0$
    $e_n = e + 300$ **wenn** $m > 0$

3. **Feld:** Mantisse **m** *enthält die normalisierte Zahl* **y**

Fig. 6-4. Umwandlungsregeln

Der Exponent der *ursprünglichen* Zahl darf nur im Intervall [-78 78] liegen. Um in allen Fällen einen *positiven* Exponenten garantieren zu können, wird der Exponent - falls er negativ ist - von 100 subtrahiert ($\rightarrow$ Intervall [22 178]), ist der Exponent Null, so wird er 200, ist er positiv, so wird die Zahl 300 dazugezählt ($\rightarrow$ Intervall [222 378]).

Das Konzept für die gesamte Behandlung von numerischen Deskriptor-Wertigkeiten ist revisionsbedürftig: Die Routine *atofo()* (entspricht der Standardroutine *atof()* mit Fehlererkennung), kann nur Zahlen im Intervall [9.9e-78 9.9e+78] verarbeiten. *cvto()* und *cvfo()* können mit einer komprimierten Form der Zahlen operieren.

6.2 Compiler

Die Syntax der Abfragesprache ist in Anhang I mit einem Syntaxdiagramm und in Prosa beschrieben. Die Syntaxanalyse von *p.query* wird von einem *top down recursive descent compiler* gemacht, dessen Struktur analog zum Syntaxdiagramm ist. Der *Compiler* generiert einen Code (zweistufig), der später interpretiert wird. Der externe *char-array cs* (*Code-Stack*, definiert in *h/cstack.h*), in welchen der generierte Code vom Compiler geschrieben wird, stellt zusammen mit den Definitionen in *h/ciint.h* die Schnittstelle zwischen Compiler und Interpreter dar.

Alle vom Compiler zur Generierung von *cs* benötigten Zwischendaten werden in der Compiler-Tabelle *ct* abgespeichert (definiert in *h/compil.h*), welche beim Aufruf von *compil()* dynamisch alloziert wird. Da leider der *C*-Compiler auf den ONYX-Maschinen die Grösse einer komplexen Struktur wie der Compiler-Tabelle mit der *sizeof*-Funktion nicht richtig berechnet, wurde in *compil()* eine Konstante für die Grösse des allozierten Speicherplatzes eingesetzt. Es wäre wünschenswert, wenn dieser Schönheitsfehler bald behoben werden könnte.

---

1. *p.reload* ruft das Sortierprogramm des Systems auf.
2. Die Namen *cvto* und *cvfo* bedeuten convert to orth-format resp. convert from orth-format.

Der vom Compiler aufgerufene *Scanner scan()* erwartet vom Compiler eine Mitteilung (in der Form eines gesetzten *flag*), ob ein Schlüsselwort erwartet wird. Der Scanner liest das jeweils nächste *Token* und schreibt den *Tokencode* in die Compiler-Scanner-Schnittstelle *sci*, welche zur Compiler-Tabelle *ct* gehört. Die übrigen Eintragungen in *ct* werden folgendermassen vorgenommen:

Während der Syntaxanalyse (erster Schritt) wird ein sogenannter *Mini-Stack (ms)* aufgebaut, welcher in der Compiler-Tabelle abgespeichert wird. Mit der Option *trace* kann der Mini-Stack bei jeder Abfrage ausgedruckt werden. In einem zweiten Schritt wird dieser Mini-Stack vom Modul *expand()* zum eigentlichen *Code-Stack (cs)* ausgebaut. In Fig. 5 wird eine Gegenüberstellung der Befehle des Mini-Stacks und derjenigen, welche durch *expand()* daraus generiert werden, gezeigt.

6.2.1 Deskriptoren-Suche

Der Grund für die zweistufige Compilation ist der, dass alle Deskriptoren in einem Suchlauf gefunden werden sollen. Ein mehrmaliger Zugriff auf die Deskriptoren-Datei wäre wesentlich langsamer. Der Hauptunterschied zwischen den *Mini-* und den *Code-Stack*-Befehlen ist der, dass in den *Mini-Stack*-Befehlen die Deskriptoren immer noch als Zeichenketten erscheinen und nicht als Adressen in der *orth*-Datei. Der Parameter von *LDD* ist der *char-index* des Deskriptors in der Compiler-Tabelle.

Die Deskriptorensuche geschieht binär, ausser wenn ein Metazeichen am Anfang eines Deskriptors eine sequentielle Suche unumgänglich macht. Wenn einige Deskriptoren sequentiell gesucht werden müssen, andere aber binär gesucht werden können, so wird zweimal gesucht, einmal sequentiell und einmal binär. Zeitmessungen haben uns veranlasst, dieser Lösung vor einer nur sequentiellen den Vorzug zu geben.

Zum Suchvorgang selbst: Die Deskriptoren sind von *p.reload* alphabetisch sortiert, und mehrmalig auftretende Deskriptoren sind auf einen Eintrag reduziert worden. Jeder Deskriptor-Eintrag besteht aus Angaben über den Deskriptor von fixer Länge und dem durch ein *newline*-Zeichen abgeschlossenen Deskriptor. Zu den Deskriptor-Angaben gehören beispielsweise der Typ des Deskriptors und die Adresse seines ersten Orthogonalen Elementes in der *orth*-Datei. Die Definition der bei der Speicherung in der *desc*-Datei verwendeten Strukturen ist in der Datei *h/desc.h* zu finden. Der erste Datensatz *(Header-Record)* der *desc*-Datei enthält unter anderem die Adressen des letzten Deskriptor-Datensatzes in der Datei. Aus der fixen Länge des *Header-Records* kann die Position des ersten *Deskriptor*-Datensatzes in der Datei berechnet werden.

p.query kennt zwei verschiedene Deskriptor-Zugriffsalgorithmen, denjenigen für die Suche einzelner Deskriptoren (*binss()*) und denjenigen für die Suche mehrerer Deskriptoren gleichzeitig (*binsc()*). Beide Algorithmen beruhen auf der Methode des binären Suchens. Zunächst sei der erstere erläutert:

binss: Die variable Länge der Deskriptor-Records erlaubt keinen direkten Zugriff durch *direkte* Indizierung. Darum sind die binären Schritte und das Stopp-Kriterium von üblichen Algorithmen verschieden. Jeder Suchschritt wird in zwei Etappen vollzogen: Zunächst wird in der Datei auf die jeweils berechnete Adresse positioniert und mit *rdrecb()* bis zum nächsten *newline*-Zeichen gelesen. Da jedoch die errechnete Adresse kaum je gerade auf den Anfang eines Records trifft, sondern meistens gleichsam mitten im Record liegt, muss noch der nächste, diesmal garantiert vollständige Deskriptor-Record eingelesen werden. Erst jetzt kann - in einem zweiten Schritt - verglichen werden. Das Stopp-Kriterium ist erfüllt, wenn das Intervall zwischen der oberen und der unteren Grenze

Mini Stack Befehl		Code Stack Befehl			
Befehl	Parm	Befehl	Parm1	Parm2	Parm3
LDD load desc	int idx desc table	LDD load desc	long orth addr	— —	— —
LDS load single desc	int idx desc table	LDS load single desc	long orth addr	— —	— —
LDTS load text string	int idx ciint.tstr	LDTS load text string	int idx ciint.tstr	— —	— —
LDTN load text number	long text number	LDTN load text number	long text number	— —	— —
LDV load variable	int idx var table	LDV load variable	int idx var table	— —	— —
STV store variable	int idx var table	STV store variable	int idx var table	— —	— —
LDCD load compare desc	int idx desc table	LDCX load compare	long orth addr	int vgl operator	int idx vgl string
LDCC load compare const	int idx vgl string				
LDDA load desc addr	long desc addr	LDDA load desc addr	long desc addr	— —	— —
LDA load all texts	— —	LDA load all texts	— —	— —	— —
OR	—	OR	—	—	—
AND	—	AND	—	—	—
NOT	—	NOT	—	—	—
EQL	—	—			
NEQ	—	—			
LSS	—	—			
LSE	—	—			
GTR	—	—			
GTE	—	—			
END	—	—			
Die Information für die Befehle COUNT, TEXT, DESC und TEXTNO sind nicht im Mini Stack sondern im Array op der Compiler-Tabelle.		COUNT	—	—	—
		TEXT	—	—	—
		DESC	—	—	—
		TEXTNO	—	—	—
Die Information für die Befehle SORT, SUM, MEAN, MIN und MAX sind nicht im Mini Stack sondern in der Variablen spec in der Compiler-Tabelle.		SORT	—	—	—
		SUM	—	—	—
		MEAN	—	—	—
		MIN	—	—	—
		MAX	—	—	—

Fig. 6-5. *cs*- und *ms*-Befehle

(Variablen *i1* und *i2*) kleiner ist als zweimal die maximale Länge eines Deskriptor-Records.

binsc: Der zweite Algorithmus, welcher mehrere Deskriptoren gleichzeitig sucht, benutzt dieselbe Positionierungsmethode wie *binss*, merkt sich aber jeweils in einer Tabelle bei jedem Schritt, welche der gesuchten Deskriptoren sich links bzw. rechts von der gegenwärtigen Position befinden. Wenn der erste, nämlich der am weitesten *links* stehende Deskriptor gefunden wurde, sind die Positionen aller anderen schon grob bestimmt. Der Algorithmus kann sich also bei der weiteren Suche nach der aufgebauten Tabelle richten. Die Arbeitsweise des Algorithmus entspricht einem *preorder traversal* eines Binärbaumes, wobei nur diejenigen Äste besucht werden, welche gesuchte Deskriptoren enthalten können.

Wenn oben von gesuchten Deskriptoren die Rede war, so war das eine Vereinfachung. In Tat und Wahrheit werden von den binären Suchalgorithmen nicht ganze Deskriptoren, sondern lediglich jeweils die Teilzeichenkette bis zum ersten Metazeichen gesucht. Sobald die Position der Teilzeichenkette feststeht, geht die Suche sequentiell weiter, wobei die Deskriptoren mit der Funktion *gmatch()* auf Übereinstimmung mit dem eingegebenen, eventuell Metazeichen enthaltenden String getestet werden. Die sequentielle Suche wird abgebrochen, wenn Übereinstimmungen nicht mehr möglich sind.

6.3 Interpretation von *cs*

Die Interpretation von *cs* wird im Normalfall von der Routine *interpret()* übernommen. Ausnahmen bilden Abfragen, wo Modus- oder Datenbankinformationen, Angaben über die definierten Variablen sowie der spezielle Zugriffsweg für eine einfache Abfrage (*single*-Option) verlangt werden, wofür die Moduln *squery(), dispmode(), dispdb(), dispvars()* und *squery()* zuständig sind.

Das Kernstück des Interpreters ist ein sogenannter *Runtime-Stack*, welcher zu Beginn des Interpreter-Aufrufs dynamisch alloziert wird und als Zwischenspeichermedium während der Evaluation des vom Compiler generierten Codes fungiert. Um die Funktionsweise dieses Stacks zu erläutern, sei hier ein Beispiel der Behandlung einer Abfrage angeführt.

Abfrage:

    Lungenentzuendung & Herzversagen | blind

wobei alle Deskriptoren in der Datenbank vorkommen.

Der generierte Code für den *Code-Stack* ist in Fig. 6 dargestellt.

LDD	123	Ladebefehl, Parameter (123) ist die Referenz auf das Orth-File für *Lungenentzündung*
LDD	256	Ladebefehl, Parameter (256) ist die Referenz auf das Orth-File für *Herzversagen*
LDD	56	Ladebefehl, Parameter (56) ist die Referenz auf das Orth-File für *blind*
OR		kein Parameter
AND		kein Parameter
TEXT		kein Parameter
END		kein Parameter

Fig. 6-6. Beispiel für die Codierung einer Abfrage

Ein *LDD*-Befehl bedeutet: Lade alle Texte, welche durch den Deskriptor - für den hier die Adresse des ersten orthogonalen Elementes steht - auf das oberste Element des *Runtime Stacks* und erhöhe den Stackindex um eins.

Ein Element des *Runtime-Stacks* besteht aus einer ununterbrochenen Bitfolge, deren Länge sich nach der Grösse der Datenbank richtet. Eine Datenbank mit 1000 Texten hat eine

Stackelement-Grösse von 125 Bytes resp. 1000 Bit, eine mit 100 Texten eine von 13 Bytes resp. 100 Bit, wobei das 1. Bit für Text 0 steht, das 2. für Text 1 etc. Die Initialisierung der Variablen für die Stackelementgrösse *(rsize)* und Stacktiefe *(rdepth)* wird zu Beginn des Aufrufs von *p.query* im *main()*-Modul gemacht (Datei *v2.c*). Alle Bit werden mit jedem Aufruf von *interpret()* automatisch bei der Allokation des *Runtime-Stacks* mit *calloc()* auf 0 *(false)* gesetzt. Der *LDD*-Befehl setzt nun beim obersten Stackelement alle diejenigen Bit auf 1 *(true)*, deren korrespondierende Texte durch den Deskriptor qualifiziert werden. Dies geschieht, indem die verkettete Liste der orthogonalen Elemente, welche auf die Texte zeigen, durchschritten wird.

Die drei *LDD*-Befehle des obigen Beispiels werden also die Bit derjenigen Texte setzen, welche durch die drei Deskriptoren **Lungenentzuendung, Herzversagen** und **blind** qualifiziert werden und zwar in den ersten drei Stackelementen. Darauf wird eine logische *OR*-Operation auf den zwei obersten Elementen ausgeführt und der Stackindex wird um 1 erniedrigt. Dann folgt mit dem Resultat, das im 2. Element steht, eine *AND*-Operation mit dem 1. Element. Schliesslich sind im 1. Element alle diejenigen Bit gesetzt, welche den gesuchten Texten entsprechen. Der *TEXT*-Befehl veranlasst den Interpreter, sie auszugeben.

7. Rohdaten-Manipulations-Programm *p.rawdata* im Verzeichnis *raw*

Neben den Routinen zur Steuerung des Menü-Dialogs enthält *p.rawdata* einige Routinen, zu deren Verständnis man die zugrunde liegenden Ideen kennen muss. Aus diesem Grunde werden hier einige erläuternde Angaben zusätzlich zur Beschreibung der Datenaufnahme im Anhang I gemacht.

7.1 Abspeicherung der Texteinheiten

Die Verwaltung der Dateien, in welchen die Rohdaten abgespeichert werden, wird von den *PIZZA*-Programmen *p.rawdata* und *p.prune* besorgt. Die Rohdaten-Dateien werden bei der Datenaufnahme (Anwahl *Anfügen Rohdaten* im Menü) auf maximal 500 Zeilen beschränkt[1]. Die Dateinamen werden mit Namen von **aaa** bis **zzz** benannt, d.h. die erste von *p.rawdata* eröffnete Datei wird **aaa** genannt, die zweite **aab** usw.

Informationseinheiten (bestehend aus einem Text und den dazugehörenden Deskriptoren) werden immer als Ganzes in einer Rohdaten-Datei abgespeichert. Während der Aufnahme werden die Daten zunächst in temporären Dateien zwischengespeichert. Die Namen der Temporärdateien werden von *initmp()* kreiert, von *endtmp()* werden die Dateien gelöscht. Alle Temporärdateien werden im Verzeichnis */usr/tmp* alloziert. Für die Zwischenspeicherung werden drei Dateien benötigt, eine für den aufgenommenen Text, eine für die automatisch generierten Deskriptoren und eine für die direkt aufgenommenen Deskriptoren (die Namen der Dateien stehen in den in *h/tmpfiles.h* definierten globalen Strings *sttext, stdesc1* und *stdesc2*).

Würde die Abspeicherung einer aufgenommenen Informationseinheit die 500-Zeilen Limite überschreiten, so wird eine neue Datei kreiert, die ganze Informationseinheit dort hineingeschrieben und die alte Datei gilt als *voll*. Eine Überschreitung der 500-Zeilen Limite

---

1. Durch diese Beschränkung soll es weiterhin möglich sein, die Dateien mit dem institutsinternen Editor zu bearbeiten.

ist also möglich und zwar dann, wenn eine einzelne Informationseinheit mehr als 500 Zeilen umfasst. In der Datei *.index* baut *p.rawdata* einen Zugiffspfad auf die Rohdaten-Dateien auf, über welchen beim Anfügen von Rohdaten der Name der aktuellen Datei und beim Manipulieren von Rohdaten der Speicherungsort der zu manipulierenden Informationseinheit herausgefunden wird. Die Definition für einen Indexeintrag ist in *h/index.h*.

Zur Abgrenzung der Informationseinheiten und der Deskriptoren innerhalb der Informationseinheiten werden von *p.rawdata* die Schlüsselwörter *.tex* und *.des* in die Rohdatendatei hineingeschrieben. Da *.tex* und *.des* jeweils auf einer eigenen Zeile stehen müssen, wird nach einer Datenaufnahme mit einem *.cmd*-Befehl ein *newline*-Zeichen zusätzlich vor das *.tex* bzw. *.des* geschrieben; eine Datenaufnahme mit *.cmd* garantiert nicht wie eine mit *.mas*, dass die aufgenommenen Daten mit *newline* abgeschlossen werden.

Mit der Anwahl *Manipulieren Rohdaten* im Datenaufnahme- und Manipulationsmenü können existierende Informationseinheiten gelöscht, verändert und an dieselbe Stelle zurückgeschrieben oder verändert und zusätzlich aufgenommen werden. Das geht folgendermassen vor sich: Soll eine Informationseinheit gelöscht werden, so wird die Zeile *.tex*, welche den Beginn einer Informationseinheit markiert, mit *.del* überschrieben. Soll eine Informationseinheit ersetzt werden, werden alle übrigen Informationseinheiten der Datei zwischengespeichert und die Rohdaten-Datei wird neu mit der modifizierten Einheit aufgebaut *(storer())*. Das zusätzliche Anhängen an die Datenbank wird von demselben Modul *(storea())* vorgenommen, wie bei der Datenaufnahme mit einem Profil (Anwahl *Anfügen*).

Die Rohdaten-Manipulation kann dazu führen, dass die ursprünglich 500 Zeilen langen Dateien ständig wachsen. *p.prune* (vgl. Anhang I) schafft hier Abhilfe, indem es durch *.del* als gelöscht bezeichnete Texte auch physisch löscht, die *.index*-Datei neu aufbaut, und die Rohdaten auf Dateien mit einer Maximallänge von 500 Zeilen (neu) aufteilt.

7.2 Datenaufnahme durch append() und update()

Das *main()*-Modul (in *rawdata.c*) führt den Menü-Dialog und ruft je nach Anwahl *append()* (bei *Anfügen Rohdaten*) oder *update()* (bei *Manipulieren Rohdaten*) auf. *append()* ruft nach Eingabe eines Profils seinerseits *intprof()* auf, von welchem das angegebene Profil zur Datenaufnahme interpretiert bzw. ausgeführt wird. Durch die verschiedenen Profil-Symbole werden Aktionen ausgelöst; beispielsweise bewirkt ein *.mas*-Befehl im Profil den Aufruf von *intmask()* (dem Modul, welches die Dateneingabe mittels einer Maske erledigt), ein *.cmd*-Befehl den Aufruf von *excmd()*.

excmd() hat lediglich die Aufgabe, das vom Benutzer spezifizierte Eingabeprogramm aufzurufen.

intmask(): Alle Definitionen, welche mit Masken zu tun haben, sind in der Datei *h/mask.h*. Bevor eine Maske interpretiert wird, wird sie als Ganzes in einen *char-array (maska)* eingelesen. Dies geschieht durch das Modul *newmask()*, welches zu Beginn von *intmask()* aufgerufen wird, wobei *newmask()* prüft, ob sich die gewünschte Maske nicht bereits im Speicher befindet.

Bevor eine Maske interpretiert wird, d.h. die Datenaufnahme beginnt, muss von *formmask()* ein Stack *(ms)* aufgebaut werden, anhand dessen die Interpretation vorgenommen wird. In *ms* wird für jedes Eingabefeld ein Element reserviert, welches Position, Länge, Feldtyp (Deskriptorenfeld, Textfeld, kombiniertes Feld), Eingabetyp (Integer, Real und String) und die Adresse, an welcher der Feldinhalt gespeichert wird *(stoa)*, festhält. Ist *ms* aufgebaut, kann die Maske Feld für Feld ausgefüllt werden.

Da sowohl *excmd()* als auch *intmask()* auch von *update()* verwendet werden, können beide Moduln auch mit Vorlagen arbeiten. *excmd()* kopiert dazu einfach den Inhalt der Vorlage in die für die Datenaufnahme bestimmte Temporärdatei, welche *exec()* als Parameter übergeben wird. *intmask()* ruft *getsample()* auf, welches die Vorlage in *stoa* kopiert.

Das Eintippen der Daten wird von *intmask()* in Zusammenarbeit mit einem Feldeditor *(fe())* kontrolliert, wobei der Feldeditor die Eingaben in *stoa* abspeichert resp. die Kontrolle bei Spezialzeichen *(newline-Zeichen, Rubout, Tab* usw.) an *intmask()* zurückgibt.

Wird die Interpretation einer Maske durch *esc s* beendet, werden alle aufgenommenen Felder von *stoa* durch *stored()* und *storet()* auf die in Abschnitt 7.1 dieser Dokumentation erwähnten Temporärdateien ausgelagert. Die Masken selbst werden nicht in die Rohdaten geschrieben, sondern nur deren Name mit dem vorangehenden Schlüsselwort *.mas.* Jedes Feld einer Maske ergibt eine Zeile in den Rohdaten. Für leere Felder wird ein *newline-* Zeichen in die Rohdaten-Datei geschrieben. Die Strukturen *full* und *ifull* werden von der Routine *intmask()* dazu verwendet, Kontrolle über die leeren Felder zu führen.

Das Modul *update()* fragt, ob eine einzelne Informationseinheit durch Eingabe einer Textnummer, oder mehrere mit Hilfe einer Variablen manipuliert werden sollen und ruft entsprechend der Antwort *up_txn()* (Textnummer) oder *up_var()* (Variable) auf. Die Routine *recorver()* füllt durch Aufruf von *excmd()* bzw. *intmask()* die Temporärdateien der Informationseinheit mit (verändertem) Text und Deskriptoren. Darauf wird der Benutzer gefragt *(up_txn())*, ob die nun in den Temporärdateien abgespeicherte Einheit die alte, bis jetzt unverändert gelassene Informationseinheit ersetzen, ob sie hinten angehängt, oder ob die alte gelöscht werden soll (in diesem Fall wird der Inhalt der Temporärdateien nicht verwendet, sondern *.tex* im Rohdaten-Datei mit *.del* überschrieben). *up_var()* liest die angegebene Variable ein und ruft entsprechend den gesetzten Bit seinerseits *up_txn()* auf.

7.3 Zeichensatz

Um sowohl den vollen ASCII als auch die Spezialzeichen der Schweizer Schreibmaschinentastatur unterstützen zu können, werden Spezialzeichen wie ä, ö, ü usw. in einem speziellen 8-Bit-Code gespeichert. Ein globales Zeichensatz-Modus-Flag für *fe()* ist in *h/festat.h* definiert. Je nach Modus wandelt die Umwandlungsroutine *chtrans()* die eingetippten ASCII-Zeichen in den 8-Bit-Code um. Die Interpretation dieser 8-Bit-Zeichen, d.h. ihre richtige Darstellung auf dem Bildschirm wird von *interch()* (für ein einzelnes Zeichen) bzw. *interst()* (für eine Zeichenkette) durchgeführt. Da Umlaute in Deskriptoren unzulässig sind, werden sie vor der Abspeicherung durch *cvw_des()* umgewandelt (ä zu ae usw.).

Anhang III: Syntaxdiagramme (Abfragesprache)

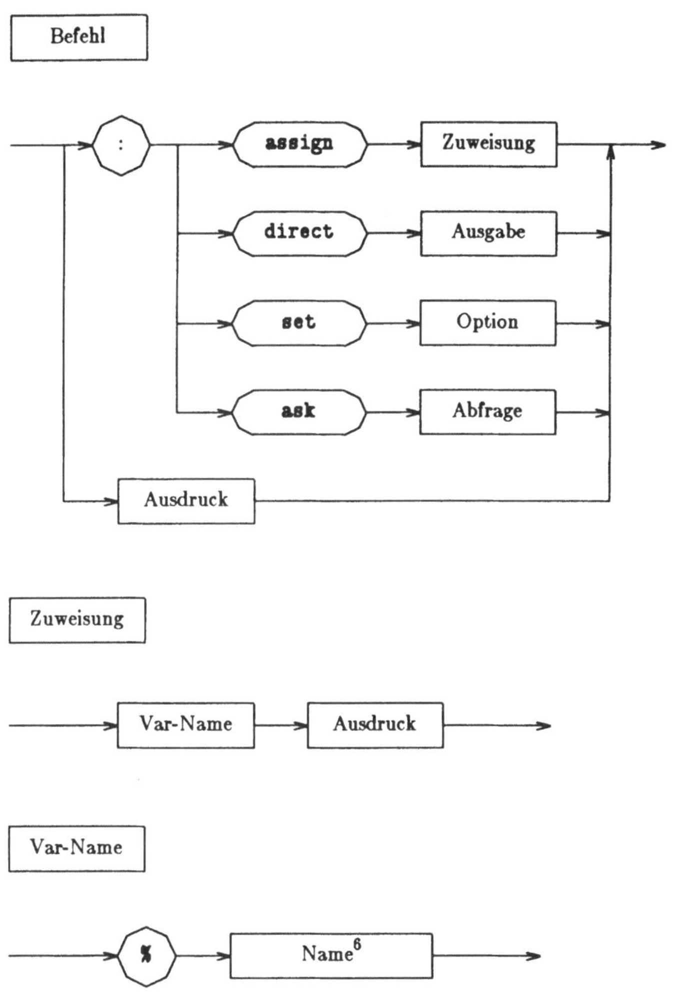

1. alphanumerisch, nicht weiter aufgelöst
2. numerisch, nicht weiter aufgelöst
3. Einschränkungen gemäss Handbuch
4. nicht weiter aufgelöst, alphanumerisch mit Metazeichen
5. nicht weiter aufgelöst, nach UNIX Dateinamen-Konventionen
6. nicht weiter aufgelöst; 8-stellig, alphanumerisch

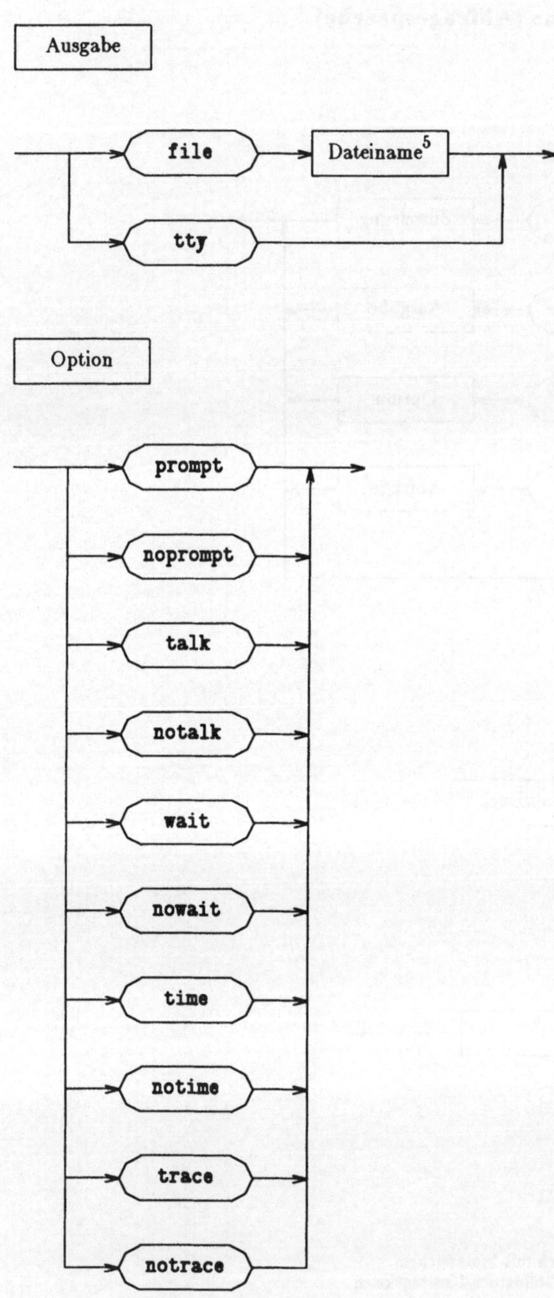

Ausgabe
file
Dateiname[5]
tty
Option
prompt
noprompt
talk
notalk
wait
nowait
time
notime
trace
notrace

Abfrage

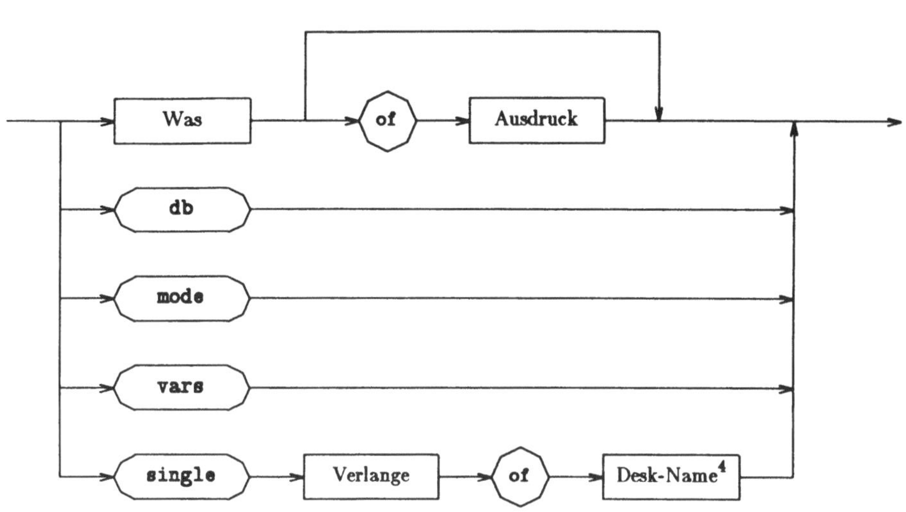

Was
of
Ausdruck
db
mode
vars
single
Verlange
of
Desk-Name[4]

Verlange

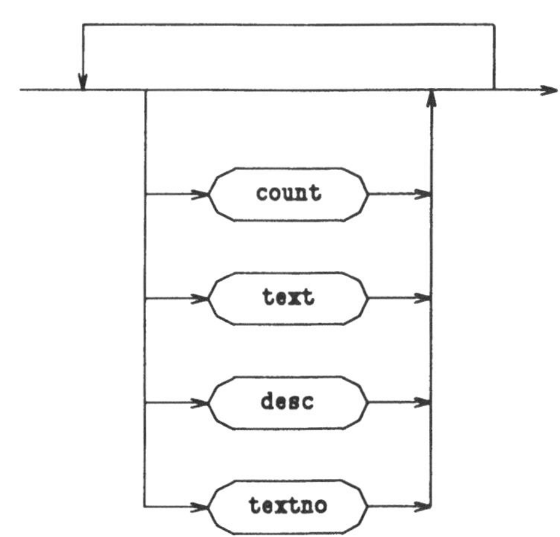

count
text
desc
textno

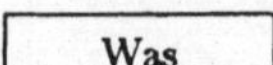

Was

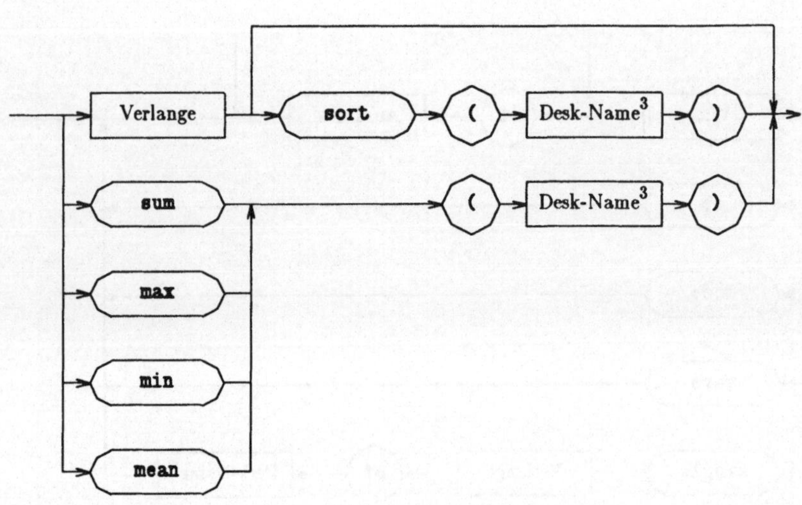

Verlange
sort
(
Desk-Name3
)
sum
(
Desk-Name3
)
max
min
mean

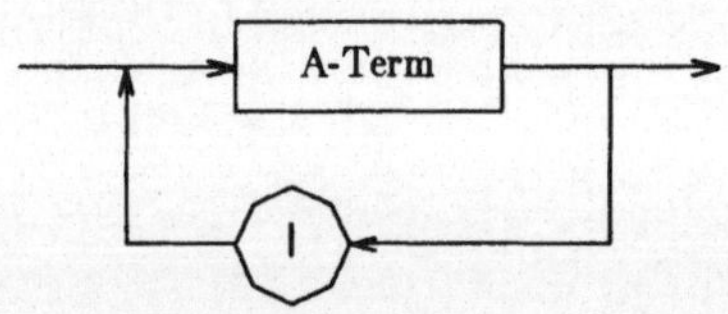

Ausdruck
A-Term
|

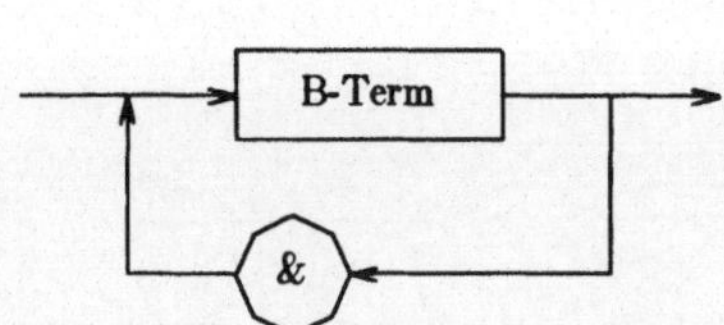

A-Term
B-Term
&

B-Term

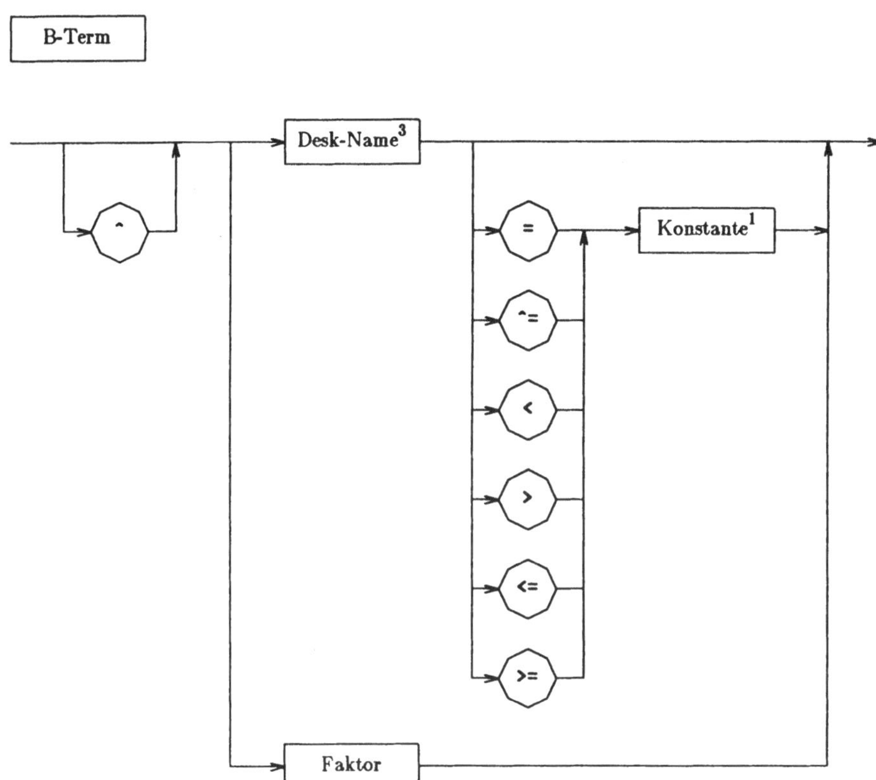

Faktor

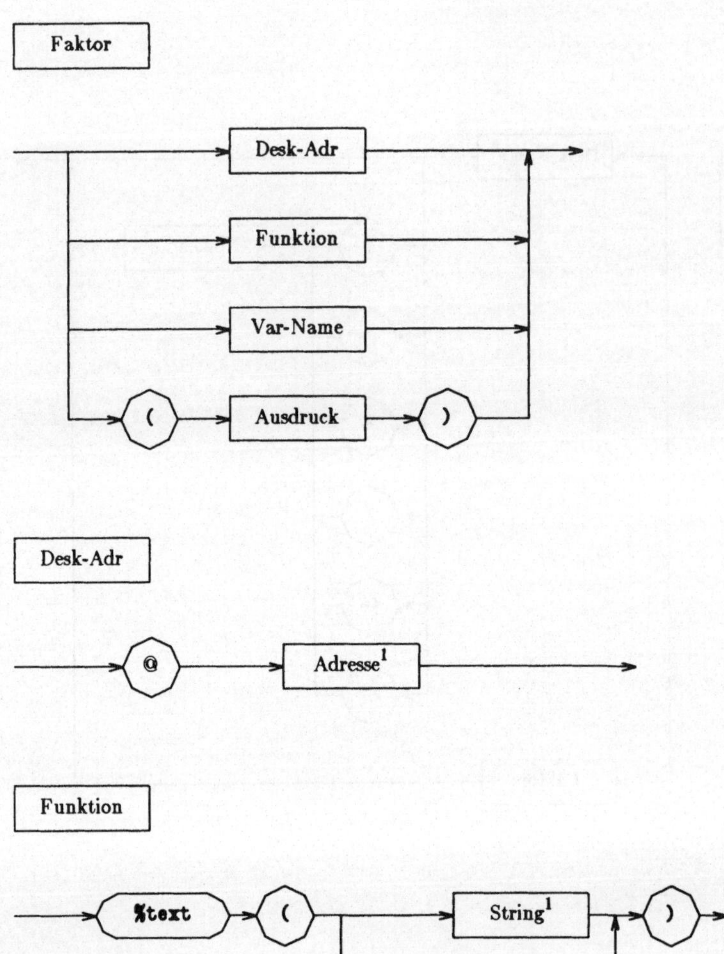

Desk-Adr

Funktion

Anhang IV: Syntaxdiagramme (Rohdatendefinition)

Die Syntaxdiagramme in diesem Anhang sind als Ergänzung zu den Pascal-Syntaxdiagrammen gedacht, wie sie beispielsweise in [MART-83] enthalten sind.

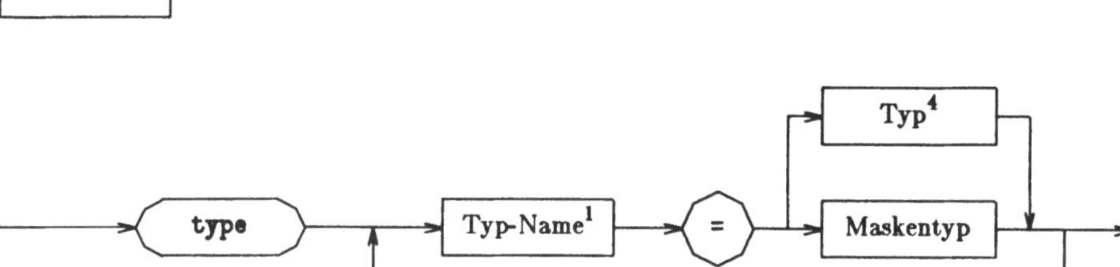

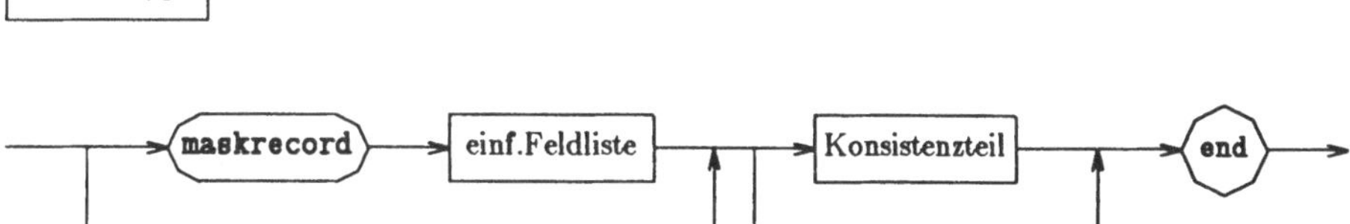

---

1. In [MART-83] als *Name* bezeichnet; alphanumerisch, nicht weiter aufgelöst
2. **string** wird hier als Standardtyp angenommen. Es handelt sich um eine variabel lange Zeichenkette.
3. Alphanumerisch, nicht weiter aufgelöst
4. Nicht weiter aufgelöst. Diagramm siehe [MART-83].
5. Numerisch, nicht weiter aufgelöst
6. Numerisch oder alphanumerisch, nicht weiter aufgelöst

einf.Feldliste

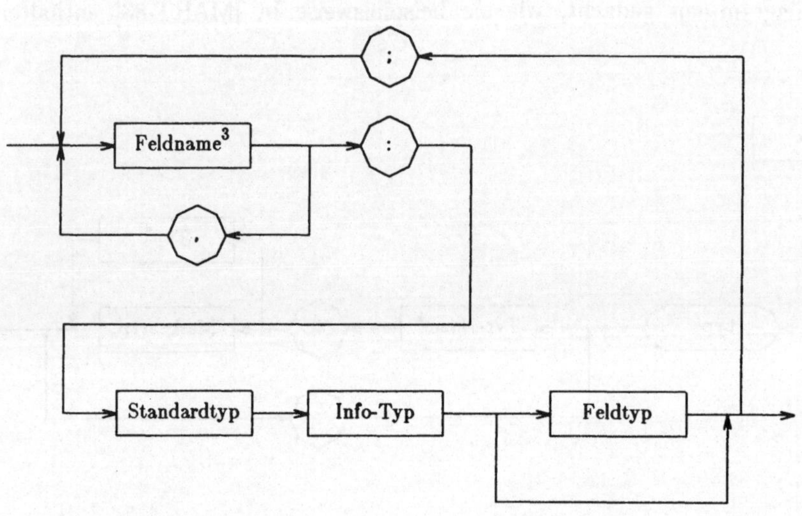

Maskenref

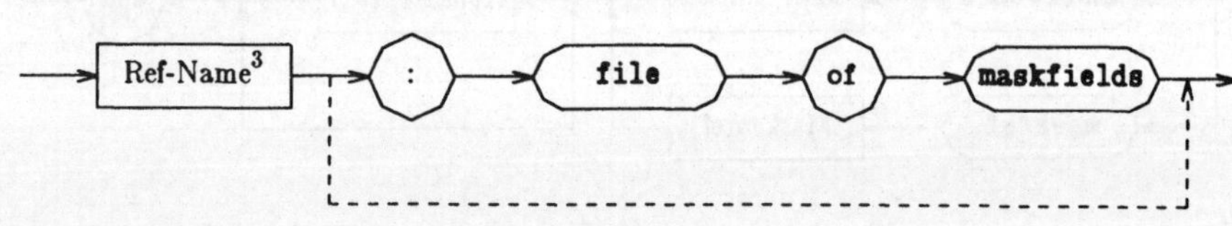

Standardtyp

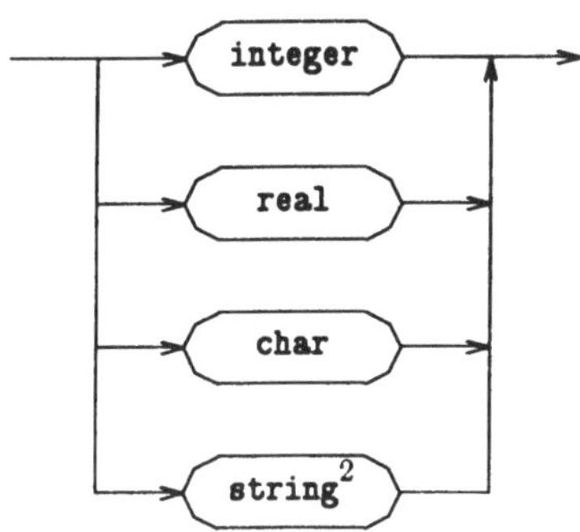

Info-Typ

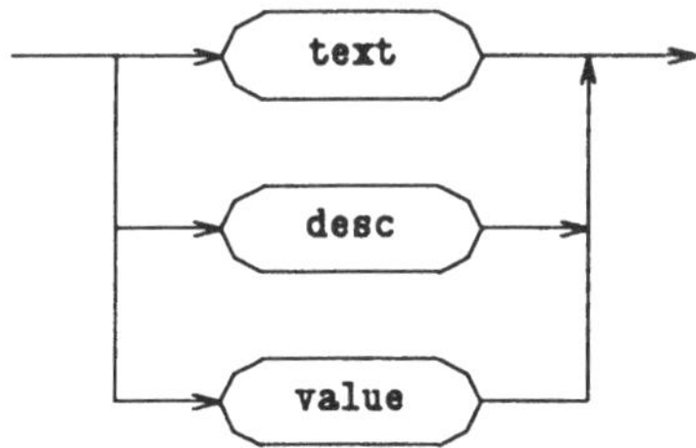

Feldtyp

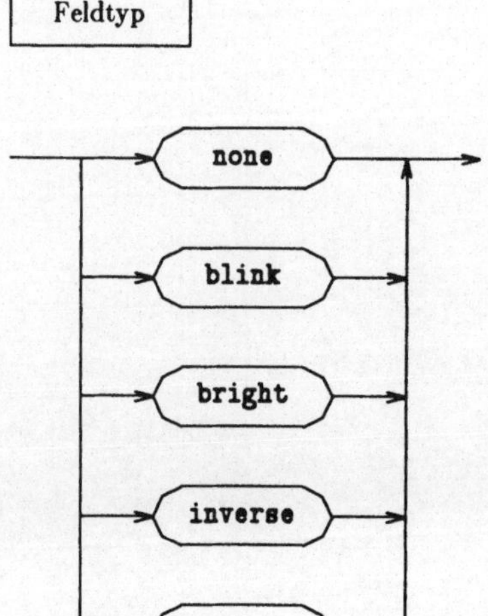

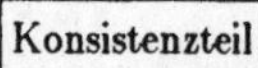

Konsistenzteil

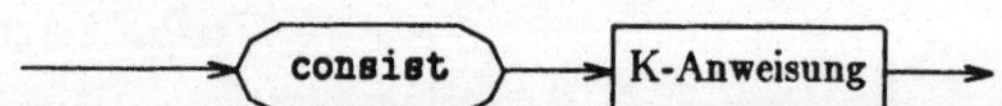

K-Anweisung

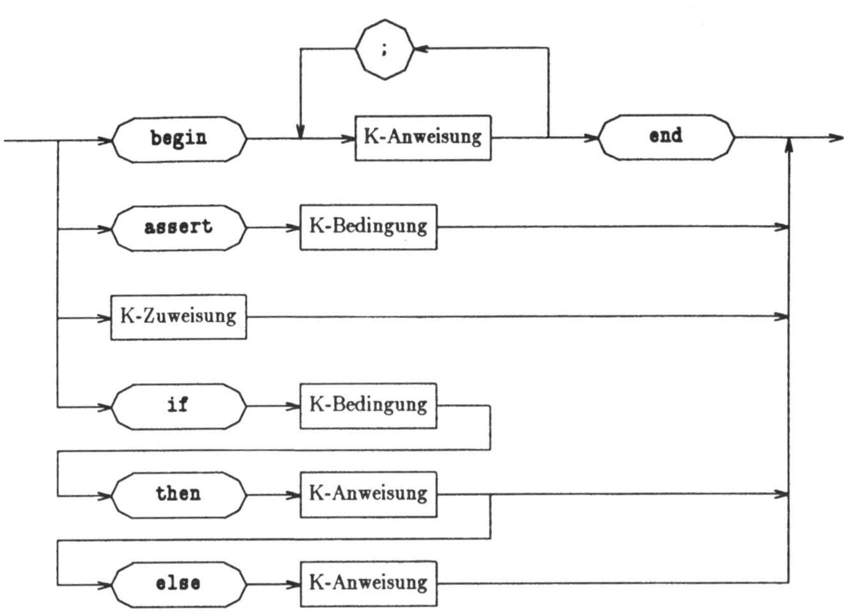

K-Zuweisung

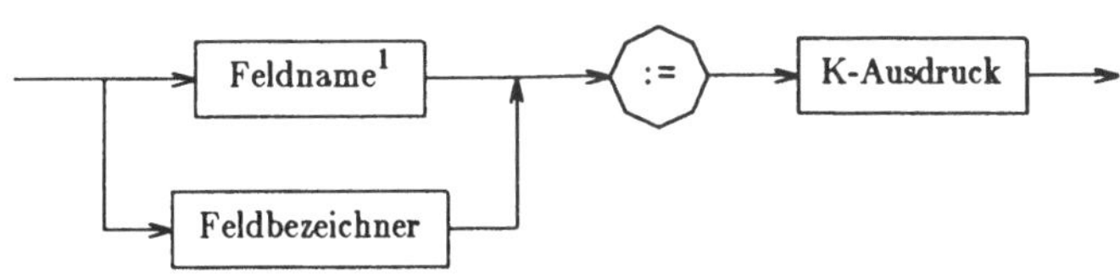

Feldbezeichner

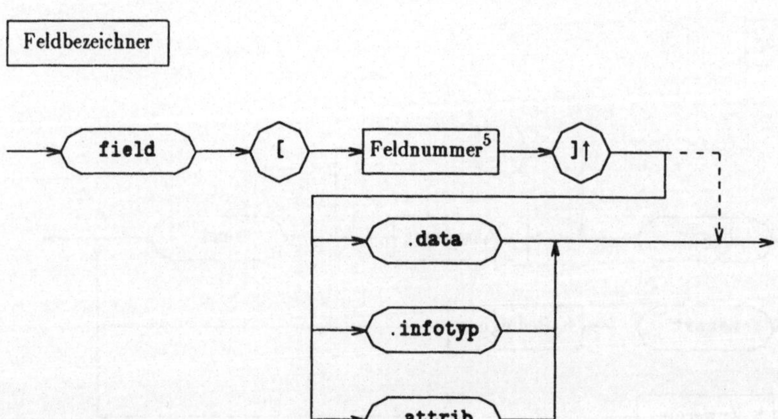

K-Bedingung

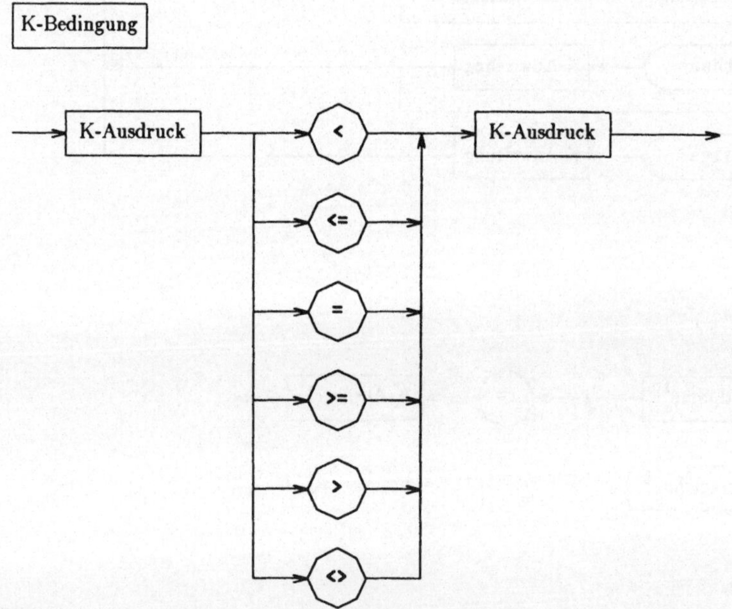

K-Ausdruck

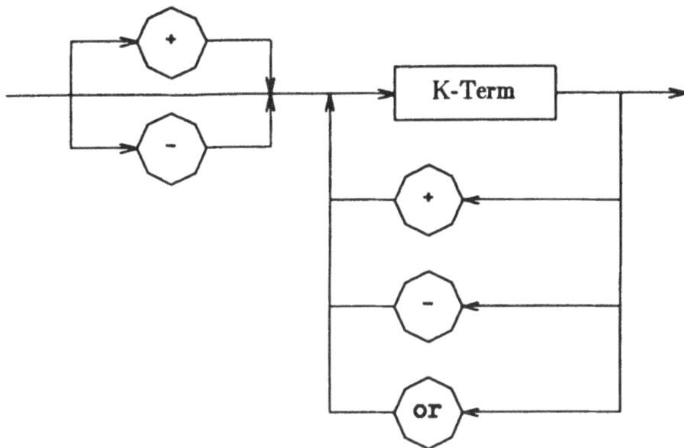

K-Term

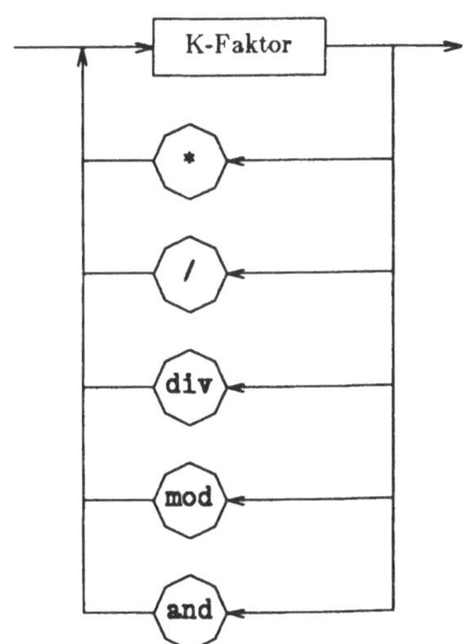

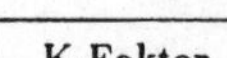

K-Faktor

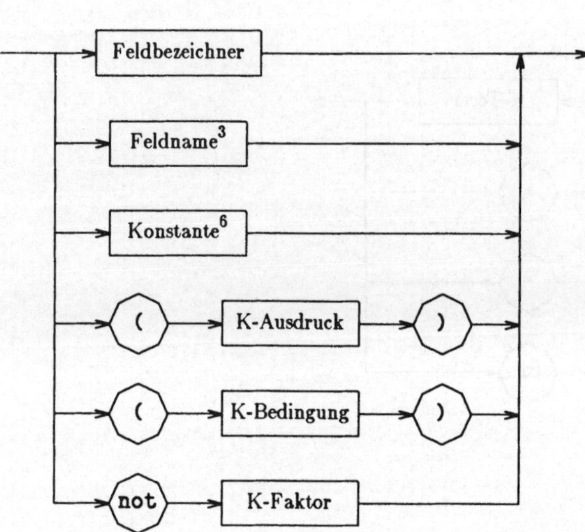

Feldbezeichner
Feldname
Konstante
(K-Ausdruck)
(K-Bedingung)
not K-Faktor

Anhang V: Spezielle Bibliographien

V-1: Büroautomation

Das Thema Büroautomation kann anhand folgender Quellen weiterverfolgt werden:

[ELLI-80]	[BAUK-82]
[MARY-81]	[NAST-82]
[MEY-81]	[CRO1-83]

V-2: Hardwareentwicklung

Zum Thema der Entwicklung auf dem Hardwaremarkt im Hinblick auf ein (Hardware-) *IRS* können folgende Quellen herangezogen werden:

Quelle	Bemerkungen/Thema
[KUHL-79]	Bd.2, Seite 259, Möglichkeiten
[HSIA-79]	Datenbankmaschine
[MARY-80]	Backend-Datenbankmaschine
[EPST-80]	IDM-Datenbankmaschine von Britton Lee
[MAL1-81] [MAL2-81]	Content Addressable File Store (CAFS)
[MARY-81]	Verschiedene Artikel über Hardware-*IRS*
[SLON-81]	NDX-100: Mikro-basiertes Speichersystem
[JASA-82] [EUU1-82] [EUU2-82]	IDM-Datenbankmaschine von Britton Lee

V-3: *IRS* basierend auf *DBMS*

Die folgende Tabelle enthält eine Auswahl von *IRS* auf der Basis von *DBMS*. Die Aufzählung in nicht erschöpfend. Es sind in erster Linie Systeme ausgewählt worden, welche uns zur Verfügung standen.

	DBMS	IRS	Quellenangabe	
1	System R	UFI	[CHAM-81]	
2	Oracle	UFI	[DIEC-81]	
3	SQL/Data System	ISQL	[SQL–81]	
4	Ingres	QUEL	[DIEC-81]	[ALLM-77]
5	ADABAS	ADASCRIPT	[KRAS-81]	
6	Datacom/DB	Dataquery	[KRAS-81]	[DATQ-82]
7	Informix	Informer,Enter1/2	[INFX-82]	
8	TOTAL	T-ASK	[AUER-82]	

UFI in System R war der Vorgänger von UFI in Oracle und ISQL. Allen drei *IRS* ist gemeinsam, dass sie die gesamte SQL Abfrage- und Manipulationssprache unterstützen. Die Systeme sind trotz des gleichen Namens im Detail recht unterschiedlich. Gemeinsam ist allen Systemen, dass sie auf der Basis der Abfragesprache SQL beruhen. Im Dialog eingegebene SQL Anfragen werden interpretativ verarbeitet. Das Precompilieren einer Anfrage [CHAM-81, S. 636] ist nur bei Batch-Eingaben möglich.

In den *IRS* 1-4 der obigen Aufstellung wird dieselbe Abfragesprache sowohl für interaktive Abfragen als auch von Programmen aus benutzt. Der Benutzer hat dann lediglich dafür zu sorgen, dass bei Anfragen aus Programmen einzelne Datensätze und nicht Mengen von Datensätzen durch das *DBMS* zur Vefügung gestellt werden. In den Systemen 5 bis 7 ist die interaktive Abfragesprache speziell für den Dialog entwickelt worden.

Die Entwicklung bei *DBMS* geht in der Richtung voll integrierter Datenmanipulations- und Abfragesprachen in der Art von SQL oder QUEL, die sowohl von Programmen aus wie auch interaktiv verwendet werden können.

SQL und QUEL wurden von Anfang an als vollständige Zugriffs- und Manipulationssprachen konzipiert. Die Mächtigkeit einer solchen Sprache steht weit über den Möglichkeiten, welche die Dialogabfrage in ADABAS oder Datacom/DB bietet. Dataquery zum Beispiel lässt zwar beliebig komplexe boolesche Ausdrücke als Suchkriterien zu (where-clause), verbietet jedoch die Verschachtelung von *find*-Befehlen, wie sie in SQL durchaus zulässig ist.

V-4: *IRS* mit eigener Datenverwaltung

Die folgende Tabelle enthält die Quellenangaben für einige *IRS*. STAIRS stand uns zu Testzwecken zur Verfügung.

IRS	*Quelle*
STAIRS	[STAI-81]
FAKYR	[BOLL-83]
DIRS, TELEDOK	[BART-79]
CONDOR	[BANE-79],[FISC-82]
Data Star	[DATA-80]
GOLEM	[ROES-79]
PRIMAS	[CLAS-79]

In STAIRS wie auch in DIRS und TELEDOK stehen lediglich Kommandos zur Darstellung der gefundenen Texte auf dem Bildschirm bzw. Ausdruck auf einem Zeilendrucker zur Verfügung. Immerhin gehört zu DIRS ein Listen-Generator (DLPG) zum Formatieren und Sortieren der Ausgabe. Das allgemeine Ausgabeproblem (Zeichensatz) ist damit jedoch nicht gelöst; es wird vorausgesetzt, dass die ASCII- beziehungsweise EBCDIC-Norm eingehalten wird. Wird die entsprechende Norm nicht eingehalten, so können in STAIRS beispielsweise keine Deskriptoren mehr generiert werden.

Die Retrieval Systeme GOLEM und PRIMAS verfügen - wie die bereits erwähnten Systeme - ebenfalls nicht über unabhängige Ausgabemöglichkeiten. Im Gegensatz zu STAIRS, bei welchem das Format eines Bildschirms (24 Zeilen zu 80 Zeichen) auch der Druckausgabe zugrunde gelegt wird, kann man im GOLEM-System immerhin die Zeilen- und Zeichenzahl (Seitengrösse) für die Druckausgabe individuell bestimmen.

Bibliographie

[AHO-75]   *Aho V.A., Corasick M.J;* Efficient String Matching: An Aid to Bibliographic
Search; Communications of the ACM; Ausgabe: Vol 18 Nr 6, Juni 1975, S.
333

[AHO-83]   *Aho V.A., Hopcroft J.E., Ullman J.D.;* Data Structures and Algorithms
Addison-Wesley Company, 1983

[ALLM-77]   *Allman E. et al;* Ingres Reference Manual, Version 6.1; Memo No ERL-M579;
Electronics Research Laboratory, UC-Berkeley, 1977

[AUER-82]   Data World International, Vol 3; Auerbach Publishers Inc, 1982; Stichwort:
Data Base Management; und: Information Storage and Retrieval

[BANE-79]   *Banerjee N.;* Die Systemkonzeption von CONDOR; In: Datenbasen -
Datenbanken - Netzwerke; Bd. III, S. 169; K. G. Saur, München, 1979

[BART-79]   *Barth G;* DIRS - STAIRS - TELEDOK; In: Datenbasen - Datenbanken -
Netzwerke; Bd. II, S. 295; K. G. Saur, München, 1979

[BAUK-82]   *Bauknecht K., Marty R., Mresse M., Pircher P.;* Büroautomation an
Hochschulinstituten; Angewandte Informatik; Ausgabe: September 1982

[BERN-81]   *Bernstein P. A., Goodman N.;* Concurrency Control in Distributed Database
Systems; ACM Computing Surveys; Ausgabe: June 1981, Vol 13 No 2;

[BOLL-83]   *Bollmann P., Konrad E., Zuse H.;* FAKYR - Method Base System for
Education and Research in Information Retrieval; In: Research and
Development in Information Retrieval, S.13; Lecture Notes in Computer
Science; Springer Verlag, Berlin, 1983

[BOL1-83]   *Bollmann P.;* The Normalized Recall and Related Measures; In: Research and
Development in Information Retrieval; ACM - Proceedings of the Sixth
Annual International SIGIR Conference; SIGIR - Vol 17, No 4, Summer
1983, Page 122

[BOUR-77]   *Bourne C.P.;* Frequency and Impact of Spelling Errors in Bibliographic Data
Bases"; Information Processing Manager, Vol 13 No 1, 1977, S.1-12

[CHAM-81]   *Chamberlin D. D. et al;* A History and Evaluation of System R;
Communications of the ACM; Ausgabe: Vol 24 Nr 10, Oktober 1981, S. 636

[CLAS-79]   *Claassen W.;* Retrievalerfahrung mit PRIMAS; In: Datenbasen -
Datenbanken - Netzwerke; Bd. III, S. 45; K. G. Saur, München, 1979

[CODD-70]   *Codd E. F.;* A Relational Model for Large Shared Data Banks;
Communications of the ACM; Ausgabe: Vol 13 Nr 6, Juni 1970, S. 377

[CROF-83]   *Croft W. B., Ruggles L.;* The Implementation of a Document Retrieval
System; In: Research and Development in Information Retrieval, S.28;
Lecture Notes in Computer Science; Springer Verlag, Berlin, 1983

[CRO1-83]   *Croft W. B.;* Applications for Information Retrieval Techniques in the Office;
In: Research and Development in Information Retrieval; ACM - Proceedings
of the Sixth Annual International SIGIR Conference; SIGIR - Vol 17, No 4,
Summer 1983, Page 18

[DATA-80]   DataStar; User's Guide, Version 1.1.; MicroPro Inc., San Rafael, Cal, 1980

[DATE-83]   *Date C. J.;* An Introduction to Database Systems; Volume II; Addison-Wesley Publishing, 1983

[DATQ-82]   Dataquery, Release 2.2; User Guide; Applied Data Research, ADR; DQ2G-UG-30; April 1982

[DIEC-81]   *Dieckmann E. M.* Three Relational DBMS; Datamation; Ausgabe: September 1981, S. 146

[DILL-80]   *Dillion M., Desper J.;* The Use of Automatic Relevance Feedback in Boolean Retrieval Systems; Journal of Documentation, S. 197-208 Vol. 36, 1980

[DOME-82]   *Domenig M.;* Screen Programming in C; Institut für Informatik der Universität Zürich; Bericht Nummer 82.02

[EJC-64]   Thesaurus of Engineering Terms; Engineers Joint Council, 347 East 47th Street, New York 17; 1964

[ELLI-80]   *Ellis C. A., Nutt G. J.;* Office Information Systems and Computer Science; ACM Computing Surveys; Ausgabe: March 1980, Vol 12 No 1, Seite 27

[ERIC]   ERIC Clearing House Center for Vocational and Technical Education; Ohio State University; 1900 Kenney Rd; Columbus, Ohio 4320

[EUU1-82]   Rival to CAFS is backed by UK merchant banks; EUUGN: European Unix Users Group News; Ausgabe: Vol. 2 No 1, Jan 82, S. 112

[EUU2-82]   Database Box built around its software; EUUGN: European Unix Users Group News; Ausgabe: Vol. 2 No 1, Jan 82, S. 116

[FISC-82]   Information Retrieval und natürliche Sprache; Fischer H.G. (Herausgeber); K. G. Saur, München, 1982

[FREI-82]   *Frei B.;* Einführung in die Arbeit mit dem Korrespondenzeditor; In: Textverarbeitung mit UNIX; Zusammenstellung von UNIX-Artikel; Institut für Informatik der Universität Zürich

[GAUS-83]   *Gaus W.;* Dokumentations- und Ordnungslehre; Springer Verlag, Berlin, 1983

[GELL-83]   *Geller V.J., Lesk M.E.;* User Interfaces to Information Systems: Choices vs. Commands; In: Research and Development in Information Retrieval; ACM - Proceedings of the Sixth Annual International SIGIR Conference; SIGIR - Vol 17, No 4, Summer 1983, Page 130

[GREM-82]   *Gremillion L. L.;* Designing a Bloom Filter for Differential File Access; Communications of the ACM; Ausgabe: Vol. 25 No 9, Sep 82, S. 600

[HALL-80]   *Hall P. A. V., Dowling G. R.;* Approximate String Matching; ACM Computing Surveys; Ausgabe: Vol 12 No 4, Dec 1980, Seite 381

[HEAP-78]   *Heaps H. S.;* Information Retrieval; Computational and Theoretical Aspects; Academic Press, New York, 1978

[HORO-76]   *Horowitz E., Sahni S.;* Fundamentals of Data Structures; Computer Science Press, Inc, 1976; Pitman Books Limited, 1981

[HORO-78]   *Horowitz E., Sahni S.;* Fundamentals of Computer Algorithms; Computer
Science Press, Inc, 1978; Pitman Books Limited, 1978

[HSIA-79]   *Hsiao D. K. (Ed.);* Special Issue on Data Base Machines; IEEE Computer;
Ausgabe: March 1979, Vol 12 No 3

[INFO-75]   Information-Retrieval-System; Erarbeitet im Doktorandenseminar in
Informatik, WS 1974/75; Institut für Informatik der Universität Zürich;
Bericht Nummer 75.01

[INFX-82]   Informix Version 2.0; User's Manual; Relational Database Systems, Inc., 1982

[JASA-82]   *Jasaki E.K.;* OEMS find uses for data box; Datamation; Ausgabe: March
1981, S. 63

[JEGE-74]   *Jeger M.;* Boole'sche Algebra; Mathematik 9.13 Verlag der Fachvereine an
der ETH Zürich, 1974

[KERN-78]   *Kernighan B. W., Ritchie D. M.;* The C Programming Language; Prentice-
Hall Software Series, 1978

[KERN-81]   *Kernighan B. W., Mashey J. R.;* The UNIX Programming Environment;
IEEE Computer; Ausgabe: April 1981, Vol 14 No 4, Seite 12

[KNU1-73]   *Knuth D. E.;* The Art of Computer Programming, Vol 1; Fundamental
Algorithms; Addison Wesley Publishing Company, Inc, 1973

[KNU3-73]   *Knuth D. E.;* The Art of Computer Programming, Vol 3; Sorting and
Searching; Addison Wesley Publishing Company, Inc, 1973

[KNUT-77]   *Knuth D. E. et al;* Fast Pattern Matching in Strings; SIAM J, Computing, 6,
1977 Seite 323-350

[KRAS-81]   *Krass P., Wiener H.;* The DBMS Market is Booming; Datamation; Ausgabe:
September 1981, S. 153f

[KUHL-79]   *Kuhlen R. (Ed.);* Datenbasen - Datenbanken - Netzwerke; Praxis des
Information Retrieval; K. G. Saur, München, 1979

[LUET-82]   *Lüttel U.;* Fullscreen-unterstützte Definition von Masken für die *PIZZA-*
Datenaufnahme; Semesterarbeit am Institut für Informatik der Universität
Zürich; 1982

[MAL1-81]   *Maller V. A. J.;* The Content Addressable File Store; Angewandte
Informatik; Ausgabe: 3/1981, Seite 100

[MAL2-81]   *Maller V. A. J.;* Ein massenspeicherorientiertes Informationsabrufsystem;
Output; Ausgabe: 5/1981, Seite 31

[MARY-80]   *Maryanski F.;* Backend Database Systems; ACM Computing Surveys;
Ausgabe: March 1980, Vol 12 No 1

[MARY-81]   *Maryanski F. (Ed.);* Special Issue on Office Information Systems; IEEE
Computer; Ausgabe: May 1981, Vol 14 No 5

[MENÜ-82]   Menü Programmierung; Verschiedene interne Berichte des Instituts für
Informatik der Universität Zürich; 1982

[MEY-81]   *Mey H. J.;* Ratschläge für "integrierte Büroarbeiter"; Sysdata und
Bürotechnik; Ausgabe: 11/1981, Seite 9

262   Bibliographie

[MORR-83]   *Morrissey J.;* An Intelligent Terminal for Implementing Relevance Feedback
on Large Operational Retrieval Systems In: Research and Development in
Information Retrieval, S.38; Lecture Notes in Computer Science; Springer
Verlag, Berlin, 1983

[MRE0-75]   *Mresse M., Mutter P., Nussbaumer P. A.;* Das Datenbankverwaltungssystem
ADABAS; Interner Bericht über die Erfahrung mit einer Versuchsintallation
am Rechenzentrum der Uni Zürich; Institut für Informatik der Universität
Zürich; Bericht Nummer 76.04

[MRE1-81]   *Mresse M.;* PIZZA - Benutzeranleitung; Institut für Informatik der
Universität Zürich; Bericht Nummer 81.03

[MRE2-81]   *Mresse M.;* PIZZA - Datenaufnahme und Administration; Institut für
Informatik der Universität Zürich; Bericht Nummer 81.06

[MRE3-81]   *Mresse M.;* PIZZA - Handbuch; Institut für Informatik der Universität
Zürich; Bericht Nummer 81.07

[MRE4-82]   *Mresse M.;* Ein elektronischer Notizblock; Output, Goldach; Ausgabe: Juni
1982

[MRE5-82]   *Mresse M.;* PIZZA - UNIX, Version 2.0, Handbuch; Institut für Informatik
der Universität Zürich; Bericht Nummer 82.08

[MUTT-80]   *Mutter P.;* Persönlichkeitsschutz und Datensicherung; Schulthess
Poligraphischer Verlag, 1980

[NAST-82]   *Nastansky L.;* Gestaltung von Büroinformationssystemen mit
Mikrocomputern der CP/M-Familie; Referat an der Jahrestagung 1982 über
Büroinformationssysteme des Verbandes der Hochschullehrer für
Betriebswirtschaft; St. Gallen, März 1982

[ODEL-18]   *Odell M.K., Russell R.C.;* U.S. Patent Nos 1261167 (1918) und 1435663
(1922)

[PAIC-77]   *Paice C. D.;* Information Retrieval and the Computer; Macdonald and
Jane's, London, 1977

[PECH-82]   *Pechura M.;* File Archival Techniques Using Data Compression;
Communications of the ACM; Vol 25, No 9, September 1982

[ROES-79]   *Roesler M.;* Retrieval mit GOLEM in einer Datenbank über technische
Regeln; In: Datenbasen - Datenbanken - Netzwerke; Bd. III, S. 27; K. G.
Saur, München, 1979

[ROET-79]   *Roettger P.;* Theoretische Grundlagen, empirische Generierung und
Anwendungsstruktur eines Textverarbeitungssystems für die Pathologie;
Johann Wolfgang Goethe - Universität; Frankfurt a. M., 1979

[SALT-68]   *Salton G.;* Automatic Information Organization and Retrieval; McGraw-Hill,
N.Y. 1968;

[SALT-71]   *Salton G.;* Dynamic Document Processing; Communications of the ACM, S.
126-148, Vol 15, 1972

[SALT-75]   *Salton G.;* Dynamic Information and Library Processing; Prentice Hall,
Englewood Cliffs, 1975

[SALT-81]   *Salton G.;* A blueprint for automatic indexing; SIGIR Forum 16; S. 22-38, 1981

[SLON-81]   *Slonim J., et al;* NDX-100: An Electronic Filing Machine for the Office of the Future; IEEE Comupter; Ausgabe: May 1981, Vol 14 No 5

[SMIT-82]   *Smit G. De V.;* A Comparison of Three String Matching Algorithms; Software - Practice and Experience; Ausgabe: January 1982, Vol 12 No 1, Seite 57

[SORT-78]   CA-Sort Users Guide, Release 78, Version 5.1; Computer Associates International LTD; Grand Saconnex, 1978

[SPAR-77]   *Sparck Jones K., Bates R.G;* Research on automatic indexing 1974-1976; British Library Research Report; University of Cambridge, England, 1977;

[SQL-81]   SQL/Data System, Concepts and Facilities; IBM Program Product, No 5748-XXJ; GH24-5013-0; First Edition, Januar 1981

[STAI-81]   Storage and Information Retrieval System - Conversational Monitor System; IBM International Field Programm; SB 11-5545-1

[TURB-82]   *Turba T.N.;* Length-Segmented Lists; Communications of the ACM; Vol 25, No 8, August 1982, S. 522

[UNIX-80]   UNIX Version 7; Reference Manual; Originaldokumentation

[VSAM-78]   OS/VS Virtual Storage Access Method (VSAM); IBM Systems Manual No GC26-3838-3

[WILL-71]   *Williams J.H.;* Functions of Man-Machine Interactive Information Retrieval System; JASIS, Vol. 22, S. 311-317, 1971

[WIRT-77]   *Wirth N.;* Compilerbau; Teubner Verlag, Stuttgart; 1977

[ZEHN-83]   *Zehnder C. A.;* Informationssysteme und Datenbanken; Verlag der Fachvereine Zürich; 2. Auflage 1983

[ZLOO-75]   *Zloof M.;* QBE, Query By Example; AFIPS Conference Proceedings; NCC, Vol 44, S. 431-438, 1975

[ZLOO-81]   *Zloof M.;* QBE/OBE: A Language for Office and Business Automation; IEEE Computer; Ausgabe: May 1981, Vol 14 No 5

Schlagwortregister

Abfrage 11,143,201,233
    -sprache 56,144,212
    -system 206
    -teil 55
    Abschätzen der -wirkung 180
    Algorithmen bei der - 159
    Bearbeitung 8
    Befehle der -sprache 145,200,243
    Codierung 238
    einfache - 209
    Erweiterung 15
    Syntaxdiagramm 243
    Verbesserung der -wirkung 171
    während Aenderung 141
addr-Datei 69,72,126,233
Adressraum 50
Adressseite 71
Aehnlichkeit 172
    physische - 29
    semantische - 29
    Test mit Hash-Funktion 35
    von Deskriptoren 34
Aenderung 50,104
    -svorgang 127
    von Deskriptoren 128
Aequivalenz 29
Aho-Corasick (AC) 43,159
Algorithmus 159
    AC 43,159
    BM 40,159
    KMP 36,159
    SF 36,159
alternate key 54
Analyse
    Ladevorgang 135
    Suchvorgang 151
Anforderung
    -skatalog 1,2,16,22,48,78,173
    an das Dateisystem 50,112
    an die Abfragesprache 67
    an die Programmierung 49
anfügen 104
Arbeitsteilung 192
Arbeitsumgebung 103
Artikel-Datenbank 3
ask-Befehl 146,157,179,212
    count-Option 180
    mean/min/max-Option 146,214

ask-Befehl
    single-Option 215
    sort-Option 213
    sum-Option 146,214
assert-Befehl 117
assign-Befehl 146,215
Attribut 6,65
Attributwert 65
Aufgabenstellung 48
Auflisten von Deskriptoren 205
Aufnahmeprogramm 55,97,126
Ausbeute 12
Ausblick 197
Ausfallrate 13
Ausgabeprogramm 56
Aussage (Signifikanz) 16
Auswahl
    -kraft 14
    automatische - 17,24
    Deskriptoren - 16
    gewichtete - 18
    manuelle - 17
    Wahrscheinlichkeit 13

B-Baum 75,142
backout 140
backslash 208
Batch-Betrieb 207
BDAM 51
Bedingungsanweisung 114
Beenden 209
Befehle
    Abfragesprache 145,200,243
    Darstellung 200
    PIZZA 200
    Syntaxdiagramm 243,249
Befehlssatz 154
Befehlsspeicher 153
    Grösse 158
Befehlszähler 154
Begriff 6
    Attribut 6
    Deskriptor 6
    Merkmal 6
belides 191
Bereichstyp 116
Bereitschaftszeichen 208
Beurteilung 11

Teubner Studienbücher

Informatik

Berstel: **Transductions and Context-Free Languages**
278 Seiten. DM 38,– (LAMM)

Beth: **Verfahren der schnellen Fourier-Transformation**
316 Seiten. DM 34,– (LAMM)

Bolch/Akyildiz: **Analyse von Rechensystemen**
Analytische Methoden zur Leistungsbewertung und Leistungsvorhersage
269 Seiten. DM 29,80

Dal Cin: **Fehlertolerante Systeme**
206 Seiten. DM 24,80 (LAMM)

Ehrig et al.: **Universal Theory of Automata**
A Categorical Approach. 240 Seiten. DM 24,80

Giloi: **Principles of Continuous System Simulation**
Analog, Digital and Hybrid Simulation in a Computer Science Perspective
172 Seiten. DM 25,80 (LAMM)

Kandzia/Langmaack: **Informatik: Programmierung**
234 Seiten. DM 24,80 (LAMM)

Kupka/Wilsing: **Dialogsprachen**
168 Seiten. DM 21,80 (LAMM)

Maurer: **Datenstrukturen und Programmierverfahren**
222 Seiten. DM 26,80 (LAMM)

Oberschelp/Wille: **Mathematischer Einführungskurs für Informatiker**
Diskrete Strukturen. 236 Seiten. DM 24,80 (LAMM)

Paul: **Komplexitätstheorie**
247 Seiten. DM 26,80 (LAMM)

Richter: **Betriebssysteme**
Eine Einführung. 152 Seiten. DM 25,80 (LAMM)

Richter: **Logikkalküle**
232 Seiten. DM 24,80 (LAMM)

Schlageter/Stucky: **Datenbanksysteme: Konzepte und Modelle**
2. Aufl. 368 Seiten. DM 32,– (LAMM)

Schnorr: **Rekursive Funktionen und ihre Komplexität**
191 Seiten. DM 25,80 (LAMM)

Spaniol: **Arithmetik in Rechenanlagen**
Logik und Entwurf. 208 Seiten. DM 24,80 (LAMM)

Vollmar: **Algorithmen in Zellularautomaten**
Eine Einführung. 192 Seiten. DM 23,80 (LAMM)

Weck: **Prinzipien und Realisierung von Betriebssystemen**
299 Seiten. DM 32,– (LAMM)

Wirth: **Compilerbau**
Eine Einführung. 3. Aufl. 117 Seiten. DM 17,80 (LAMM)

Wirth: **Systematisches Programmieren**
Eine Einführung. 4. Aufl. 160 Seiten. DM 22,80 (LAMM)

Preisänderungen vorbehalten